防水工程系列丛书

防水材料学

秦景燕　贺行洋　主　编
王传辉　曾三海　副主编

中国建筑工业出版社

图书在版编目(CIP)数据

防水材料学/秦景燕,贺行洋主编.—北京:中国建筑工业出版社,2020.3(2023.4重印)
(防水工程系列丛书)
ISBN 978-7-112-24920-6

Ⅰ.①防… Ⅱ.①秦… ②贺… Ⅲ.①建筑材料-防水材料 Ⅳ.①TU57

中国版本图书馆CIP数据核字(2020)第036466号

责任编辑:张　磊　范业庶
责任校对:焦　乐

防水工程系列丛书
防水材料学
秦景燕　贺行洋　主　编
王传辉　曾三海　副主编
*
中国建筑工业出版社出版、发行(北京海淀三里河路9号)
各地新华书店、建筑书店经销
北京鸿文瀚海文化传媒有限公司制版
北京建筑工业印刷厂印刷
*
开本:787×1092毫米　1/16　印张:17　字数:423千字
2020年7月第一版　2023年4月第四次印刷
定价:**49.00**元
ISBN 978-7-112-24920-6
(35669)

前　言

目前新型防水材料在建筑上的应用不断增加，应用技术也不断改进，现代建筑防水材料也从单一防渗漏发展为防水、防腐、隔声、防尘、保温、节能、节水和环保等多功能化，现代建筑防水应用领域也从传统房屋建筑防水为主，向高速铁路、高速公路、桥梁、城市轨道交通、城市高架道路、地下空间、水利设施、垃圾填埋场及矿井、码头、农田等工程防水领域延伸和拓展，形成了“大防水”的概念。建筑防水已成为一项涉及建筑安全、百姓民生、环境保护（或环境安全）和建筑节能的重要产品和技术。

建筑渗漏是目前我国建筑工程质量通病之首。如何保证防水工程质量、杜绝建筑物渗漏水问题已成为我国防水工作者义不容辞的责任。2005 年，在中国建筑防水协会及相关专家、企业的大力支持下，湖北工业大学成立了“防水材料与工程专业”，旨在培养既懂土木工程，又懂防水材料的复合型本科人才，填补了国内防水行业专门人才培养的空白。

本书根据“防水材料与工程专业”《防水材料学》课程教学要求编写，主要内容包括：防水材料的分类和发展、防水材料的基本性质、防水材料标准、水泥基防水材料、沥青基防水材料、合成高分子防水材料、其他防水材料（灌浆材料、金属屋面板、屋面瓦、膨润土防水毯等）、防水材料性能检测及防水材料工程应用案例分析等。本书以我国防水工程中常用防水材料为主，主要介绍不同类别防水材料的化学组成、结构、生产工艺、防水机理、技术性能与应用、质量检验方法、储运及验收等基本理论和实验技能。通过本课程学习，使学生具备根据工程建设项目的要求合理选择和正确使用防水材料的基本能力；获得从事防水材料的生产开发和应用的初步能力；熟悉常用防水材料的试验原理，初步具备防水材料试验的基本操作技能及分析处理试验数据的能力。

本书编写以培养“应用型复合本科人才”为目标，注重理论联系实际，从材料学角度出发，分析了各类防水材料的组成、结构及生产工艺方法对材料性能及应用的影响，通过防水材料工程应用案例分析材料性能及应用效果，并对相关防水材料科研及发展方向也做了一定综述。本书采用最新标准，应用性强、适用面广，可作为普通高等院校土木工程类各专业的本科教学用书，也可供从事防水工程设计、施工、科研、管理和监理的工程技术人员参考。

本书由秦景燕、贺行洋主编，编写具体分工如下：秦景燕编写第 10 章、第 11 章、第 12 章、第 13 章、第 14 章、第 15 章、第 16 章、第 18 章及第 19 章，贺行洋编写第 1 章、第 3 章、第 4 章及第 5 章，王传辉编写第 6 章、第 7 章、第 8 章及第 9 章，曾三海编写第 2 章，何俊编写第 17 章。

本书在编写过程中参考了许多专家的相关著作和文献，其主要资料已列入书后参考文献，在此谨向各位作者表示由衷的感谢！也感谢湖北工业大学 13 防水班林思涵、陶群同学在本书前期试验资料整理方面所付出的辛勤劳动。

由于新型防水材料发展迅速，加之编者水平有限，时间仓促，书中难免有不妥之处，敬请各位同行专家和广大读者批评指正。

2019.10

目　录

第一篇　总　论

第1章　绪论 …… 3
1.1　建筑防水的重要性 …… 3
1.2　防水材料在工程中的作用 …… 4
1.3　防水材料的分类及特点 …… 4
1.3.1　按材性分类 …… 4
1.3.2　按材料形态分类 …… 5
1.3.3　按组成材料的属性性能来划分 …… 5
1.3.4　按材料的品种划分 …… 5
1.3.5　按材性和形态相结合划分 …… 6
1.4　防水材料的发展与现状 …… 11
1.4.1　防水材料发展史 …… 11
1.4.2　防水材料行业现状 …… 12
1.4.3　我国防水材料的发展目标 …… 13
1.5　防水材料的标准化 …… 14
1.5.1　防水材料标准化的目的 …… 14
1.5.2　防水材料有关标准 …… 14
第2章　防水材料的基本性质 …… 15
2.1　对防水材料的基本性能要求 …… 15
2.2　防水材料的基本性质 …… 15
2.2.1　防水材料的物理性质 …… 15
2.2.2　防水材料的力学性质 …… 17
2.2.3　防水材料的耐久性 …… 18
2.2.4　防水材料的环保安全性 …… 19

第二篇　水泥基防水材料

第3章　防水混凝土和防水砂浆 …… 23
3.1　防水混凝土概述 …… 23
3.1.1　防水混凝土的分类及特性 …… 23

3.1.2 普通混凝土的结构及孔隙特征分析 …… 24
3.1.3 防水混凝土的抗渗防水机理及设计思路 …… 25
3.1.4 防水混凝土的配制技术发展 …… 26
3.2 防水混凝土的配制技术要求 …… 27
3.2.1 防水混凝土的选材要求 …… 27
3.2.2 防水混凝土的配合比设计 …… 28
3.2.3 防水混凝土的养护 …… 30
3.3 外加剂防水混凝土 …… 30
3.3.1 引气剂防水混凝土 …… 31
3.3.2 减水剂防水混凝土 …… 33
3.3.3 三乙醇胺防水混凝土 …… 33
3.3.4 密实剂防水混凝土 …… 34
3.4 补偿收缩防水混凝土 …… 36
3.4.1 膨胀剂的类别及技术要求 …… 36
3.4.2 补偿收缩防水混凝土的防水机理 …… 38
3.4.3 补偿收缩防水混凝土的性能 …… 38
3.4.4 补偿收缩防水混凝土的应用技术要点 …… 39
3.5 聚合物水泥防水混凝土 …… 40
3.5.1 聚合物水泥防水混凝土概述 …… 40
3.5.2 聚合物水泥防水混凝土的微观结构与防水机理 …… 40
3.5.3 聚合物水泥防水混凝土的性能 …… 41
3.5.4 工程常用聚合物水泥防水混凝土 …… 42
3.6 其他类型防水混凝土 …… 44
3.6.1 高性能混凝土 …… 44
3.6.2 纤维混凝土 …… 44
3.7 防水砂浆 …… 45
3.7.1 防水砂浆概述 …… 45
3.7.2 常用防水砂浆 …… 46

第4章 水泥基刚性快凝快硬堵漏材料 …… 49

4.1 硅酸钠系堵漏剂 …… 49
4.1.1 矾类防水剂 …… 49
4.1.2 快燥精防水剂 …… 50
4.2 粉状堵漏剂 …… 50
4.2.1 合成堵漏剂 …… 50
4.2.2 快速堵漏水泥 …… 51

第5章 水泥基防水涂料 …… 52

5.1 水泥渗透结晶型防水涂料 …… 52

5.1.1 水泥基渗透结晶型防水涂料概述 …… 52
5.1.2 水泥基渗透结晶型防水涂料的防水机理 …… 52
5.1.3 水泥基渗透结晶型防水涂料的原材料及配方 …… 52
5.1.4 水泥基渗透结晶型防水涂料的性能 …… 53
5.2 聚合物水泥防水涂料 …… 55
5.2.1 聚合物水泥防水涂料概述 …… 55
5.2.2 聚合物水泥防水涂料的防水机理 …… 55
5.2.3 聚合物水泥防水涂料的生产 …… 56
5.2.4 聚合物水泥防水涂料的性能 …… 57

第三篇 沥青基防水材料

第6章 沥青及改性沥青 …… 61
6.1 沥青 …… 61
6.1.1 石油沥青 …… 61
6.1.2 煤沥青 …… 63
6.2 改性石油沥青 …… 64
6.2.1 石油沥青改性的目的 …… 64
6.2.2 石油沥青的改性方法 …… 64
6.2.3 防水行业常用高聚物改性沥青 …… 65
第7章 沥青基防水卷材 …… 73
7.1 石油沥青玻璃纤维胎防水卷材 …… 73
7.1.1 沥青玻纤胎卷材的原材料组成 …… 73
7.1.2 沥青玻纤胎卷材的生产 …… 73
7.1.3 沥青玻纤胎卷材的基本性能 …… 74
7.2 高聚物改性沥青防水卷材 …… 75
7.2.1 弹性体改性沥青防水卷材 …… 76
7.2.2 塑性体改性沥青防水卷材 …… 79
7.2.3 自粘聚合物改性沥青防水卷材 …… 81
第8章 沥青基防水涂料 …… 87
8.1 冷底子油 …… 87
8.2 乳化沥青类防水涂料 …… 87
8.2.1 乳化沥青概述 …… 87
8.2.2 乳化沥青类防水涂料 …… 88
8.3 高聚物改性沥青防水涂料 …… 89
8.3.1 氯丁橡胶改性沥青防水涂料 …… 90

8.3.2 再生橡胶改性沥青防水涂料 …… 91
8.3.3 SBS改性沥青防水涂料 …… 91
8.4 其他新型沥青防水涂料 …… 92
8.4.1 喷涂速凝橡胶沥青防水涂料 …… 92
8.4.2 非固化橡胶沥青防水涂料 …… 95

第9章 沥青基防水密封材料 …… 99

9.1 沥青胶 …… 99
9.2 沥青嵌缝油膏 …… 99
9.2.1 沥青嵌缝油膏的配方 …… 99
9.2.2 沥青嵌缝油膏的特性 …… 100

第四篇 合成高分子防水材料

第10章 合成高分子防水材料概述 …… 103

10.1 高分子材料概述 …… 103
10.1.1 高分子化合物概念 …… 103
10.1.2 高分子材料的分类及特性 …… 103
10.1.3 高分子材料的结构与性能 …… 104
10.2 合成高分子防水材料概述 …… 105

第11章 合成高分子防水卷材 …… 106

11.1 合成高分子防水卷材概述 …… 106
11.1.1 合成高分子防水卷材的分类 …… 106
11.1.2 合成高分子防水卷材的特性 …… 107
11.1.3 合成高分子防水卷材的发展 …… 108
11.2 三元乙丙橡胶防水卷材 …… 108
11.2.1 三元乙丙橡胶防水卷材的原材料及配方 …… 109
11.2.2 三元乙丙橡胶防水卷材的生产 …… 111
11.2.3 三元乙丙橡胶防水卷材的性能 …… 115
11.3 聚氯乙烯防水卷材 …… 116
11.3.1 聚氯乙烯防水卷材的原材料 …… 116
11.3.2 聚氯乙烯防水卷材的生产 …… 118
11.3.3 聚氯乙烯防水卷材的性能 …… 119
11.4 热塑性聚烯烃防水卷材 …… 120
11.4.1 热塑性聚烯烃防水卷材的原材料 …… 121
11.4.2 热塑性聚烯烃防水卷材的生产 …… 121
11.4.3 热塑性聚烯烃防水卷材的性能 …… 122

11.5 其他高分子卷材 …… 124
11.5.1 聚乙烯丙纶防水卷材 …… 124
11.5.2 预铺防水卷材 …… 127

第12章 合成高分子防水涂料 …… 130

12.1 合成高分子防水涂料概述 …… 130
12.2 聚氨酯防水涂料 …… 130
12.2.1 聚氨酯的结构及特性 …… 131
12.2.2 聚氨酯防水涂料的原材料 …… 131
12.2.3 聚氨酯防水涂料的化学反应机理及其影响因素 …… 136
12.2.4 聚氨酯防水涂料的生产 …… 138
12.2.5 聚氨酯防水涂料的分类及特性 …… 140
12.2.6 常用聚氨酯防水涂料 …… 141
12.2.7 硬泡聚氨酯防水保温材料 …… 144
12.3 喷涂聚脲防水涂料 …… 146
12.3.1 喷涂聚脲防水涂料概述 …… 146
12.3.2 聚脲防水涂料化学基础 …… 146
12.3.3 喷涂聚脲防水涂料的生产 …… 150
12.3.4 喷涂聚脲防水涂料的特性及应用 …… 152
12.4 聚合物乳液防水涂料 …… 154
12.4.1 聚合物乳液防水涂料概述 …… 154
12.4.2 聚合物乳液防水涂料的生产 …… 154
12.4.3 聚合物乳液防水涂料的特性及应用 …… 155
12.4.4 常用聚合物乳液涂料 …… 156

第13章 合成高分子防水密封材料 …… 161

13.1 合成高分子防水密封材料概述 …… 161
13.1.1 合成高分子防水密封材料的分类 …… 161
13.1.2 合成高分子防水密封材料的发展 …… 161
13.1.3 合成高分子密封材料的主要特征 …… 162
13.2 合成高分子防水密封胶 …… 163
13.2.1 聚氨酯密封胶 …… 163
13.2.2 聚硫密封胶 …… 165
13.2.3 硅橡胶密封胶 …… 168
13.2.4 丙烯酸酯密封胶 …… 174
13.2.5 丁基密封胶 …… 177
13.3 合成高分子定型止水密封材料 …… 179
13.3.1 合成高分子止水带的分类 …… 179
13.3.2 橡胶止水带 …… 180

13.3.3　遇水膨胀止水材料 …… 182

第五篇　其他防水材料

第14章　灌浆材料 …… 189

14.1　灌浆材料概述 …… 189

14.1.1　灌浆理论 …… 189

14.1.2　灌浆材料的分类 …… 189

14.1.3　灌浆材料的发展史 …… 190

14.2　化学灌浆材料 …… 190

14.2.1　水玻璃灌浆材料 …… 191

14.2.2　聚氨酯类灌浆材料 …… 192

14.2.3　环氧树脂类灌浆材料 …… 199

14.2.4　丙烯酰胺灌浆材料 …… 205

14.2.5　丙烯酸盐灌浆材料 …… 206

14.3　水泥基灌浆材料 …… 209

14.3.1　水泥基灌浆材料的分类及特性 …… 209

14.3.2　超细水泥灌浆材料 …… 211

14.3.3　水泥-水玻璃灌浆材料 …… 212

14.4　灌浆材料的选择原则 …… 212

第15章　金属屋面板 …… 213

15.1　非保温压型钢板 …… 213

15.2　保温压型钢板 …… 213

第16章　沥青瓦 …… 215

16.1　沥青瓦的原材料 …… 215

16.2　沥青瓦的分类及规格 …… 216

16.3　对沥青瓦的质量要求 …… 216

16.4　沥青瓦的特性及应用 …… 217

第17章　膨润土防水毯 …… 218

17.1　GCL的类型及特点 …… 218

17.2　防水机理 …… 219

17.3　质量检测与应用 …… 220

第六篇 防水材料性能检测

第18章 防水材料的性能检测 …… 225

18.1 防水混凝土的基本性能检测 …… 225

18.1.1 试验目的与要求 …… 225

18.1.2 主要仪器设备及原材料 …… 225

18.1.3 试验方法 …… 225

18.1.4 试验结果及分析 …… 229

18.2 无机防水堵漏材料的性能检测 …… 229

18.2.1 试验目的与要求 …… 229

18.2.2 主要仪器设备及原材料 …… 229

18.2.3 试验方法 …… 229

18.2.4 试验结果及分析 …… 232

18.3 改性沥青防水卷材的基本性能检测 …… 232

18.3.1 试验目的 …… 232

18.3.2 样品制备 …… 233

18.3.3 可溶物含量检测 …… 233

18.3.4 拉力及延伸率检测 …… 234

18.3.5 不透水性检测 …… 235

18.3.6 耐热度检测 …… 235

18.3.7 低温柔度检测 …… 236

18.3.8 钉杆撕裂强度检测 …… 238

18.3.9 试验结果及分析 …… 239

18.4 聚氯乙烯防水卷材的基本性能检测 …… 239

18.4.1 试验目的 …… 239

18.4.2 试样制备 …… 239

18.4.3 拉伸性能 …… 239

18.4.4 热处理尺寸变化率检测 …… 241

18.4.5 不透水性检测 …… 241

18.4.6 低温弯折性检测 …… 242

18.4.7 抗冲击性能检测 …… 243

18.4.8 试验结果及分析 …… 243

18.5 聚氨酯防水涂料的基本性能检测 …… 243

18.5.1 试验目的 …… 243

18.5.2 试样制备 …… 243

18.5.3 固体含量检测 …… 244

18.5.4 干燥时间检测 …… 245

18.5.5 拉伸性能检测 …… 246

18.5.6 撕裂强度检测 …… 248
18.5.7 不透水性检测 …… 249
18.5.8 低温弯折性检测 …… 249
18.5.9 试验结果及分析 …… 250

第七篇 防水材料工程应用案例

第19章 防水材料工程应用案例 …… 253

19.1 黄河源水电站高抗冻混凝土配合比设计 …… 253
19.2 哈医大附属第一医院门诊保健大楼地下室防水工程 …… 253
19.3 补偿收缩防水混凝土的应用 …… 253
19.4 水泥基渗透结晶型防水涂料对混凝土结构的补强修复 …… 254
19.5 养护对水泥基渗透结晶型防水涂料性能的影响 …… 254
19.6 聚合物水泥基材料在坡屋面上的应用 …… 254
19.7 道桥用聚合物改性沥青防水涂料的研制 …… 255
19.8 施工环境条件对聚氨酯防水涂料性能的影响 …… 255
19.9 背水面防水对聚氨酯防水涂料防水效果的影响 …… 256
19.10 喷涂聚脲防水涂料的应用失误 …… 256
19.11 聚丙烯酸酯防水涂料的应用失误 …… 256
19.12 硅橡胶防水涂料在混凝土渗漏治理中的成功应用 …… 257
19.13 水性聚氨酯灌浆材料对混凝土裂缝的堵漏补强 …… 257
19.14 天津地铁主体结构防渗堵漏工程 …… 257
19.15 聚硫密封胶在南水北调工程中的广泛应用 …… 258
19.16 聚氨酯灌浆材料在矿山堵漏中的应用 …… 258
19.17 环氧树脂灌浆材料对混凝土裂缝的堵漏补强 …… 258
19.18 某屋面防水工程防水失效鉴定和分析 …… 258

参考文献 …… 260

第一篇　总　　论

第1章　绪　　论

1.1　建筑防水的重要性

2014年7月4日，中国建筑防水协会与北京零点市场调查与分析公司联合发布的《2013年全国建筑渗漏状况调查项目报告》表明：建筑屋面渗漏率达到95.33%，地下建筑渗漏率达到57.51%，住户渗漏率达到37.48%。建筑渗漏不仅扰乱了人们的正常生活、工作和生产秩序，而且还会造成巨大的经济损失。首先，对建筑物结构造成危害，直接影响到整栋建筑物的使用功能和寿命；其次，日复一日，住房因长期渗漏潮湿而发霉变味，直接影响住户身体健康，降低人们生活质量；再次，造成对产品物资的损害甚至引发严重事故，如机房、车间等工作场所长期渗漏会严重损坏办公设施，导致精密仪器、机床设备因锈蚀或霉斑而失灵，甚至引起电器短路而发生火灾；再者，面对渗漏现象，每隔数年都要花费大量资金和劳力进行返修，造成对资源的浪费。

为适应我国建设发展的需要，现代建筑防水应用领域已从传统房屋建筑防水为主，向高速铁路、高速公路、桥梁、城市轨道交通、城市高架道路、地下空间、水利设施、垃圾填埋场及矿井、码头等工程防水领域延伸和拓展，形成了“大防水”的概念。建筑防水已成为一项涉及建筑安全、百姓民生、环境保护和建筑节能的重要产品和技术。

首先，建筑防水是一项涉及建筑安全的产品和技术，将为建筑结构的安全提供重要保证。现代建筑及工程如高层建筑、公路与铁路桥梁、地下设施等，都以钢筋混凝土为结构主体材料，而环境水对钢筋的锈蚀及对混凝土的侵蚀是钢筋混凝土遭受破坏的重要因素。建筑防水可使钢筋混凝土结构得到保护，保证建筑及工程主体在设计年限内的强度，从而保障结构的安全。如某山顶水池蓄水数万吨，以其高位和大容积代替多个水塔供应市区用水。池壁因常年浸泡，钢筋锈蚀、膨胀，一天突然爆裂、崩溃，一池之水从山顶倾泻下来，山下一座厂房顷刻倒在水涡中，正在厂房工作的39个工人被淹死。

其次，建筑防水也是一项涉及百姓民生的产品和技术。遮风避雨是人们对房屋建筑最原始的功能要求，而建筑防水是实现和保障这些功能的关键技术之一。

再次，建筑防水又是一项涉及环境保护（或环境安全）的产品和技术。随着工业和城市的发展，生活垃圾填埋场、污水处理池、工业废料包括尾矿、核废料集中处理等环保设施的建设量逐年增加。防水层可阻止各种固废渗滤液和污水中的有毒、有害物质侵入周边土体，污染地下水系，避免由此引发的环境危机。

最后，建筑防水还是一项涉及建筑节能的产品和技术。一方面，保温和隔热层受潮或受水情况下，其保温性能明显下降，最终影响节能效率。在建筑屋面保温系统和外墙保温系统中，通过设置防水层，或对保温防水一体化材料的防水性能提出要求，就可提高建筑能效。另一方面，在种植屋面、太阳能屋面、通风节能坡屋面等新型节能屋面系统中，防水是关键的技术之一。因此，在建筑节能体系中，建筑防水是节能效率保障和提高的重要手段。

建筑防水是一个系统工程，若要解决建筑渗漏问题，就应以政策为先导，材料为基础，设计为前提，施工为关键，加强管理维护为保障，对防水工程进行综合治理。只有全面实施材料标准化、设计规范化、施工专业化、管理维护制度化，才能使防水工程质量不断提高。

1.2 防水材料在工程中的作用

建筑防水材料是建筑物或构筑物为满足防潮、防渗、防漏功能所采用的材料。防水材料在工程中的用量不大，使用比例很小，但防水材料作为防水工程的主体材料，其作用和地位却不容忽视。据有关调查统计：在住房质量投诉中，居第一位的是渗漏水，渗漏原因中由于材料不良造成的占20%～30%。防水材料是防水工程的基础，防水工程的质量在很大程度上取决于防水材料的性能和质量。目前新型防水材料在建筑上的应用不断增加，应用技术也不断改进，现代建筑防水材料也从单一防渗漏发展为防水、防腐、隔声、防尘、保温（隔热）、节能、节水和环保等多功能化。

符合标准的防水材料是保证防水工程质量的重要条件，防水材料的多品种、质量优是丰富建筑防水领域的必要条件。防水材料有其基本的共性和要求，但它的性能和品质不同，各有特点。选择适应防水整体需要，与其相匹配、相适应的防水材料就是好材料。熟悉各种防水材料的特性，才能经济、合理地使用材料。防水材料的发展推动了防水工程应用技术，而用什么性能和特点的防水材料是由防水主体功能决定。防水主体功能的要求，指导和改进防水材料的生产，推动防水材料的发展。

1.3 防水材料的分类及特点

近年来，我国新型防水材料飞速发展，日新月异，新品种不断问世，但目前尚无统一的分类。防水材料分类的方法很多，从不同的角度和要求分，有不同的归类。为达到方便、实用的目的，可按防水材料的材性、组成、形态、类别和原材料性能等划分。为便于工程应用，目前常用根据材料形态和材性相结合的划分方法。

1.3.1 按材性分类

防水材料按材性分为刚性防水材料、柔性防水材料和粉状防水材料（糊状），见表1-1。

防水材料按材性划分　　表1-1

名　称	特　点	举　例
刚性防水材料	强度高、不能延伸、性脆、抗裂性较差，质重，耐高低温、耐穿刺、耐久性好，改性后材料具有韧性	防水混凝土、防水砂浆、防水瓦、防水板
柔性防水材料	弹性、塑性、延伸率大，抗裂性好，质轻，弹性高，延展性好，耐高低温有限，耐穿刺差，耐久性有一定年限	卷材、涂料、密封胶
粉状防水材料	需借助其他材料复合成防水材料	膨润土毯

1.3.2　按材料形态分类

按材料形态可分为防水卷材、防水涂膜、防水密封材料、防水混凝土、防水砂浆、金属板、瓦片、憎水剂、防水粉，见表1-2。不同形态防水材料对防水主体的适应性是不同的。卷材、涂膜、密封材料柔软，应依附于坚硬的基面上；金属板既是结构层又是防水层；而防水混凝土、防水砂浆、瓦片刚性大，坚硬；憎水剂使混凝土或砂浆这些多孔（毛细孔）材料的表面具有憎水性能；粉状松散材料遇水溶胀止水。

防水材料按形态划分　　表1-2

形　式	特　点	举　例
防水卷材	经压延、涂布成卷的材料	合成高分子卷材、聚合物改性沥青卷材
防水涂膜	液态涂布后成膜材料	合成高分子涂料、改性沥青涂料
防水密封材料	膏状或条状密封材料	高分子密封胶、止水带
防水混凝土	水泥、砂、石、搅拌浇注成型硬化	防水混凝土
防水砂浆	水泥、砂、外加剂搅拌刮涂抹压硬化	防水砂浆、干粉砂浆、聚合物砂浆
金属板	钢板、合金、压型板	压型金属板
瓦片	黏土、水泥、有机物等烧制、压制	筒瓦、小青瓦、琉璃瓦、平瓦、油毡瓦
憎水剂	憎水性液体喷涂在孔壁成膜	有机硅液
粉状防水材料	吸水成糊状阻水	膨润土毯

1.3.3　按组成材料的属性性能来划分

防水材料按其本身的物理、化学性能及组成特点来划分，见表1-3。防水材料由于其物性、成分的不同，所表现出来的防水性能和工艺有所区别，如反应型涂料和挥发型涂料，由于结膜的机理不同，它的应用环境就不同。

防水材料按属性性能划分　　表1-3

类别	特性	举例
橡胶型材料	具橡胶弹性	三元乙丙橡胶卷材、聚氨酯涂料
树脂类材料	具塑性变形特征	PVC卷材、丙烯酸涂料、JS涂料
反应型涂料	双(单)组分反应结膜	聚氨酯涂料、FJS涂料
挥发型涂料	水、溶剂挥发结膜	丙烯酸涂料、SBS改性沥青涂料
改性型材料	不同材性材料互相改性	SBS改性沥青卷材、JS涂料
热熔型涂料	加热熔化,降温结膜	SBS改性沥青热熔涂料
渗透结晶材料	加水凝结硬化	水泥基渗透结晶型涂料

1.3.4　按材料的品种划分

相同品种的材料，具有很大的共性，其特点也相似，但具体性能指标会有较大差别。

以同一材料性能、同一形态分为一个品种的分类方法见表1-4。

按材料的品种划分　　表1-4

品种	特性	举例
合成高分子卷材	高分子材料压延成卷	三元乙丙卷材、PVC卷材
聚合物改性沥青卷材	聚合物改性沥青浸涂成卷	SBS改性沥青卷材
沥青基卷材	胎体浸渍沥青成卷为油毡	纸胎油毡
合成高分子涂料	合成高分子溶液或乳液组合成液料涂布成膜	聚氨酯涂料、丙烯酸涂料
聚合物改性沥青涂料	聚合物改性沥青成为涂料涂布成膜	氯丁胶沥青涂料、SBS改性沥青涂料
沥青基涂料	沥青基涂料涂布成膜	石灰抹压乳化沥青
合成高分子密封胶	高粘结性、高弹性	聚氨酯密封胶、聚硫密封胶
聚合物改性沥青密封胶	聚合物改性沥青	SBS改性沥青密封胶
防水混凝土	强度高、脆性	各种防水混凝土
聚合物水泥涂料	有机与无机材料组合	JS、FJS
聚合物水泥砂浆	砂浆中加入各种聚合物胶	干粉防水砂浆、聚合物防水砂浆
渗透性结晶材料	渗入砂浆、混凝土毛细孔，形成结晶堵塞毛细孔	塞柏斯、渗透微晶
憎水剂	使毛细孔或物质表面产生憎水现象	有机硅憎水剂
金属板	金属板既是结构层又是防水层	铝合金压型板、钢压型板、钛金属板
瓦	水泥、黏土制成片状	水泥平瓦、小青瓦、筒瓦
粉毯	毯包裹膨润土粉制成	膨润土毯

1.3.5　按材性和形态相结合划分

为便于工程应用，目前建筑防水材料分类主要按其材性和外观形态分为防水卷材、防水涂料、防水密封材料、防水堵漏材料、防水混凝土（防水砂浆）和板瓦类防水材料六大类。

1. 防水卷材

防水卷材是采用特定生产工艺制成的可卷曲的片状防水材料。在2018年中国建筑防水材料中防水卷材占比最大，为62.82%。其中，在防水卷材中，SBS/APP改性沥青防水卷材占43.66%，自粘防水卷材占33.68%，高分子卷材占22.66%。其分类见表1-5。

防水卷材是采用工厂机械化生产，生产条件和影响产品质量的因素可得到很好的控制，卷材厚度及均匀性易控，产品质量稳定性较好；耐高低温性能、强度及耐穿刺能力等较好，防水性能优良，适用范围广；卷材用于大面积防水时，施工效率高；多层使用时防水效果好。但受幅宽限制卷材接缝多，节点处理复杂，如搭接缝施工不当，易产生翘边、皱折、密封不严等缺陷，易造成渗漏水；高分子卷材防水层在使用过程中有一定的应力存在，会加速卷材老化，后期卷材老化收缩大，易产生搭接缝脱开等缺陷；施工技术复杂、难度大。

防水卷材分类 表 1-5

<table>
<tr><th>类别</th><th>品种</th><th colspan="2">材料类型</th><th>品名举例</th></tr>
<tr><td rowspan="28">防水卷材</td><td rowspan="16">合成高分子卷材</td><td rowspan="9">橡胶类</td><td rowspan="5">硫化型</td><td>三元乙丙橡胶卷材(EPDM)</td></tr>
<tr><td>氯化聚乙烯橡胶共混卷材(CPE)</td></tr>
<tr><td>氯磺化聚乙烯卷材(CSP)</td></tr>
<tr><td>丁基橡胶卷材</td></tr>
<tr><td>硫化型再生橡胶卷材</td></tr>
<tr><td rowspan="4">非硫化型</td><td>氯化聚乙烯卷材(CPE)</td></tr>
<tr><td>增强型氯化聚乙烯卷材</td></tr>
<tr><td>三元丁再生橡胶卷材</td></tr>
<tr><td>自粘型高分子卷材</td></tr>
<tr><td colspan="2" rowspan="2">橡塑类</td><td>氯化聚乙烯橡塑共聚卷材</td></tr>
<tr><td>三元乙丙-聚乙烯共聚卷材(TPO)</td></tr>
<tr><td colspan="2" rowspan="7">树脂类</td><td>聚氯乙烯卷材(PVC)</td></tr>
<tr><td>丙烯酸卷材</td></tr>
<tr><td>双面丙纶聚乙烯复合卷材</td></tr>
<tr><td>EVA 卷材</td></tr>
<tr><td>低密度聚乙烯卷材(LDPE)</td></tr>
<tr><td>高密度聚乙烯卷材(HDPE)</td></tr>
<tr><td>丙烯酸水泥基卷材</td></tr>
<tr><td rowspan="6">聚合物改性沥青卷材</td><td colspan="2" rowspan="4">弹性体改性</td><td>SBS 橡胶改性沥青卷材</td></tr>
<tr><td>丁苯橡胶改性沥青卷材</td></tr>
<tr><td>再生胶改性沥青卷材</td></tr>
<tr><td>自粘型改性沥青卷材</td></tr>
<tr><td colspan="2" rowspan="2">塑性体改性</td><td>APP(APAO)改性沥青卷材</td></tr>
<tr><td>PVC 改性焦油沥青卷材</td></tr>
<tr><td rowspan="3">沥青卷材</td><td colspan="2" rowspan="2">普通沥青</td><td>石油沥青、焦油煤沥青纸胎油毡</td></tr>
<tr><td>纸胎油毡</td></tr>
<tr><td colspan="2">氧化沥青</td><td>氧化石油沥青油毡</td></tr>
<tr><td rowspan="2">其他</td><td colspan="2">金属卷材</td><td>合金防水卷材</td></tr>
<tr><td colspan="2">粉毡</td><td>膨润土毯</td></tr>
</table>

2. 防水涂料

防水涂料是无定形材料（液状、稠状物、粉剂加水现场拌合、液＋粉现场拌合），通过现场刷、刮、抹、喷等施工，可在结构物表面固化形成具有防水功能的膜层材料。在2018 年中国建筑防水材料中防水涂料占比居第二，为 27.78％。其中，在防水涂料中，聚合物水泥涂料占 56.48％，聚氨酯防水涂料占 30.76％，改性沥青类涂料占 9.71％，丙烯酸防水涂料占 1.84％，其他防水涂料占 1.21％。其分类见表 1-6。

防水涂料分类 **表 1-6**

类别	品种	材料类型		品名举例
防水涂料	合成高分子涂料	橡胶类	挥发型	氯磺化聚乙烯涂料
				硅橡胶涂料
				三元乙丙涂料
			反应型	水固化聚氨酯涂料
				单组分聚氨酯涂料(湿固化)
				双组分聚氨酯涂料
				石油沥青聚氨酯涂料
				聚脲
		树脂类	挥发型	丙烯酸涂料
				EVA 涂料
		复合型	反应挥发型	聚合物水泥基涂料 CJS
				反应型聚合物水泥基涂料 FJS
	聚合物改性沥青涂料	挥发型	溶剂型	SBS 改性沥青涂料
				丁基橡胶改性沥青涂料
				再生橡胶改性沥青涂料
				PVC 改性焦油沥青涂料
			水乳型	水乳型 SBS 改性沥青涂料
				水乳型氯丁胶改性沥青涂料
				水乳型再生橡胶改性沥青涂料
		热熔型		热熔型 SBS 改性沥青涂料
	沥青基涂料	水乳型		石灰乳化沥青防水涂料
				膨润土乳化沥青防水涂料
				石棉乳化沥青防水涂料

防水涂料施工后可形成无接缝的连续防水膜层，依靠完整致密涂膜来阻挡水的透过或依靠膜层具有憎水性来进行防水；涂膜耐水、耐候、耐酸碱性优良，延伸性良好，防水效果可靠，对渗漏点易于做出判断及维修；不受基材形状的限制，节点处理简单，能适于各种复杂形状的结构基层，特别有利于阴阳角、雨水口及端部头的封闭；涂膜为轻质防水层，适于轻型、薄壳等异形屋面；冷施工（热熔型涂料除外），污染小，施工简捷，劳动强度低。但涂层强度及耐穿刺能力较差；立面施工不方便，需重复多遍涂刷，受基面平整度影响，膜层有薄厚不均现象；膜层的力学性能受成型环境温度和湿度影响大。

3. 防水密封材料

防水密封材料又称嵌缝材料，是用于嵌填建（构）筑物中的各种缝隙以保证水密性的材料。缝隙包括建筑接缝、裂缝、施工缝、门窗框缝及管道接头的连接处等。防水密封材料的分类见表 1-7。

防水密封材料分类 表 1-7

类别	品种		材料类型	品名举例
防水密封材料	不定型	合成高分子密封材料	橡胶类	硅酮密封胶
				有机硅密封胶
				聚硫密封胶
				氯磺化聚乙烯密封胶
				丁基密封胶
				聚氨酯密封胶
			树脂类	水性丙烯酸密封胶
		高聚物改性沥青密封材料	石油沥青类	丁基橡胶改性沥青密封胶
				SBS 改性沥青密封胶
				再生橡胶改性沥青密封胶
			焦油沥青类	塑料油膏
				聚氯乙烯胶泥(PVC 胶泥)
	定型	合成高分子密封材料	橡胶类	橡胶止水带
				遇水膨胀橡胶止水带
			树脂类	塑料止水带
		金属止水带		不锈钢止水带
				铜片止水带

根据防水密封材料的应用特点，其必须具备如下性能：

①粘结性：要求密封材料粘结强度大于密封材料本身内聚力。与接缝基面稳定粘结，在接缝发生移动时，密封材料不发生剥离和脱胶。

②力学性能：具有良好力学性能（弹性和强度等），有适度模量承受施加的压力并适应结构变形，在接缝反复变形后，保证充分恢复其性能和形状，并能经受其粘结构件的伸缩、变形与振动。

③防水性：对流体介质不溶解，无过度溶胀或收缩，具有低渗透性。

④温度稳定性：高温下不过度软化，低温不脆裂。

⑤耐久性：在室外日光、雨雪等自然条件作用下有足够寿命，确保密封材料不断裂、剥落，即具有良好耐热性、耐寒性、耐水性、耐老化性和耐候性等。

⑥施工性：现场嵌填施工性良好，能挤、注、涂、施、固化，储存稳定，无毒或低毒害。

4. 刚性防水材料

刚性防水材料主要以防水混凝土、防水砂浆为主，金属板和瓦类也属于刚性防水材料，其分类见表 1-8。

防水混凝土和防水砂浆是以水泥、砂石为原材料，外掺少量外加剂或高分子聚合物等材料，配制成具有一定抗渗性的水泥混凝土、砂浆类防水材料。防水混凝土和防水砂浆具有如下特点：防水混凝土既防水又兼作承重、围护结构的多功能材料；耐久、经济。材料价廉，施工简便，且易于查找渗漏水源，便于维修，综合经济效果较好；一般为无机材料，不燃，无毒，无异味，有透气性。但韧性差，抗拉强度低，因干缩、地基沉降、温差等原因易造成混凝土裂缝；自重大。

防水混凝土、防水砂浆和板瓦类防水材料 表 1-8

类别	品种	材料类型	品名举例
刚性防水材料	防水混凝土	内掺式防水混凝土	普通防水混凝土
			补偿收缩防水混凝土
			减水剂防水混凝土
			密实剂防水混凝土
			合成纤维防水混凝土
			聚合物水泥防水混凝土
		表面涂剂防水混凝土	确保时抹面防水混凝土
			水不漏抹面防水混凝土
			防水宝抹面防水混凝土
		渗透剂结晶抹面防水混凝土	M1500 处理防水混凝土
			塞柏斯处理防水混凝土
			抗渗微晶处理防水混凝土
		表面憎水防水混凝土	有机硅表面处理防水混凝土
	防水砂浆	内掺式防水砂浆	金属皂液防水砂浆
			氯盐类防水砂浆
			硫酸盐类防水砂浆
			微膨胀剂防水砂浆
			抗裂纤维防水砂浆
			聚合物水泥防水砂浆
		表面憎水防水砂浆	有机硅表面处理防水砂浆
	板瓦防水材料	烧结瓦类	烧结筒瓦
			烧结平瓦
			烧结波型瓦
			琉璃瓦
		混凝土瓦类	平瓦、纤维波型瓦
			英红瓦
		有机材料瓦类	沥青瓦
			沥青波型瓦
			玻璃钢瓦
		金属板类	镀锌铁皮波型瓦
			压型钢板复合板
			铝镁合金板

5. 防水堵漏材料

防水堵漏材料是指利用材料自身化学反应的产物，在较短时间内发挥阻断渗漏水通道达到止水目的的防水材料。该类材料普遍具有快凝快硬、抗渗防水、使用便捷、快速高效等特点，多用于解决建（构）筑物在正常使用期间的突发渗漏问题，其分类见表 1-9。

堵漏材料　　**表 1-9**

类别	品种	品名举例
堵漏材料	灌浆材料	水溶性聚氨酯
		油溶性聚氨酯(氰凝)
		甲凝
		丙凝
		水性聚氨酯
		环氧树脂
		超细水泥
	抹面类	堵漏灵
		快硬水泥

1.4　防水材料的发展与现状

1.4.1　防水材料发展史

1. 古代防水材料

中国历史悠久，传统防水材料丰富多彩。先民从居洞穴搬到平原，采用树枝、树叶和草等植物做防水材料，搭棚避雨。后以土为墙，植物草叶、天然石板、夯土为盖组成房子。我国自秦汉以后发明了砖瓦，开始墙面用砖，顶面用瓦，以大坡度将水排走，采用致密多层叠合具有一定防水能力的瓦进行防水。这种防排结合，以排为主，以防为辅的技术，就此延续了近两千年历史。古代民间住房多为草屋、冷摊（铺）瓦屋面、栈砖座灰瓦屋面，北方少雨地区夯土、砖拱覆土为主。元宋代以后宫殿庙宇的建筑，大部采用琉璃瓦，而且多道设防。北京故宫青砖墙用石灰加糯米汁或杨桃藤汁或猪血调制，磨砖对缝砌筑，有了相当好的防水功能。十三陵地下宫殿，以石砌墙、石铺地，同样采用灰泥中加糯米汁和杨桃藤汁，而且在地下和墙外面有 1m 厚的灰土层。灰土既是地基承重材料，又是防水材料，具有极大的强度和韧性，不易开裂。古代的大型储水池很多也是采用灰土来防水。在古代当时的经济、文明条件下，我们祖先创造的古代防水理论和防水技术实为可贵，值得我们后人骄傲和借鉴。

2. 近代防水材料

近代防水材料应从发现天然沥青并用它做防水材料开始，后又使用炼油厂的石油沥青渣为原料制成油毛毡（沥青卷材），延续使用了上百年。最初的沥青纸胎油毡起源于欧洲，约于 20 世纪 20 年代传入中国。1947 年我国第一家防水材料厂名为万利油毛毡制造厂成立。1950 年后北京、天津、沈阳、武汉等地也陆续兴建了油毡厂。1952 年，全国油毡产量达到 76 万卷（1520 万 m^2）。

有了沥青材料防水，人们将坡屋面坡度降低至一定坡度形成平顶，减少了不可使用的尖顶部分，这是对建筑技术的一次大革命。从1955年开始，采用平屋面的房屋建筑工程不断增加，并逐步实现以石油沥青代替煤沥青铺贴纸胎石油沥青油毡，做成“三毡四油一砂”或“两毡三油一砂”的防水层。到20世纪50年代末有少量标准要求较高的建筑工程，如人民大会堂等曾采用以石棉布或麻布为胎体，以橡胶粉改性石油沥青为浸渍涂盖层的卷材，做成“三毡四油”或“四毡五油”等多叠层的防水层。北京工人体育馆，还使用了进口铝板经表面涂刷防护漆后，做成圆形屋面的防水层，从而较好地满足了这些建筑工程的使用要求。

20世纪60～70年代，我国虽然曾开发应用过石灰乳化沥青、膨润土乳化沥青、石棉乳化沥青和再生胶乳化沥青等防水涂料，但未能在新建工程中大面积推广应用，只有采用纸胎石油沥青油毡“三毡四油一砂”防水方法，一直沿用下来，至今仍在全国平屋面防水工程中占有一定的份额。20世纪70年代，全国油毡产量已达1000万卷（2亿m^2）。20世纪60～70年代，工业发达国家已开发出SBS、APP等改性沥青防水卷材和合成高分子防水卷材占主导地位的防水材料。

3. 现代防水材料

我国现代防水材料应从20世纪80年代初改革开放开始。随着国外新型防水材料和技术的引进，建筑防水材料也从比较单一的品种迅速发展成为形态不一、性能各异的多类型、多品种的格局，我国防水材料逐步形成卷材、密封材料和涂料三大系列产品，各类防渗堵漏材料、土工材料、防水剂、防水保温一体材料都有较大发展。

21世纪，国内防水行业技术装备水平国际化速度加快，产品质量明显上升。2001年引进了德国沥青油毡瓦生产线，国产沥青油毡瓦生产线同年也投产。彩色EPDM卷材及配套用改性胶粘带、TPO卷材也相继投入了市场。金属（铅锡合金）卷材首次在国内研制成功。预铺反粘卷材、喷涂速凝涂料等新型防水材料相继在工程中应用。2017年我国防水卷材产量达12.58亿m^2。目前，国际上防水材料的主要品种，国内基本上都可以生产，而且产品的产量正在逐年递增，产品的质量稳步提高，其主要技术性能指标均已达到或接近国外同类产品的先进水平，完全可满足我国各种不同防水等级和设防要求的建筑防水工程的使用功能。

1.4.2 防水材料行业现状

目前国外发达国家更注重材料应用性和耐久性指标，新型、环保建筑防水材料已占市场总量的90%以上。美国主要为坡屋面，卷材、瓦类材料应用普遍。欧洲如德、法、意以改性沥青防水材料为主，日以高分子涂料为主。

2018年，中国建筑防水材料的总产量为22.12亿m^2。目前我国防水材料已形成包括SBS、APP改性沥青防水卷材、高分子防水卷材、防水涂料、密封材料、刚性防水和堵漏材料、瓦类材料等新型材料为主的高、中、低档不同品种，功能比较齐全的完整防水系列，并形成材料生产、设备制造、防水设计、专业施工、科研教学、经营网络为一体的工业体系。但由于防水专业起步较晚，研究力量不足，理论还不是很成熟，体制还存在一定问题。与先进国家比，我国在产品质量、应用技术、人员素质、市场培育和标准化等方面还存在许多问题，尤其高品质的产品所占比例较小，整体水平不高更为突出，这些都需要我们在今后努力解决并迎头赶上。

1.4.3 我国防水材料的发展目标

根据我国基础建设发展需要及市场走势，参考国外成功经验，今后我国建筑防水工程技术应以绿色建筑为目标，研究并推广种植尾面、热反射尾面、通风尾面等具有绿色功能的材料和系统。

1. 防水卷材

淘汰纸胎油毡、胶粉改性沥青防水卷材、沥青复合胎柔性防水卷材，大力发展弹性体(SBS)、塑性体（APP）改性沥青防水卷材，积极推进三元乙丙（EPDM）和聚氯乙烯(PVC）高分子防水卷材，积极研制发展聚烯烃（TPO）防水卷材；改性沥青防水卷材用胎体提倡采用聚酯毡、玻纤毡、聚乙烯膜胎及聚酯玻纤复合胎，限制、淘汰植物纤维基复合胎体和高碱玻纤布。

2. 防水涂料

适当发展环保型防水涂料，重点发展聚氨酯、聚脲和水乳型丙烯酸防水涂料和橡胶改性沥青防水涂料。聚氨酯防水涂料由煤焦油型向石油沥青聚氨酯和纯聚氨酯过渡。积极开发和推广高固体含量和高质量的橡胶改性沥青防水涂料。积极开发丙烯酸等外墙防水涂料，解决墙体渗漏问题。推广应用路桥防水涂料等特种用途的防水涂料。禁止使用有污染的煤焦油类防水涂料。防水涂料将由薄质涂料向厚质涂料或无溶剂和水性，并能集防水、装饰、保温、隔热于一体，且可在潮湿基层进行施工作业的防水涂料方向发展。

3. 灌浆材料

地基加固采用水泥基灌浆材料，结构补强采用环氧灌浆材料，特别是低黏度潮湿固化环氧灌浆材料，防水堵漏采用聚氨酯灌浆材料。针对不同工程情况推荐采用复合灌浆工艺。限制使用有毒、有污染的灌浆材料。

4. 密封材料

努力开发高档建筑密封材料，重点发展建筑、市政和汽车用密封膏，巩固丙烯酸密封材料（中档），提倡应用聚硫、硅酮、聚氨酯等高档密封材料，积极研究和应用密封材料的专用底涂料，以提高密封材料的粘合力和耐水、耐久性。禁止使用塑料油膏、聚氯乙烯胶泥等密封材料。

5. 防水砂浆

刚性防水将由普通级配混凝土（或砂浆）向补偿收缩混凝土（或砂浆）和聚合物水泥混凝土（或砂浆）方向发展。积极应用聚合物水泥防水砂浆、提倡钢纤维、聚丙烯纤维抗裂防水砂浆，研究应用沸石类硅质防水剂砂浆。大力推广应用干粉砂浆（防水、防腐、粘结、填缝等专用砂浆）。

6. 防水保温材料

巩固挤塑型聚苯板与砂浆保温系统，积极推广应用喷涂聚氨酯硬泡防水保温材料，适当发展应用胶粉聚苯颗粒保温砂浆系统。限制使用膨胀蛭石及膨胀珍珠岩等吸水率高的保温材料。禁止使用松散材料保温层。

7. 特种防水材料

积极应用天然纳米防水材料——膨润上防水材料，具体品种有膨润土止水条和膨润土防水毯。研究应用金属防水材料，探索应用文物保护用修旧如旧的专用防水涂料和混凝土保护用防水涂料。

1.5 防水材料的标准化

1.5.1 防水材料标准化的目的

防水材料的生产必须有一定的标准，它是企业生产的产品质量是否合格的技术依据，也是供需双方对产品质量进行验收的依据。防水材料标准的制定与实施，有助于检验与控制防水材料的产品质量，大力推广新型防水材料，打击假冒伪劣产品，保证防水工程质量。

标准是根据一个时期的技术水平制定的，因此它只能反映一个时期的技术水平，具有暂时性和相对稳定性。随着科学技术的发展，不变的标准不但不能满足技术飞速发展的需要，而且会对技术的发展起到限制和束缚的作用，所以应根据技术发展的速度与要求不断对标准进行修订；但标准一旦颁布，企业必须严格执行。

1.5.2 防水材料有关标准

世界各国均有自己的标准，如美国 ASTM、德国 DIN、英国 BS、日本 JIS 等，另外还有世界范围内统一使用的 ISO 国际标准。我国防水材料的标准按等级和适用范围分为国家标准、行业标准、地区标准和企业标准四类；按标准编制对象的不同分为工程标准和材料标准两类。防水材料标准包括如下内容：定义、产品分类、技术性能、测试方法、检验规则、包装和标志、贮存与运输注意事项等。标准的一般表示方法是：标准名称、部门代号、编号和批准年号。我国防水材料常用标准代号见表 1-10。

防水材料有关标准名称及标准代号对应表　　表 1-10

标准分类	标准名称	标准代码	示例	
国家标准	中国国家国标	GB	GB 50207—2012	屋面工程质量验收规范
	推荐性国标	GB/T	GB/T 14686—2008	石油沥青玻璃纤维胎防水卷材
行业标准	黑色冶金	YB	YB/T 9261—98	水泥基灌浆材料施工技术规程
	水利	SL	SL/T 231—98	聚乙烯土工膜防渗工程技术规范
	建材	JC	JC/T 975—2005	道桥用防水涂料
	交通	JT	JT/T 203—2014	公路水泥混凝土路面接缝材料
	电力	DL	DL/T 100—1999	水工混凝土外加剂技术规程
	城镇建设	CJ	CJJ 62—95	房屋渗漏修缮技术规范
	建筑工程	JG	JG/T 141—2001	膨润土橡胶遇水膨胀止水条
	化工	HG	HG 2402—1992	屋顶橡胶防水材料　三元乙丙片材
	工程建设推荐性	CECS	CECS 18:2000	聚合物水泥砂浆防腐蚀工程技术规程
地区标准	地方标准	DB	DBJ 01-16—94	新型沥青卷材防水工程技术规范
			苏建规 01—89	高分子防水卷材屋面施工验收规程
企业标准	企标	单位自定	Q/6S 461—87	XM-43 密封腻子
			QJ/SL 02.01—89	APP 改性沥青卷材

第 2 章　防水材料的基本性质

2.1　对防水材料的基本性能要求

1. 物理性质

与各种物理过程（水、热作用）有关的性质，如抗渗性、耐水性、温度稳定性等。

2. 力学性能

材料应具有一定力学性能，以满足施工时的外力作用和抵御结构变形对防水材料的影响。如抗撕裂强度、抗疲劳能力、抗穿刺能力、粘结强度、断裂伸长率等。

3. 耐久性

防水材料在自然大气环境作用下，能抵御紫外线、臭氧、酸雨及风雨冲刷下的性能稳定和材料储存期间材料性能的稳定性。如耐紫外线、耐臭氧、耐酸雨、耐干湿、耐冻融、耐介质腐蚀等性能。

4. 施工性能

防水材料施工要方便，技术易被掌握，较少受操作工人技术水平、气候条件、环境条件的影响，如自粘卷材。

5. 环保性

毒性小，在防水材料生产和使用过程中，不污染环境和不损害人身健康。

防水材料所具有的各种性质，主要取决于材料的组成和结构状态，同时还受到环境条件的影响。不同部位的防水工程，不同的防水作法，对防水材料的性能要求也各有其侧重点。如屋面防水层长期经受着风吹、雨淋、日晒、雪冻等恶劣的自然环境侵袭和基层结构的变形影响，屋面防水工程用防水材料的耐候性、耐温度、耐外力的性能尤为重要；针对地下水的不断侵蚀，且水压较大及地下结构可能产生的变形等条件，地下防水工程用防水材料必须具备优质抗渗能力和延伸率，具有良好的整体不透水性；针对面积小、穿墙管洞多、阴阳角多、卫生设备多等因素带来与地面、楼面、墙面连接构造较复杂等特点，室内厕浴间防水工程用防水材料应能适合基层形状的变化并有利于管道设备的敷设，以不透水性优异、无接缝的整体涂膜最为理想；考虑到墙体有承受保温、隔热、防水综合功能的需要和缝隙构造连接的特殊形式，建筑外墙板缝防水工程所用防水材料应具有较好的耐候性、高延伸率以及粘结性、抗下垂性等性能，一般选择防水密封材料并辅以衬垫保温隔热材料进行配套处理为宜。

2.2　防水材料的基本性质

2.2.1　防水材料的物理性质

1. 防水材料与水有关的性能

1）材料的亲水性和憎水性

大多数土木工程材料，如石料、集料、砖、混凝土、木材等都属于亲水性材料，表面均能被水润湿，且能通过毛细管作用将水吸入材料的毛细管内。沥青、石蜡、塑料等属于憎水性材料，表面不能被水润湿，该类材料一般能阻止水分渗入毛细管中，因而能降低材料吸水性。憎水性材料常用作防潮、防水及防腐材料。

2）材料的吸湿性和吸水性

亲水性材料在潮湿空气中吸收水分的性质称为吸湿性。材料的吸湿性用含水率表示材料在水中吸收水分的性质称为吸水性，材料的吸水性用吸水率表示。

材料的吸水（湿）性，不仅与材料的亲水性或憎水性有关，而且与孔隙率的大小及孔隙特征有关。一般孔隙率愈大，吸水性也愈强。封闭的孔隙，水分不易进入；粗大连通孔，水分易进入但不易存留。开口细微连通孔隙的材料，吸水率较大。材料吸水后，强度降低、体积膨胀、保温性能降低、抗冻性变差等。因此，吸水率大对防水材料性能不利，而且在冻融时很容易损坏。

3）耐水性

材料的耐水性是指材料长期在水作用下不破坏，强度也不显著降低的性质。材料的耐水性用软化系数 K 表示，软化系数是材料在吸水饱和状态下的抗压强度与干燥状态下的抗压强度之比。材料的软化系数在 0～1 之间。软化系数越小，耐水性越差。软化系数＞0.85 的材料称为耐水材料。长期处于水中或潮湿环境中的重要结构所用材料的软化系数≥0.85；用于受潮较轻或次要结构所用材料的软化系数≥0.75。

4）抗渗性

材料抵抗压力水渗透的性质称为抗渗性。材料的抗渗性用抗渗等级或渗透系数表示。

抗渗等级（P）是以规定试件在标准试验条件下所能承受的最大水压力（MPa）来确定。抗渗等级越高，材料抗渗性越好。渗透系数按达西定律用下式计算：

$$K_{渗}=\frac{Qd}{AtH}$$

式中 $K_{渗}$——渗透系数，cm/h；

Q——透水量，cm^3；

d——试件厚度，cm；

A——透水面积，m^2；

t——透水时间，h；

H——静水压力水头，cm。

渗透系数愈大，其抗渗性愈差。

抗渗性是防水材料的重要性能指标。抗渗性与材料的孔隙率和孔隙特征有关。孔隙很小或含闭口孔隙的材料抗渗性较高。防水材料与抗渗性能有关的指标：

①不透水性：防水材料在一定动水压力下抵抗水渗透的能力，以实验时的水压和持续时间来表示。

②吸水率：反映材料浸水后吸水量。防水材料吸水率大，抗渗性差，受冻易损坏。

③蒸汽渗透性（气密性）：指防水材料抵抗水蒸气渗透的能力，也反映了材料自身的密实程度。因气体分子比水分子小，许多防水材料不透水，但可透气。

④渗透率：是在一定压差下材料允许流体通过的能力，也是表示卷材气密性的指标。

5）抗冻性

抗冻性是指材料在吸水饱和状态下，经多次冻融循环作用而不破坏，强度也不显著降低的性质。材料的抗冻性用抗冻等级 F 表示，是以规定吸水饱和的试件，在标准试验条件下，经一定次数的冻融循环后，强度降低不超过规定数值，也无明显损坏和剥落的冻融循环次数表示。如 F25 表示材料能抵抗冻融循环 25 次。

冻融破坏作用主要是由于材料毛细管孔隙内的水结冰而引起的。水在结冰时体积增大约 9%，对毛细管孔壁可产生约 100MPa 的压力，在压力反复作用下，使孔壁开裂。材料的抗冻性与材料吸水程度、材料强度及孔隙特征有关。寒冷地区用防水材料必须考虑其抗冻性。

2. 防水材料的温度稳定性

防水材料的温度稳定性是指在大气环境温度变化时，材料性能变化要不影响使用性能，同时热老化和冻融性能下降应满足使用要求。常用防水材料与温度有关的性能指标：

①热处理尺寸变化率：指防水材料经规定条件热处理后的尺寸变化率。热处理尺寸变化率越小，材料性能就越稳定。如高分子卷材使用后期在长期热作用下收缩，势必造成卷材内应力增大，使卷材老化加速而开裂。

②低温柔（弯折）性：是在指定低温下防水材料经受弯折时的柔韧性能。如改性沥青卷材低温时会变硬发脆，此时防水层受冷收缩变形会拉裂卷材使防水失效。可根据低温下材料受弯是否折断来判断材料低温下能否正常工作，以确定其最低适宜工作温度，这是低温地区防水材料的重要性能指标。

③低温开卷：是表示卷材在什么温度开卷安全的指标。如沥青类卷材低温下开卷易折断。

④耐热度：是在规定时间内防水材料经受持续规定高温其性能不发生变化的能力。即表示防水材料在高温工作条件下能正常工作时的温度。如改性沥青防水材料温度敏感性大，高温会变软流淌，甚至使防水失效，故要测定其耐热度。

⑤耐冻融性：寒冷地区防水材料经受反复受冻和融化会使性能降低，故要测此指标。

⑥使用温度范围：指防水材料在施工和使用时能正常工作的温度范围。

2.2.2 防水材料的力学性质

1. 防水材料的强度

材料的强度是指材料在外力作用下不破坏时能承受的最大应力。与防水材料有关的主要强度指标：

①拉伸强度：卷材受拉伸断裂时所承受的最大应力。卷材在施工过程中受拉伸，在使用过程中受基层开裂等外力影响也会对卷材产生拉伸作用。拉伸强度大表示受拉时不易拉断。

②300%定伸强度：是表示卷材拉伸至 300%固定时，在一定时间作用下卷材持久力的一种性能。卷材使用过程中常会被拉伸，拉伸定伸时间长，对强度影响小，卷材性能就好。

③直角撕裂强度：是在一定温度下，处于撕扯状态下，侧面有直角型切口、规定尺寸的卷材被拉断所需的应力。卷材在受撕扯状态下工作时，应重视此指标。

④圆球顶破强度：卷材耐穿刺的一种测试指标，该指标测试接近工程实际状态。

⑤邵氏硬度：测试卷材耐穿刺的另一指标。邵氏硬度大，耐穿刺性好。

⑥焊接强度：塑性卷材可焊接搭接，焊接后的强度对卷材接缝很重要。对焊接施工的卷材应重视该指标。

⑦剥离强度：胶粘剂的粘结强度大小，采取剥离破坏的方法测试。

⑧剪切强度：采取剪切方法测试其粘结强度。胶粘剂的粘结强度大小对卷材至关重要，尤其作为接缝胶粘剂的粘结性能是影响卷材防水质量的关键。

2. 防水材料的弹性和塑性

与防水材料有关的弹性和塑性指标：

①延伸率：是指防水材料受到拉伸变形而出现断裂破坏时，在裂缝的垂直方向上，防水材料所产生的变形量（即伸长量）与被变形量（即参与拉伸变形的原长）的百分比。

防水材料的延伸率越大，对建筑物基层裂缝变形的适应能力就越强。随着防水技术的发展，各种高延伸率的新型防水材料也不断涌现，延伸率从传统的纸胎沥青油毡的1%～3%发展到高聚物改性沥青防水卷材的10%～200%，一直发展到合成高分子防水材料的300%甚至500%。新型防水材料的发展过程也是材料延伸率不断提高的过程。近几年，许多大延伸率的合成高分子防水材料被用在大跨度、大开间的建筑物屋面上，以提高其防水可靠性。

②300%回弹性：当卷材拉伸至300%放松后，能回弹多少量，是反映材料弹性的指标。有些部位（如变形缝）希望变形后仍能回弹，应用弹性好的材料。

③拉伸永久变形保持率：卷材受一定力拉伸后，会产生一定的疲劳变形成永久变形。永久变形小，说明材料的弹性好。

3. 防水材料的脆性和韧性

材料的韧性是以材料受冲击或振动荷载作用破坏时所吸收的能量表示，用冲击韧度试验来检测，常用冲击韧度值表示。脆性材料抵抗冲击荷载或振动作用的能力差，其抗压强度比抗拉强度高得多，如普通防水混凝土韧性很差，受外力易开裂，加入有机高分子聚合物或纤维后可提高其抵抗变形能力，防水性能也得到了改善。

4. 防水材料的硬度、耐磨性和抗穿刺性

硬度是材料表面能抵抗其他较硬物体压入或刻划的能力。根据试验方法不同有邵氏硬度、布氏硬度和莫氏硬度等。

不同材料的硬度测定方法不同。刻划法常用于天然矿物硬度测定，用莫氏硬度表示。

大多数土木工程材料硬度测定采用压入法，如木材、混凝土、钢材等常用布氏硬度(HB)。邵氏硬度表示塑料或橡胶等软性材料的相对硬度。

耐磨性是材料抵抗磨损的能力。一般强度较高、密实材料的硬度较大，耐磨性较好。

抗穿刺性是卷材施工或使用时抵抗外力穿刺的能力。在卷材铺设使用中常会被硬尖物碰撞、顶穿而造成防水失效，因此卷材用于暴露式屋面、种植屋面、卵石压埋屋面时，要考虑其抗穿刺性。

2.2.3 防水材料的耐久性

防水材料的耐久性是指材料在自身和环境各种因素作用下，能长期保持其使用性能的性质。耐久性是材料的一项综合性质，如抗冻性、抗风化性、抗老化性、耐化学腐蚀性等均属耐久性的范围。

评价防水材料耐久性的具体内容，因其组成和结构不同而异。如水泥基防水材料常因氧化、风化、碳化、溶蚀、冻融、热应力、干湿交替作用等而破坏；有机材料多因腐烂、虫蛀、老化而变质等。一般防水材料，如沥青混凝土等，暴露在大气中时，主要受到大气物理作用；当材料处于水位变化区或水中时，还受到环境的化学侵蚀作用；沥青及高分子材料，在阳光、空气及辐射的作用下，会逐渐老化、变质而破坏。对材料耐久性最可靠的判断，是对其在使用条件下进行长期的观察和测定，但这需要很长时间。为此，人们在实验室模拟实际使用条件，对材料进行耐久性快速试验，如干湿循环、冻融循环、碳化、加湿与紫外线干燥循环、盐溶液浸渍与干燥循环、化学介质浸渍等，根据试验结果对材料的耐久性做出判定。防水材料常用耐久性指标：

①耐臭氧老化：空气中臭氧对暴露在空气中的防水材料损害很大，特别是对高分子材料的老化影响大，应检测该指标。

②人工候化处理保持率：人工模拟自然老化状态，测其老化处理后的性能保持率。

③热老化处理保持率：以规定温度和时间热老化处理后拉伸强度、断裂伸长率、低温弯折等性能保持率来表示。卷材经长期受热后，性能均会下降，下降速率大小表示其耐久性的优劣。如对正置式屋面，该指标很重要。

④水溶液处理保持率：经水溶液处理后材料性能的保持率。

⑤耐化学性：用除酸、碱液以外的其他化学物质浸泡材料后，会不会发生侵蚀，会不会溶胀。对有侵蚀介质的溶剂和气体必须检验该项指标。

⑥耐酸（碱）性：用材料在酸（碱）液中浸泡后，是否有不良反应，说明其在酸（碱）性环境能否应用。

2.2.4　防水材料的环保安全性

防水材料的环保安全性是指材料在生产和使用过程中是否对人类和环境造成危害的性能。环保安全性主要包括卫生安全性（放射性、毒性、致癌性等）和环境安全性（可再生性、污染等）。如防水涂料中含铅、汞、砷等；合成高分子材料释放的有害物质如甲醛、苯类、可挥发有机物（VOC）等；沥青的刺激性气味对皮肤有伤害，应严禁在高温下施工。在防水材料生产时，应尽量选择环保原料，应用中要注意其有害物质的影响。

第二篇　水泥基防水材料

第3章　防水混凝土和防水砂浆

3.1　防水混凝土概述

3.1.1　防水混凝土的分类及特性

防水混凝土是指能抵抗水渗透压力＞0.6MPa，具有一定防水功能的一类混凝土。

防水混凝土的防水性能可采用抗渗等级或渗透系数等表示，我国工程标准采用混凝土抗渗等级表示。抗渗等级是按标准试验方法制作的28d龄期的混凝土标准试件，按标准试验方法进行抗渗试验时，每组6个试件中4个未出现渗水时的最大水压力来表示。抗渗等级符号用字母P和抗渗压力表示，如P8表示试件能在0.8MPa水压下不渗水。

按组成材料的不同，防水混凝土的分类及适用范围如表3-1所示，工程中可根据不同要求加以选择使用。

防水混凝土的分类及适用范围　　**表3-1**

<table>
<tr><th colspan="2">种类</th><th>最高抗渗压力(MPa)</th><th>特点</th><th>适用范围</th></tr>
<tr><td colspan="2">普通防水混凝土</td><td>＞3.0</td><td>施工简便，材料来源广泛</td><td>适用于一般工业与民用建筑及公共建筑的地下防水工程</td></tr>
<tr><td rowspan="3">外加剂防水混凝土</td><td>引气剂防水混凝土</td><td>＞2.2</td><td>抗冻性好</td><td>适用于北方高寒地区抗冻性要求较高的防水工程及一般防水工程，不适用于抗压强度＞20MPa或耐磨性要求较高的防水工程</td></tr>
<tr><td>减水剂防水混凝土</td><td>＞2.2</td><td>新拌混凝土流动性好</td><td>适用于钢筋密集或振捣困难的薄壁型防水构筑物，也适用于对混凝土凝结时间（缓凝或促凝）和流动性有特殊要求（如泵送混凝土）的防水工程</td></tr>
<tr><td>密实剂防水混凝土</td><td>＞3.8</td><td>密实性好，抗渗等级高</td><td>广泛适用于各类建筑防水工程，如：水池、储仓、地铁、隧道等</td></tr>
<tr><td colspan="2">补偿收缩防水混凝土</td><td>＞3.6</td><td>密实性高，抗渗、抗裂性好</td><td>屋面及地下防水、堵漏、基础后浇带、混凝土构件补强等</td></tr>
<tr><td colspan="2">聚合物水泥防水混凝土</td><td>＞3.8</td><td>抗裂性好，耐久性好，抗渗等级高，价格相对较高</td><td>可应用于各类耐久性要求较高的防水工程</td></tr>
</table>

防水混凝土与其他防水材料相比，材料来源广泛，成本低廉；集承重、围护和防水功能于一体，防水质量可靠，耐久性好；渗漏水时易于检查，便于修补。适用于一般工业及

民用建筑的地下室、水池、大型设备基础、沉箱等防水建筑，以及地下通廊、隧道、桥墩、水坝等构筑物。

3.1.2 普通混凝土的结构及孔隙特征分析

1. 普通混凝土的结构

普通混凝土是由多物相（固、液、气）组成的非均质多孔体系。从宏观上看，混凝土是一个砂、石颗粒状骨料分布在硬化水泥浆体（或水泥石）中形成的三相复合结构。砂、石骨料是混凝土的骨架，称为分散相；硬化水泥浆体是混凝土的基体相，称为连续相；骨料与水泥石间的过渡区称为界面相。混凝土界面过渡区的微观结构如图 3-1 所示。分析显示，在硬化浆体和骨料间存在组成和性质梯度的界面过渡区，过渡区内存在 $Ca(OH)_2$ 晶体富集并定向生长，孔隙率较大、水胶比较高，是混凝土的结构薄弱区。

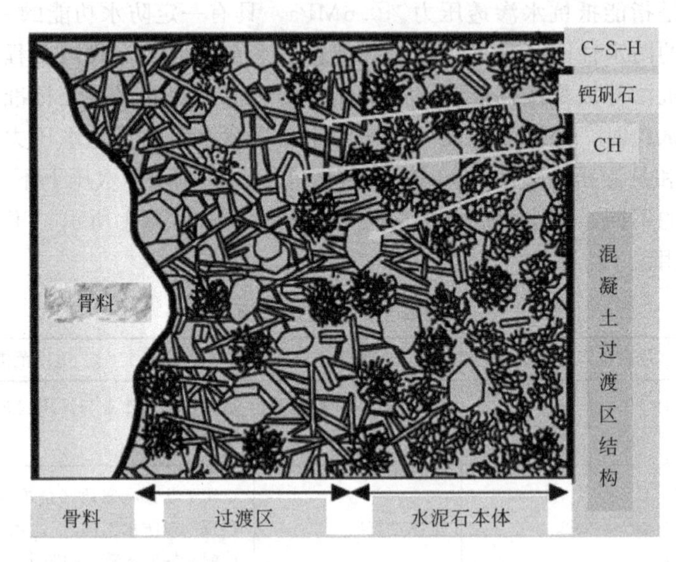

图 3-1 混凝土界面过渡区的微观结构

孔也是混凝土微结构的重要组成之一。孔的结构属性包括孔的尺寸、分布、形貌及孔隙率，其主要与水泥浆体的水胶比和水泥水化程度有关。孔隙的存在显著弱化了混凝土的各项性能。混凝土中的孔隙网络是由混凝土中多余水分蒸发后留下的孔洞，拌合物泌水时在骨料和钢筋下方形成的水囊与水膜，水泥浆体在水化过程中因温度、湿度变化产生变形而形成的微裂缝，混凝土在荷载作用下的变形裂缝及水化硅酸钙凝胶本身固有的孔隙（凝胶孔）等连通形成的。从微观结构上看，普通混凝土内孔及微裂缝在整个水泥浆体及界面过渡区中随机分布，形成了一个贯穿联通整个混凝土空间的孔缝网络，成为水及外部侵蚀介质浸入混凝土内部的通道，因此，普通混凝土一般是渗水的，耐久性不高。

2. 普通混凝土的孔隙特征分析

混凝土中的孔隙按成因分施工孔隙和构造孔隙。施工孔隙是由于浇灌、振捣质量不良引起的孔隙。构造孔隙是混凝土在凝结硬化过程中产生，主要有凝胶孔、毛细孔、沉降缝隙、接触孔和余留孔。

凝胶孔是水泥水化产物“凝胶”本身所固有的孔隙。凝胶孔数量较多，约占凝胶总体积的1/4～1/3，孔径极小，一般为10～50Å。凝胶孔渗透系数较小，可认为是不透水的，对混凝土抗渗性没有影响。

毛细孔是水泥水化过程中，多余水分蒸发后在混凝土中遗留下的孔隙。毛细孔的直径为数百埃至十微米。毛细孔的数量和大小与水胶比、水泥水化程度和养护条件等有关。水泥水化后剩余水分越多，蒸发后留下的毛细孔径越粗，渗水的可能性越大。

沉降缝隙是在混凝土结构形成时，由于钢筋阻力或因骨料与水泥各自密度和颗粒大小不一致，在重力作用下产生不同程度的相对沉降所引起的孔隙。混凝土混合料在浇灌成型过程中和凝结以前，粗大颗粒趋于向下沉降，多余水分被挤上升或积聚于粗骨料下方，使混凝土沿浇灌方向宏观堆聚结构不均匀，其下部密实度大于上部，表层成为最软弱疏松的部分。多余的水分积聚在粗骨料和钢筋下方，蒸发后形成孔穴，是混凝土内部最弱区域，也是混凝土渗水的主要通道与裂缝发源地。

接触孔是由于砂浆和骨料变形不一致，以及骨料颗粒表面存有水膜，水分蒸发而引起的孔隙。混凝土干燥过程是由表面逐点扩展至内部，在混凝土内呈现含水梯度，因此产生表面收缩增大、内部收缩较小的状况，致使表面混凝土承受拉力，当这种拉力超过其抗拉强度，便产生裂缝，另外水泥石的收缩也会受骨料的限制作用而出现裂缝。

余留孔是由于混凝土配比不当，水泥浆贫瘠，不足以填满粗细骨料的间隙而出现的孔隙。

混凝土内含有许多大小和形状不同的孔隙和裂缝，各种孔隙占混凝土体积一般≥8～10%，但只有>1μm的毛细管孔隙中的自由水，在有压差作用下才能发生流动。<1μm的毛细孔由于处于固相引力场之内即被吸附，流动困难。沉降缝隙、接触孔和余留孔都是连通孔，孔隙均比毛细管大，对混凝土抗渗性影响大。一般认为<250Å的凝胶孔和微细毛细孔，对混凝土的渗透性影响很小；>250Å的毛细孔、余留孔、沉降缝隙和接触孔，由于孔径较大（开放式），是造成混凝土渗水的主要原因。

3.1.3　防水混凝土的抗渗防水机理及设计思路

Darcy定律认为：水的渗透是毛细孔吸水饱和与压力水透过的连续过程，其渗透量可用Darcy定律计算。水在混凝土内渗透的快慢与混凝土孔隙率及组分比表面积（组成多孔材料的颗粒表面积与体积的比值）有关。混凝土抗渗性与孔隙率和孔隙特征有关，也与材料亲水性有关。混凝土的渗透性不是孔隙率的直线函数，与孔隙的尺寸、分布及连通性有关。孔隙很小或含闭口孔隙抗渗性较高，大孔且连通孔将使抗渗性降低。

防水混凝土的抗渗防水机理是控制混凝土的孔隙率及孔结构，抑制和减少混凝土内部孔隙生成，改变孔隙形状和大小，堵塞漏水通路，提高密实性，达到抗渗防水目的。

在设计防水混凝土时，应分析普通混凝土中孔隙及裂缝的形成原因及分布特征，根据其微结构特征，从材料配制和施工两方面着手，通过降低水胶比、掺入一定外加剂，以及适当增加水泥用量和调整砂率等手段，减少混凝土内部毛细孔的生成，削弱界面过渡区的连通性，减少硬化浆体中微裂缝的产生，来抑制混凝土内部孔隙网络的发育，堵塞混凝土内部的渗水通路，从而使混凝土具备防水抗渗的功能。

3.1.4 防水混凝土的配制技术发展

1. 骨料级配法

20世纪初，苏联、德国等欧洲国家都进行过级配理论的研究，以最小空隙率和最大密实度砂石连续级配为理论根据配制防水混凝土。20世纪50年代初，我国曾推广应用骨料级配防水混凝土。为降低空隙率，应加入占骨料量5%～8%、粒径<0.16mm的细粉料，同时严格控制水胶比、用水量及拌合物工作性，使混凝土结构密实，提高抗渗性。该法要求严格骨料级配，砂率达50%～60%，并要求砂中含粉细料，为使粗细骨料级配达到理想级配要求，不仅要丢弃部分砂石，耗费大量劳动力，而且施工繁琐，难以在实际工程中应用。

2. 富水泥浆法

20世纪60年代初我国提出富砂浆防水混凝土技术，它将砂石混合连续级配简化为普通混凝土的骨料级配，采用较小水胶比、较高水泥用量和砂率的方法，增加水泥砂浆数量，改善水泥砂浆质量，从而提高混凝土密实度，达到抗渗目的。该混凝土要求水胶比<0.60，水泥用量一般≥300kg/m³，砂率为35%左右，灰砂比≥1∶2。水泥砂浆质量是决定该混凝土抗渗性能的关键。但该法配制的防水混凝土石子的骨架作用减弱，不仅抗压强度减小，且水泥用量大，增加工程造价，难以推广。

3. 采用特殊水泥法

采用无收缩不透水水泥、膨胀水泥、塑化水泥等特种水泥拌制混凝土，能改善混凝土孔结构，提高混凝土密实度和抗渗能力。但特殊水泥产量少，成本高，故较少采用。

4. 造壳混凝土

20世纪70年代末，我国研制出具有理想防水效果的造壳混凝土（裹砂混凝土），其理论根据是改善骨料-浆体界面过渡区。该法采用分次投料造壳搅拌工艺，首次搅拌时在石子表面形成一层水胶比很低的水泥薄层，可增强界面粘结力，减少初始裂缝，使混凝土渗水孔径减小，抗渗性显著提高。但由于工艺繁琐，也难以大量应用。

5. 普通防水混凝土

普通防水混凝土是通过调整材料配比和加强施工及养护等方法，抑制或减少混凝土孔隙率，改变孔隙特征，提高结构密实性和抗渗性。一般要求水胶比≤0.6，水泥用量≥320kg/m³，砂率≥35%，灰砂比1∶2～1∶2.5。普通防水混凝土施工简便，造价低廉，质量可靠，抗渗压力可达0.6～2.5MPa，适用于一般地上和地下防水工程。

6. 掺外加剂法

外加剂防水混凝土是在拌合物中掺入少量能改善抗渗性的有机物或无机物，满足工程防水需要的混凝土。国外自20世纪30年代开始研究应用引气剂防水混凝土，我国也研制出多种外加剂并应用于防水工程中。外加剂防水混凝土工序简便，造价低廉，防水持久，节省投资，已成为我国工程建设的主要防水技术。

7. 聚合物水泥法

在混凝土中加入适量高分子聚合物，利用聚合物对普通混凝土进行改性。聚合物在混凝土凝结硬化过程中脱水聚合并形成聚合物网络结构，形成的聚合物网络可在一定程度上堵塞水泥石孔隙，提高抗裂及密实性，从而达到防水抗渗目的。聚合物水泥防水混凝土的断裂韧性、抗渗、抗冻及耐腐蚀性等方面均优于普通防水混凝土，但成本提高，一般用于对抗冻、防裂及抗渗等级要求较高的防水工程。

8. 高性能混凝土

20世纪80年代末90年代初出现的高性能混凝土是以耐久性为设计依据制作的混凝土。高性能混凝土采用低水胶比，选用优质原材料，掺足够数量优质矿物掺合料和高效减水剂，因其很低的水胶比和相对较好的匀质性使得其渗透性非常小，具有优异的防水功能和耐久性。

9. 纤维混凝土

美国20世纪90年代初研制的纤维混凝土是以普通混凝土为基材，外掺各种短纤维增强而制成。常用纤维有聚丙烯纤维、钢纤维等，其中应用最多的是聚丙烯纤维。外掺纤维可有效提高混凝土抗裂、抗渗、抗冻、耐磨性及抗冲击韧性，增加其延性，防止或抑制裂缝的形成及发展，改善混凝土结构，提高混凝土抗渗及耐久性，特别适合对抗拉、抗剪、抗折和抗裂、抗冲击、抗震、抗暴等要求较高的结构工程或局部部位防水。

10. 水下不分散混凝土

水下不分散混凝土是在普通混凝土中加入具有特定性能的抗分散剂，使之与水泥颗粒发生反应，提高其黏聚力，在水中不分散、自流平、自密实、不泌水的混凝土，可广泛用于水下混凝土施工和建筑物的水下修补。21世纪是海洋开发的世纪，随着近海开发及大量水下工程的建设，水下不分散混凝土应用领域将不断扩大，对其性能的研究也将不断深入。

3.2　防水混凝土的配制技术要求

3.2.1　防水混凝土的选材要求

1. 水泥

《通用硅酸盐水泥》配制防水混凝土的水泥要求其泌水少、水化热低、干缩少、抗渗性好、抗裂性好，并具有一定的抗侵蚀性。防水混凝土的水泥品种应根据混凝土抗渗性、耐久性、使用条件及材源情况选择，如表3-2所示，选用水泥的强度等级不宜低于42.5。《普通混凝土配合比设计规程》JGJ 55—2011推荐防水混凝土宜选用普通硅酸盐水泥。

防水混凝土的水泥品种选择　　表3-2

水泥品种	普通硅酸盐水泥	火山灰质硅酸盐水泥	矿渣硅酸盐水泥
优点	早期及后期强度都较高，在低温下强度增长较其他水泥快，泌水性小，干缩率小抗冻耐磨性好	耐水性强，水化热低，抗硫酸盐侵蚀能力较好	水化热低，抗硫酸盐侵蚀能力也优于普通硅酸盐水泥
缺点	抗硫酸盐侵蚀能力及耐水性比火山灰水泥差	早期强度低，在低温环境中强度增长较慢，干缩变形大，抗冻、耐磨性差	泌水性和干缩变形大，抗冻和耐磨性均较差
适用范围	一般地下和水中结构、受冻融作用及干湿交替的防水工程，应优先采用的品种，含硫酸盐地下水侵蚀时不宜采用	适用于有硫酸盐侵蚀介质的地下防水工程，受反复冻融及干湿交替作用的防水工程不宜用	必须采取提高水泥细度和掺入外加剂的办法减少和消除密实现象后，方可用于一般地下防水工程

2. 骨料

为改善疏松多孔的界面结构，要求粗骨料最大粒径≤40mm，宜采用连续级配，级配5～20：20～40＝30：70～70：30，空隙率≤40%；粒形以近似球形为佳，限制针片状颗粒。细骨料宜用中砂。对防水混凝土骨料的质量要求如表3-3所示，对砂石颗粒组成不作特殊要求，可参照普通混凝土的规定。

防水混凝土的砂、石材质要求 **表3-3**

项目名称	砂						石		
筛孔尺寸(mm)	0.16	0.315	0.63	1.25	2.50	5	5.0	$0.5D_{max}$	D_{max} ≤40mm
累计筛余	100	70～95	45～75	20～55	10～35	0～5	95～100	30～65	0～5
含泥量	≤3%						≤1%		
泥块含量	≤1.0%						≤0.5%		
材质要求	①宜选用洁净中砂，内含一定粉细料。 ②颗粒坚实的天然砂或由坚硬岩石粉碎制成的人工砂						①坚硬的卵石、碎石均可。 ②石子直径宜为5～40mm		

3. 水

普通防水混凝土应采用无侵蚀性洁净的水，质量要求与普通混凝土相同。

4. 外加剂和矿物掺合料

适量外加剂和矿物掺和料可影响混凝土的微结构特征，减少界面过渡区的连通性及硬化混凝土内的微裂缝，提高抗渗性。

3.2.2 防水混凝土的配合比设计

防水混凝土是在普通混凝土的基础上发展起来的，但普通混凝土是根据结构所需强度进行配制，而防水混凝土则是根据结构所需抗渗等级进行配制。普通防水混凝土的配合比设计原则是：提高砂浆不透水性，增大石子拨开系数（砂浆体积与石子空隙体积之比值），在混凝土粗骨料周边形成足够数量和良好质量的砂浆包裹层，并使粗骨料彼此隔离，有效地阻隔沿粗骨料表面界面过渡区中互相连通的渗水网络；提高硬化混凝土的体积稳定性，改善混凝土的抗裂性，减少混凝土内部微裂缝的形成。

1. 水胶比

水胶比是防水混凝土配合比设计最重要的技术参数，它对硬化混凝土中孔的体积含量及孔径大小起着决定性的作用，直接影响到混凝土的抗渗性。有关研究表明：水泥完全水化理论需水量为20%～25%。水胶比0.2～0.25时，拌合物流动性差，振捣困难，内部有胶孔、施工孔隙；水胶比0.4时，拌合物和易性逐渐变好，混凝土内孔隙趋于圆形，孔径普遍细小；水胶比0.4～0.6时，出现析水现象，水胶比愈大析水现象愈严重，毛细孔径也愈大，其中孔径＞50～150μm的孔隙不断增加，水泥石抗渗性逐渐降低；水胶比＞0.65，50μm～2mm的粗孔，即开放贯通的孔隙增加，混凝土极容易透水。

水胶比是影响混凝土抗渗性的重要因素，在保证施工和易性的前提下，应尽量降低水胶比，一般控制水胶比≤0.60。《普通混凝土配合比设计规程》JGJ 55—2011规定防水混凝土的最大水胶比如表3-4所示。

防水混凝土最大水胶比 表 3-4

抗渗等级	最大水胶比	
	C20～C30	C30 以上
P6～P8	0.60	0.55
P8～P12	0.55	0.50
P12 以上	0.5	0.45

聚合物水泥防水混凝土的聚灰比是聚合物与水泥用量的质量比。聚灰比比水胶比对混凝土宏观性能的影响更重要。聚合物掺量一般为水泥的 5%～25%，并要根据实际工程要求和聚合物种类而确定。在聚合物防水混凝土配合比设计时，应先根据混凝土强度及和易性要求确定水胶比及单方水泥用量，在此基础上确定聚灰比。其他设计可参照普通防水混凝土。

2. 单方用水量及胶凝材料用量

单方用水量的选择取决于混凝土流动性和骨料最大粒径。应根据混凝土结构条件（如结构截面的大小，钢筋布置的疏密等）、施工方法（运输、浇捣方法等）和所需的混凝土和易性，通过经验和试拌确定单方用水量。当水胶比确定后，单方用水量决定了胶凝材料用量。若水泥用量过少，则使混凝土拌合物干涩，会降低硬化混凝土的密实度，致使其抗渗性降低；随水泥用量的适当增加混凝土抗渗性提高；但水泥用量过多，不仅浪费，且干缩等对耐久性和渗透性有害。用粒化高炉矿渣、粉煤灰、硅粉等超细活性矿物掺合料代替水泥，不但可提高混凝土流动性，降低用水量，且加入的超细矿粉可与水泥发生活性反应改善界面过渡区和孔结构，使混凝土结构致密，抗渗性提高。《普通混凝土配合比设计规程》JGJ 55—2011 规定防水混凝土的胶凝材料用量≥320kg/m^3。

3. 外加剂品种及掺量

外加剂品种及掺量对混凝土的抗渗性有重要影响。外加剂的具体应用详见 3.3 外加剂防水混凝土。

4. 砂率和灰砂比

防水混凝土应采用较高的砂率，一般卵石应高于 35%，碎石 35%～40%。足够的水泥用量和合适的砂率可在混凝土粗骨料表面形成足够数量和优质的砂浆包裹层，有效阻隔沿粗骨料表面相互连通的渗水网络，使混凝土具有良好抗渗性。

灰砂比是防水混凝土中的水泥用量和砂子用量的质量比，可直接反映水泥砂浆的浓度以及水泥包裹砂粒的情况。若灰砂比过大，混凝土易出现不均匀收缩和较大收缩现象，使混凝土抗渗性降低；灰砂比过小，新拌混凝土显得干涩而缺乏黏性，同样使混凝土密实性不高。防水混凝土的灰砂比以 1：2～1：2.5 为宜。

综上所述，普通防水混凝土的配制技术要求如表 3-5 所示。

防水混凝土的配制技术要求 表 3-5

项目	技术要求
水胶比	≤0.6
水泥用量	≥320kg/m^3；掺活性掺合料时，≥280kg/m^3

续表

项目	技术要求
坍落度	≤50mm，如掺外加剂或采用泵送混凝土时不受此限
灰砂比	1∶2～1∶2.5
砂率	35%～45%。对于厚度较小，钢筋稠密、埋设件较多等不易浇捣施工的工程可提高到40%
骨料	细骨料采用中砂或细砂，骨料最大粒径≤40mm。 级配5～20∶20～40=30∶70～70∶30

普通防水混凝土配合比设计计算首先要根据工程特点确定抗渗等级。配制防水混凝土要求的抗渗水压值应比设计值提高0.2MPa。水胶比、单方用水量、水泥用量、砂率等参数设计步骤与普通混凝土类似，砂石用量一般用体积法计算，最后还要验证灰砂比满足1∶2～1∶2.5。

3.2.3 防水混凝土的养护

养护条件对防水混凝土防水功能的实现极为重要。

养护温度高，混凝土水化快，但初期温度太高（>60℃），会导致水化产物分布不均，混凝土密实度变差；养护温度低，水化慢，易开裂；在20℃左右养护的水化物在水泥石中均匀分散，有利于后期混凝土的密实度和抗渗性。升降温速度过快会使大体积防水混凝土内因温度梯度产生微裂纹而使抗渗性下降。冬期可采用综合蓄热法、暖棚法、蒸汽养护法等保温养护措施，夏季应尽量避开炎热天气，采用降低混凝土入模温度、加强施工中温度控制等措施避免混凝土开裂。

在水中或潮湿的环境中养护，可抑制或延缓混凝土内水分的蒸发，减少因游离水蒸发而留下的毛细孔，提高混凝土的密实性；且可保证混凝土水化所需水分，使混凝土内形成更多的水化产物，填充混凝土原始充水空间，破坏混凝土内相互连通的孔隙网络，改善混凝土的抗渗性。过早进入干燥环境中养护，防水混凝土内游离水会通过表面迅速蒸发，在混凝土内留下较发达的连通毛细孔网络，使混凝土的抗渗性难以提高。

混凝土渗透性随其养护龄期而降低。潮湿养护时间越长，抗渗性越好。

养护湿度对聚合物水泥防水混凝土的抗渗性有着两面性。干燥养护有利于聚合物固化成膜，湿养护有利于水泥水化反应。聚合物水泥防水混凝土比较理想的养护方式是：早期潮湿养护以促进水泥的水化反应，到一定龄期后在较低湿度环境中养护以促进聚合物固化成膜。

3.3 外加剂防水混凝土

外加剂防水混凝土是在混凝土拌合物中掺入少量能改善抗渗性的有机物或无机物外加防水剂，满足工程防水需要的混凝土。目前，我国配制防水混凝土主要采用引气剂、减水剂、早强防水剂、密实剂和膨胀剂等。外加剂防水混凝土工序简便，造价低廉，防水持久，节省投资，已成为我国工程建设的主要防水技术。

外加防水剂的受检混凝土性能应满足《砂浆、混凝土防水剂》JC 474—2008的要求，如表 3-6 所示。基准混凝土（砂浆）是按本标准规定的试验方法配制的不含防水剂的混凝土（砂浆）。受检混凝土（砂浆）是按本标准规定的试验方法配制的掺防水剂的混凝土（砂浆）。

加防水剂的受检混凝土的性能　　表 3-6

试验项目		性能指标	
		一等品	合格品
安定性		合格	合格
泌水率比(%)　≤		50	70
凝结时间差(min)　≥	初凝	−90①	−90①
抗压强度比(%)　≥	3d	100	90
	7d	110	100
	28d	100	90
渗透高度比(%)　≤		30	40
吸水量比(48h)(%)　≤		65	75
收缩率比(28h)(%)　≤		125	135

注：1. 安定性为受检净浆的试验结果，凝结时间差为受检混凝土与基准混凝土的差值，表中其他数据为受检混凝土与基准混凝土的比值。
2. ①“−”表示提前。

3.3.1　引气剂防水混凝土

引气剂防水混凝土是在生产拌合混凝土时掺入微量引气剂配制而成，是国内应用较多的一种外加剂防水混凝土。

1. 引气剂防水混凝土的防水机理

引气剂是一种具有憎水作用的表面活性剂，可降低混凝土拌和水的表面张力。掺入微量引气剂时，在混凝土内会引入许多直径大于毛细孔的封闭微细（孔径在 0.05～1.25mm）气泡，切断了毛细孔的渗水通路，使毛细管变得细小、曲折、分散，可在一定程度上提高混凝土的抗渗性；气泡阻隔作用减少了因沉降作用引起的混凝土内部不均匀结构缺陷；气泡吸附一层水膜，可减少混凝土泌水和分层离析，使混凝土的和易性显著改善，混凝土成型更密实，抗渗性得到提高。

2. 引气剂防水混凝土的性能

引气剂防水混凝土中引入大量微小的封闭气泡，可切断连通毛细孔，提高抗渗性，使混凝土的静弹性模量稍有降低。含气量每增加 1%，混凝土静弹性模量约下降 3%。静弹性模量的降低提高了混凝土的变形能力，可吸收和减少因冻融、干湿交替作用产生的体积变形和内应力，改善了混凝土抗渗和抗冻性；其次，因引气剂防水混凝土抗渗性提高，水不易渗入，也减少了混凝土冻融破坏的可能，可使防水混凝土的抗冻性提高达 3～4 倍。但引入的气泡使混凝土耐磨性降低，早期强度增长较缓慢，7d 后强度增长较正常，且抗压强度随含气量的增加而降低。一般在含气量 6%以下范围内，含气量每增加 1%，混凝土 28d 强度降低 3%～5%。但引气剂改善了混凝土的和易性，在保持流动性不变的情况下可减少拌合水用量，从而可补偿部分混凝土强度损失。

引气剂防水混凝土抗冻性好，抗渗压力>2.2MPa，适于寒冷地区的防水混凝土工程及经受冻融循环的水利、港口、道桥等防水混凝土工程。不适于抗压强度及耐磨性要求较高的防水混凝土工程。

3. 影响引气剂防水混凝土性能的因素

1）引气剂品种和掺量

外加剂掺量以外加剂占水泥（或者总胶凝材料）质量的百分数表示。引气剂防水混凝土的性能与含气量密切相关，对特定品种引气剂，混凝土含气量首先决定于引气剂掺量。含气量对引气剂防水混凝土抗渗性的影响如表3-7所示。当混凝土含气量合适时，气泡较小且在混凝土均匀分布，混凝土的微结构得到改善，抗渗性较高；当含气量过大时，会产生气泡聚集、大小不均等现象，混凝土微结构严重不均，抗渗性变差；含气量过小也会引起混凝土结构不均。从改善混凝土微结构、提高抗渗性和保持混凝土强度出发，引气剂防水混凝土的引气剂掺量应以获得3%～6%的含气量为宜。

含气量对引气剂防水混凝土抗渗性的影响　　表3-7

含气量(%)	吸水率(%)	抗渗压力(MPa)	透水高度(cm)
1.0	10.1	>1.4	
4.5	9.1	>2.2	11.5
5.6	9.3	>2.2	12.0
6.5	9.2	>2.2	12.5
8.0	9.7	>1.8	

我国目前常用引气剂有松香热聚物、松香酸钠及烷基磺酸钠等。研究表明：当松香酸钠掺量为0.1%～0.3%，松香热聚物为0.1%时，混凝土含气量在3%～6%，其全面性能优良，混凝土的表观密度降低≤6%，强度降低幅度≤25%，抗渗性能较佳。

2）水胶比

水胶比不仅决定混凝土内部孔隙网络的连通程度，还对气泡形成过程有重要影响，与混凝土内气泡的质量和数量密切相关。水胶比较低时，新拌混凝土稠度大，不利于气泡的形成；水胶比较大时，新拌混凝土稠度小，有利于形成微小、均匀的气泡，引气量越大。

3）水泥、砂和掺合料

灰砂比影响混凝土的黏滞性。灰砂比大，混凝土黏滞性大，不利于气泡形成，含气量小，需加大引气剂掺量获得一定含气量。水泥颗粒越细，用量越多，引入相同气泡引气剂掺量越大。砂子越细，气泡尺寸越小；砂子越粗，气泡尺寸越大。但砂子粒径过细，会增加混凝土配合比中水泥和水的用量，收缩将增大。因此，工程中可因地制宜采用中砂。粉煤灰含碳量越多，吸附气泡的功能越强，达到相同含气量需要的引气剂掺量越大。

4）施工及养护工艺

引气量大小与搅拌机性能有关，强制式较自由式搅拌机引气量大。搅拌时间对混凝土的含气量有明显影响，一般宜控制在3～5min。一般含气量先随搅拌时间增加，搅拌2～3min时含气量达到最大值，继续搅拌则混凝土的含气量开始下降。

振捣会降低混凝土的含气量，插入式振动器比振动台和平板振动器对混凝土含气量影响更大。振捣时间越长，含气量下降越大。为保证混凝土有一定含气量，振捣时间插入式振动器≤20s，振动台和平板振动器≤30s。

养护条件对引气剂防水混凝土的抗渗性有重要影响。养护湿度越大，对提高引气剂防水混凝土的抗渗性越有利。在适宜温度的水中，可使引气剂防水混凝土获得最佳的抗渗性能。低温养护对引气剂防水混凝土的抗渗性不利，故冬期施工时应注意保温养护。

3.3.2　减水剂防水混凝土

减水剂防水混凝土是指掺入适量减水剂提高抗渗能力的防水混凝土。

1. 减水剂防水混凝土的防水机理

减水剂分子对水泥颗粒具有吸附分散、润滑作用，混凝土中掺入减水剂有利于水泥颗粒分散，使新拌混凝土的和易性得到改善，从而形成均匀密实的混凝土结构；在保持相同和易性情况下，可减少混凝土拌合用水量和泌水率，使硬化后混凝土中孔径及总孔隙率均显著减少，毛细孔更细小、分散和均匀，混凝土的密实性和抗渗性提高；在大体积防水混凝土中，有缓凝效果的减水剂可推迟水泥水化热峰值出现，减少或避免了混凝土在取得一定强度前因温度应力而开裂，从而提高了混凝土的防水效果。

2. 减水剂防水混凝土的性能

减水剂防水混凝土减少了拌合物的泌水、离析，使拌合物和易性改善；因水泥颗粒被分散，增大了水泥颗粒水化表面使其水化较充分，混凝土强度、抗渗性显著提高；减缓水泥水化放热速度，延缓拌合物凝结时间。减水剂防水混凝土除用于一般防水工程外，因具有良好和易性，可调节凝结时间，还特别适于对工艺有特殊要求的防水工程，如需要大流动度的泵送混凝土工程和振捣困难的薄壁型防水结构，需要延缓水泥水化放热过程的大体积防水混凝土工程。

3. 减水剂防水混凝土的配制

减水剂的选择应根据混凝土施工工艺、工程结构和对混凝土抗渗性、强度等性能要求及施工环境条件和减水剂供货情况、价格等多方面因素综合考虑。抗冻性要求较高的防水混凝土，还可与引气剂复合使用或选用引气减水剂以获得较好的抗渗、抗冻效果。配制防水混凝土常用减水剂有木质素磺酸钙类、多环芳香族磺酸钠类及糖蜜类等。各类减水剂的适宜掺量如表3-8所示。

各类减水剂的参考掺量　　**表3-8**

减水剂类别	木质素磺酸盐	多环芳香族磺酸盐	糖蜜	三聚氰胺
适宜掺量（占水泥质量）(%)	0.15～0.3	0.5～1.0	0.2～0.35	0.5～2.0

配制减水剂防水混凝土需遵循普通防水混凝土的一般规则，并根据工程需要调节水胶比即可。

3.3.3　三乙醇胺防水混凝土

用微量三乙醇胺配制的防水混凝土称为三乙醇胺防水混凝土。工程中配制三乙醇胺防水混凝土时，通常还复合掺加氯化钠和亚硝酸钠，三者掺量（为水泥质量的百分比）为：三乙醇胺0.05%，亚硝酸钠1%，氯化钠0.5%。因氯化钠会腐蚀钢筋，故要加入亚硝酸钠对钢筋起阻锈作用。

1. 三乙醇胺防水混凝土的防水机理

三乙醇胺可加速水泥的水化进程，在水化早期就生成较多的水化产物，结合了混凝土内较多的游离水，从而减少因游离水蒸发而留下的毛细孔，提高混凝土抗渗性；在三乙醇胺与氯化钠和亚硝酸钠复配时，三乙醇胺不仅能加速水泥水化，还可促进氯化钠和亚硝酸钠参与水泥水化，生成氯铝酸盐和亚硝酸铝酸盐等络合物，这些络合物可结合大量结晶水，不但可减少混凝土内游离水蒸发，减少混凝土内毛细孔含量，而且络合物的生成会产生较大体积膨胀，可填充混凝土内部孔隙和堵塞毛细孔通道，增加混凝土结构密实性，使混凝土抗渗性和强度都得到较大提高。

三乙醇胺与氯化钠复合可使混凝土抗渗压力较单掺三乙醇胺防水混凝土提高 3 倍以上。三乙醇胺防水混凝土的抗渗性如表 3-9 所示。

三乙醇胺防水混凝土的抗渗性 **表 3-9**

水泥品种及强度等级	配合比 水泥:砂:石	水胶比	水泥用量 (kg/m³)	三乙醇胺防水剂(%)		抗压强度 (MPa)	抗渗压力 (MPa)
				三乙醇胺	氯化钠		
52.5 普硅水泥	1∶1.60∶2.93	0.46	400	—	—	35.1	1.2
52.5 普硅水泥	1∶1.60∶2.93	0.46	400	0.05	0.5	46.1	>3.8
42.5 矿渣水泥	1∶2.19∶3.50	0.60	342	—	—	27.4	0.7
42.5 矿渣水泥	1∶2.19∶3.50	0.60	334	0.05	—	26.2	>3.5
42.5 矿渣水泥	1∶2.19∶3.50	0.60	300	0.05	—	28.2	>2.0

2. 三乙醇胺防水混凝土的性能

配制三乙醇胺防水剂时，先将食盐充分溶于水，再按水泥重量比将三乙醇胺等加到盐溶液中。三乙醇胺防水混凝土的灰砂比≤2.5，水胶比≤0.55，坍落度≤5cm；应加强搅拌，否则在浓度大处，仍有钢筋腐蚀。

三乙醇胺防水混凝土不仅具有良好的抗渗性，还具有早强和增强作用，广泛用于水塔、水池、地下室、泵房、地沟、设备基础等，特别适用于工期紧迫、要求早强及抗渗压力>2.5MPa 的防水工程。

3.3.4 密实剂防水混凝土

密实剂防水混凝土是掺入能使混凝土微结构更密实的密实剂配制的防水混凝土。密实剂防水混凝土主要包括氯化铁防水混凝土和硅质密实剂防水混凝土。

1. 氯化铁防水混凝土

氯化铁防水混凝土是在混凝土拌合物中加入少量氯化铁防水剂配制而成的具有高抗渗性和密实度的混凝土。氯化铁防水剂的主要组分为氯化铁、氯化亚铁、硫酸铝和阻锈成分等。

1）氯化铁防水混凝土的防水机理

氯化铁防水剂掺入混凝土后，其中的无机盐能与水泥水化生成的 $Ca(OH)_2$ 反应，生成氢氧化铁、氢氧化亚铁和氢氧化铝等不溶于水的絮状凝胶，填充混凝土内部孔隙网络，堵塞毛细孔渗水通道，降低混凝土泌水，使混凝土形成密实微结构，增加混凝土的密实性，这是氯化铁防水剂能提高混凝土防水性能的主要原因；氯盐与 Ca $(OH)_2$ 反应生成不溶水胶体的同时，还生成可加速水泥水化的氯化钙，并能与水泥组分反应生成含有大量结晶水的氯铝酸钙等，进一步增加了混凝土密实性和不透水性；硫酸铝还可与水泥中的铝酸三钙反应生成水化硫铝酸钙体积膨胀，也能增加混凝土密实性。

综上所述，氯化铁防水剂能参与水泥水化，同水泥组分反应形成的水化产物可促使混凝土形成密实微结构，从而使混凝土密实度和抗渗性提高。

氯化铁防水剂中各组分对混凝土性能的影响不尽相同，氯化铁防水剂防水功能的实现是各组分综合作用的结果。氯化铁、氯化亚铁同水泥水化产物反应生成的胶体会增大混凝土的收缩，而硫酸铝则具有减少干缩的作用；防水剂中氯离子会引起钢筋锈蚀，而氯化铁、氯化亚铁等与 $Ca(OH)_2$ 生成的胶体对混凝土的密实作用会使水及氧气进入混凝土困难，可抑制钢筋锈蚀的产生。

2）氯化铁防水混凝土的配制

氯化铁防水混凝土不能直接采用氯化铁化学试剂，需选用合乎标准的氯化铁防水剂。配制溶液型氯化铁防水剂时，氯化铁和氯化亚铁的质量比应在 1：1～1：1.3，其有效含量≥400g/L；pH 值为 1～2；硫酸铝占氯化铁防水剂溶液质量≤5%。在防水混凝土中，氯化铁防水剂掺量以水泥质量的 2.5%～3%为宜。掺量过多对混凝土钢筋锈蚀、干缩及凝结时间等产生不利影响，掺量过小防水效果不显著；若采用氯化铁砂浆抹面，掺量可增至 3%～5%。

机械搅拌氯化铁防水混凝土时，应先加入砂、水泥和石子，搅拌均匀后再加入稀释的氯化铁水溶液和水，禁止将氯化铁防水剂直接倒入混凝土拌合物中，以免搅拌机遭受腐蚀。搅拌时间≥2min。掺有阻锈剂的氯化铁防水混凝土要充分搅拌均匀，并适当延长搅拌时间。

对重要结构为防不测，必要时宜检验氯化铁防水剂对钢筋的腐蚀性。如检验确认氯化铁防水剂对钢筋有腐蚀性，可采用阻锈剂如亚硝酸钠予以抑制，其掺量由试验确定。亚硝酸钠为白色粉末，有毒，应妥善保管并注明标签。掺阻锈剂的氯化铁防水混凝土严禁用于饮水工程及与食品接触的部位。

3）氯化铁防水混凝土的性能

氯化铁防水混凝土配制简单，原材料来源广泛，价格较低；具有较高密实度，在外加剂防水混凝土中抗渗性最好，可配制抗渗等级达 P40 的防水混凝土；混凝土强度、抗腐蚀性和耐久性有一定提高，耐油性好。特别适于地下、水中防水混凝土工程，长期储水工程，无筋及少筋厚大混凝土防水工程及砂浆修补抹面工程；也可配制抗渗等级达 P30 的抗油混凝土，适宜建造汽油、轻柴油等贮罐。禁止用于大体积工程、接触直流电源的混凝土工程及预应力钢筋混凝土工程。

2. 硅质密实剂防水混凝土

硅质密实剂防水混凝土是在混凝土拌合物中掺入微量硅质密实剂，使混凝土硬化后具有一定憎水、防水性能的混凝土。

硅质密实剂是采用有机硅与无机活性硅经聚合反应而制得的粉状材料。在混凝土中掺入硅质密实剂具有微膨胀、憎水、混凝土致密化、抗渗性提高及增强、耐久性改善的作用，适于各类建筑防水工程，如水池、水塔、地下室、地铁、隧道等。

硅质密实剂防水混凝土的配制方法与普通防水混凝土基本相同。如掺入 3%硅质密实剂可配制出抗渗等级为P15的防水混凝土。

3.4 补偿收缩防水混凝土

用膨胀水泥或掺膨胀剂配制的防水混凝土称为微膨胀防水混凝土。在有约束的防水混凝土工程中，采用膨胀混凝土浇筑，混凝土在凝结硬化过程中会产生一定体积膨胀，补偿因干燥失水、温度变化等原因引起的体积收缩，抑制和减少收缩裂缝产生，增强混凝土密实性，从而满足防水工程需要。目前，我国微膨胀混凝土配制主要采用膨胀剂，用膨胀剂配制的自应力为0.2～1MPa的混凝土称为补偿收缩防水混凝土，在地下工程及超长结构的防水混凝土施工中应用较广泛。

自20世纪80年代末以来，补偿收缩防水混凝土在我国的大量应用使混凝土结构裂渗问题有了明显改善。我国已研制出十几个品种的膨胀剂，制订了《混凝土膨胀剂》GB/T 23439—2017、《混凝土外加剂应用技术规范》GB 50119—2013和《补偿收缩混凝土应用技术规程》JGJ/T 178—2009等技术规范，指导膨胀剂的选择和补偿收缩防水混凝土的应用。

3.4.1 膨胀剂的类别及技术要求

1. 膨胀剂的类别及化学组成

1）硫铝酸钙类膨胀剂

硫铝酸钙类膨胀剂是由硫铝酸盐熟料、硅铝酸盐熟料或铝土熟料与石膏混合磨细而成。硫铝酸钙类膨胀剂包括U-1型、U-2型、U型高效、铝酸钙和明矾石等膨胀剂品种，其主要膨胀源为水化硫铝酸钙，该膨胀剂品种多，膨胀性能稳定，在我国补偿收缩混凝土中得到了广泛应用。硫铝酸钙类膨胀剂的基本组成、参考掺量及含碱量如表3-10所示，表3-11为掺硫铝酸钙类膨胀剂水泥的物理性能。

各类硫铝酸钙类膨胀剂组成、含碱量及参考掺量　　表3-10

膨胀剂品种/代号	基本组成	含碱量(%)	掺量(%)
U-1型膨胀剂/U-1	硫铝酸钙熟料、明矾石、石膏	1.0～1.5	10～12
U-2型膨胀剂/U-2	硫铝酸钙熟料、明矾石、石膏	1.7～2.0	8～12
U型高效膨胀剂/UEA-H	硅铝酸钙熟料、明矾石、石膏	0.5～0.8	8～10
铝酸钙膨胀剂/AEA	铝酸钙、明矾石、石膏	0.5～0.7	10～12
明矾石膨胀剂/EA-L	明矾石、石膏	2.5～3.0	15～17

掺硫铝酸钙类膨胀剂水泥的物理性能　　表3-11

品种	掺量(%)	凝结时间		限制膨胀率(%)		抗压强度(MPa)		抗折强度(MPa)	
		初凝	终凝	水中14d	空气28d	7d	28d	7d	28d
U-1	12	1∶27	2∶10	0.035	0.009	34.7	52.4	5.4	7.8
UEA-H	12	1∶25	2∶08	0.045	0.011	41.5	59.7	6.5	8.2
AEA	10	1∶35	3∶20	0.056	0.003	42.0	51.2	6.6	7.1
EA-L	15	2∶30	4∶40	0.04	−0.008	40.0	54.2	5.3	7.6

2）氧化钙类膨胀剂

氧化钙类膨胀剂主要包括石灰脂膜膨胀剂和CEA膨胀剂。

石灰脂膜膨胀剂是以氧化钙为膨胀源，由普通石灰和硬脂酸按一定比例混磨而成。硬脂酸一方面在研磨过程中起助磨作用，另一方面又黏附在石灰表面，对石灰起憎水隔离作用，延缓石灰的水化，以控制其膨胀速率。石灰脂膜膨胀剂保质期短，其膨胀速率受温度、湿度影响较大，难控制，很难用于混凝土的补偿收缩，主要用于设备基础灌浆以减少混凝土收缩。

CEA膨胀剂是以石灰石、铝土质材料、铁质原料、明矾石等为原料，经1400～1500℃煅烧、研磨而成，其膨胀源以氧化钙为主、钙矾石为次。CEA膨胀剂的化学成分如表3-12所示。掺10%CEA膨胀剂混凝土试件经水中14d养护后，置于相对湿度50%的25℃空气中养护，1年后仍有0.011%的膨胀率。

CEA膨胀剂的化学组成（%）　　　　**表3-12**

烧失量	SiO_2	Al_2O_3	Fe_2O_3	CaO	MgO	SO_3	K_2O	Na_2O
2.02	15.92	4.12	1.67	70.80	0.53	3.47	0.35	0.41

氧化钙类膨胀剂因残余膨胀问题，可能导致硬化混凝土开裂，日本已禁用该类膨胀剂，北京市建委也曾发文要求氧化钙类膨胀剂使用前需按产品掺量测定水泥净浆安定性。

3）氧化镁类膨胀剂

氧化镁类膨胀剂是菱镁矿在800～900℃煅烧，经磨细而制得。氧化镁水化生成氢氧化镁结晶（水镁石），摩尔体积增加1倍多，可引起混凝土膨胀。氧化镁膨胀剂具有延迟膨胀性能，在常温下膨胀缓慢，主要用于水工混凝土。在水工大体积混凝土内温度较高，加速了氧化镁的化学反应，其水化3d后就开始膨胀，1年内趋于稳定，而水泥的水化热主要发生在3d内，其膨胀恰好发生在降温收缩阶段，具有较好的补偿收缩作用。在混凝土内掺入占水泥质量5%～9%的氧化镁膨胀剂，可得到性能符合要求的膨胀混凝土。

2. 对混凝土膨胀剂的技术要求

目前，我国补偿收缩防水混凝土所用混凝土膨胀剂按水化产物分为硫铝酸钙类（代号A）、氧化钙类（代号C）和硫铝酸钙-氧化钙类（代号AC）三类；按限制膨胀率分为Ⅰ型和Ⅱ型。膨胀剂的物理性能指标要符合GB 23439—2017《混凝土膨胀剂》的技术要求，如表3-13所示。

混凝土膨胀剂的性能指标　　　　**表3-13**

项目			指标值	
			Ⅰ型	Ⅱ型
细度	比表面积（m^2/kg）	≥	200	
	1.18mm筛筛余（%）	≤	0.5	
凝结时间	初凝（min）	≥	45	
	终凝（min）	≤	600	
限制膨胀率（%）	水中7d	≥	0.035	0.050
	空气中21d	≥	−0.015	−0.010
抗压强度（MPa）	7d	≥	22.5	
	28d	≥	42.5	

3.4.2 补偿收缩防水混凝土的防水机理

普通混凝土在凝结硬化过程中会产生体积收缩，如化学减缩、干燥收缩、温度收缩等。在已凝结的混凝土内，收缩使混凝土内存在内应力，当受到约束的混凝土收缩产生的拉应力超过混凝土抗拉强度时，就会产生微裂缝，使混凝土抗渗、强度、耐久等性能下降。补偿收缩防水混凝土就是通过混凝土内膨胀源产生的膨胀能，补偿、抵消混凝土的收缩，从而达到混凝土密实抗渗的目的。

掺有膨胀剂的补偿收缩防水混凝土在水化过程中，氧化钙、氧化镁类膨胀剂水化生成膨胀性结晶产物氢氧化钙、氢氧化镁，而硫铝酸钙类膨胀剂则与水泥水化产生的氢氧化钙反应生成膨胀性水化产物钙矾石（$C_3A \cdot 3CaSO_4 \cdot 32H_2O$）等，这些膨胀性结晶产物使混凝土体积较水化前增长1倍左右，构成膨胀源，产生适度膨胀，可补偿或抵消混凝土收缩，减少微裂缝；在约束条件下，这些膨胀性产物填充、堵塞毛细孔，可改善混凝土孔结构，使孔隙率减少，孔径变小，内部组织致密，提高抗渗性；在钢筋和邻位的约束限制条件下，膨胀性产物还可改善混凝土内的应力状态，膨胀能转变为自应力，可在钢筋混凝土结构中建立0.2～1MPa的预压应力，这就相当于提高了混凝土的早期抗拉强度，推迟了混凝土收缩产生过程，当混凝土开始收缩时，其抗拉强度已增长到足以抵抗收缩产生的拉应力，从而可补偿混凝土收缩拉应力，防止或减少裂缝，达到抗裂防渗的目的。

3.4.3 补偿收缩防水混凝土的性能

与普通混凝土比，补偿收缩防水混凝土的防裂抗渗能力明显提高，物理力学性能及耐久性等略有提高，如抗渗性提高1～2倍，强度一般均超过20MPa；建筑结构承重与防水功能合二为一，可取消外防水，使防水有效年限和结构寿命相同；施工简便、灵活，有利于缩短工期，降低工程造价；渗漏位置直观，易于判断，修补方便；对超长结构，后浇缝间距可延长至50m，超过50m时，可用膨胀加强带代替后浇缝连续浇筑混凝土。

但膨胀剂主要解决早期干缩裂缝和中期水化热引起的温差收缩裂缝，对于后期天气变化产生的温差收缩是难以解决的，只能通过配筋和构造措施加以控制；补偿收缩防水混凝土粘聚性和保水性较好，但膨胀剂需水性一般高于普通水泥，且早期水化反应速度较快，因此拌合物的流动性低于相同用水量的普通混凝土，其坍落度损失也大于普通混凝土；因水化硫铝酸钙80℃左右会发生脱水分解，产生体积收缩，使混凝土孔隙率增大、强度下降、抗渗性降低，因此掺钙矾石为膨胀源的防水混凝土在高温环境、大体积混凝土中应用时应慎重。

应注意：在自由膨胀情况下，膨胀对混凝土的物理力学性能及耐久性起着不利作用。在一定掺量范围内，随膨胀剂掺量的增加，混凝土的自由膨胀率随之增加，混凝土强度和其他一些物理力学性能随之有一定弱化。当自由膨胀率超过一定值（约0.1%）时，混凝土的力学性能及耐久性会明显劣化。因此，补偿收缩防水混凝土的膨胀必须存在限制条件，膨胀性能以限制条件下的膨胀率和干缩率表示。补偿收缩防水混凝土的限制膨胀率应满足《混凝土外加剂应用技术规范》GB 50119—2013的要求，如表3-14所示。

补偿收缩混凝土的限制膨胀率　　表 3-14

用途	限制膨胀率(%)	
	水中 14d	水中 14d 转空气中 28d
补偿混凝土收缩	≥0.015	≥−0.030
后浇带、膨胀加强带和工程接缝填充	≥0.025	≥−0.020

补偿收缩防水混凝土适用于环境温差变化较小、体型复杂、超长结构和大体积钢筋混凝土结构防水，对温差较大的结构（屋面、楼板等）必须采取相应构造措施，才能控制裂缝。其应用范围是地下、水中、海水中、隧道等构筑物，大体积混凝土（除大坝外），配筋路面和板、屋面与厕浴间防水、构件补强、渗漏修补、预应力混凝土、回填槽等。

3.4.4　补偿收缩防水混凝土的应用技术要点

1. 原材料及配合比设计

补偿收缩防水混凝土原材料选择及配合比设计要符合普通防水混凝土的技术要求，还要合理选用膨胀剂和活性矿物掺合料。

相关研究表明：补偿收缩防水混凝土水中养护 14d 的限制膨胀率为（2.5～4.0）×10^{-4}时，其补偿收缩效果较好。若膨胀率太小，补偿不了收缩，但过度膨胀又会造成强度的下降，所以在混凝土试配过程中需处理好强度-膨胀-抗渗三者间的关系。

补偿收缩防水混凝土设计时要指明抗压强度、抗渗等级、限制膨胀率和限制干缩率，由用户根据这些设计指标要求通过试配确定适宜的膨胀剂掺量。不同部位补偿收缩防水混凝土的限制膨胀率和膨胀剂掺量如表 3-15 所示。

不同部位混凝土的限制膨胀率和膨胀剂掺量　　表 3-15

结构部位	限制膨胀率(%)	普通膨胀剂掺量(%)	高效膨胀剂掺量(%)
底板、顶板	0.015～0.020	10～11	7～8
边墙	0.025～0.030	11～12	9～10
膨胀加强带、后浇带	0.035～0.040	13～14	11～12

补偿收缩防水混凝土中的胶凝材料包括水泥、膨胀剂和活性矿物掺合料。活性掺合料如磨细矿渣、硅粉和粉煤灰不但可与水泥水化产物氢氧化钙反应生成具有强度的凝胶状产物堵塞混凝土中大孔，使混凝土更密实，而且可降低混凝土早期水化热，对裂缝控制有利。掺合料掺量约占总骨料的 2.5%～8.0%。

2. 限制自由膨胀

约束是实现补偿收缩防水混凝土防水功能的必要条件，只有在限制条件下，膨胀才能产生各种所需功能，起到有利作用。一般的限制措施为配钢筋、掺纤维、邻位限制等。

3. 强化搅拌

为避免局部过度膨胀，必须保证膨胀剂在混凝土中分散均匀。为确保搅拌均匀，应采用机械搅拌，搅拌时间应比普通混凝土要延长 30s 以上，通常≥3min。

4. 调控凝结时间

微膨胀防水混凝土的施工温度高于 30℃，或混凝土运输、停放时间较长，应采取缓凝措施；冬期施工时，最好复合一些早强剂如三乙醇胺等，以避免温度对混凝土性能的影响。

5. 施工环境条件

收缩补偿防水混凝土适宜浇筑温度为5～35℃。当施工温度低于5℃时，应采取保温措施。在厚大结构混凝土中因水泥放热升温使钙矾石分解，膨胀能降低。故以钙矾石为膨胀源的防水混凝土不能用于长期处于80℃以上的工程。

6. 加强养护

及时良好的保温保湿养护是确保收缩补偿防水混凝土膨胀性能的关键因素。防水混凝土早期脱水或养护过程中缺水，会使混凝土的抗渗性显著降低。混凝土凝结后，应立即保湿保温养护，养护时间不得少于14d。

3.5 聚合物水泥防水混凝土

3.5.1 聚合物水泥防水混凝土概述

聚合物水泥防水混凝土是采用有机无机复合手段，在混凝土拌合过程中，加入一定量的高分子聚合物，利用聚合物对普通混凝土进行改性的一种防水混凝土。

用于制备聚合物水泥防水混凝土的聚合物可分为聚合物乳液、水溶性聚合物和液体树脂三种类型，其中最经济常用、改性效果较好的是聚合物乳液。聚合物乳液是聚合物颗粒通过乳化剂作用均匀分散在水溶液中，并在分散剂和稳定剂的作用下能保持较长时间不离析絮凝的乳状液体。聚合物乳液的主要组成有聚合物颗粒（尺寸0.1～1μm）、乳化剂、稳定剂、分散剂、消泡剂等，其固相成分含量在40%～70%之间。

3.5.2 聚合物水泥防水混凝土的微观结构与防水机理

聚合物水泥防水混凝土最突出的特点是其胶结材料由水泥和聚合物两种材料组成。在聚合物水泥防水混凝土中，聚合物本身性能虽对其许多特性起到一定作用，但最主要原因还是聚合物的掺入导致了混凝土结构变化，从而影响到混凝土性能。

首先，聚合物本身在混凝土中形成聚合物网络结构，并与硬化的水泥浆体形成的连续结构相互交织，使混凝土的结构得到加强。聚合物水泥防水混凝土的结构形成过程如图3-2所示。当聚合物乳液在混凝土搅拌过程中掺入混凝土后，乳液中的聚合物颗粒均匀分散在水泥混凝土体系中。随着水泥颗粒的水化，体系中一部分水被水泥水化所结合，聚合物悬浮液中的水分被转移，聚合物颗粒在水化产物和未水化颗粒表面、毛细孔中絮凝，拌合物中较大的空隙被絮凝的聚合物所填充。随着水泥水化的进一步进行，聚合物之间的水分逐渐被水泥水化所结合，絮凝的聚合物逐渐交叉搭接在一起。随着水泥水化的进一步深化，聚合物几乎全部聚集在水泥浆体孔隙中，聚合物中的水分被水泥水化吸收后，聚合物颗粒相互靠近聚合成一个整体，在混凝土空间内形成连续的网状结构的聚合物膜。聚合物膜网络同水泥水化产物网络相互交织缠绕在一起，形成一种互穿网络结构，并把混凝土骨料包裹入其中。水泥水化产物与聚合物膜的互穿网络结构使混凝土的抗拉强度、断裂韧性改善，密实性提高，使聚合物水泥防水混凝土具有较强的抗裂防渗能力。

其次，聚合物与水泥水化产物间发生相互作用，也改善了水泥浆体及混凝土的结构。当聚合物水泥混凝土加水拌合后，一些聚合物分子中的活性基团可与水泥水化产物中的 Ca^{2+}，Al^{3+} 等产生交联反应，形成特殊的桥键作用，可改善水泥硬化浆体微结构，缓解内应力，减少微裂纹的产生，增加聚合物水泥防水混凝土的致密性。聚合物与水泥水化产物之间也可通过氢键、范德华引力而相互作用，对水泥浆体及混凝土的微结构起一定的改善作用。

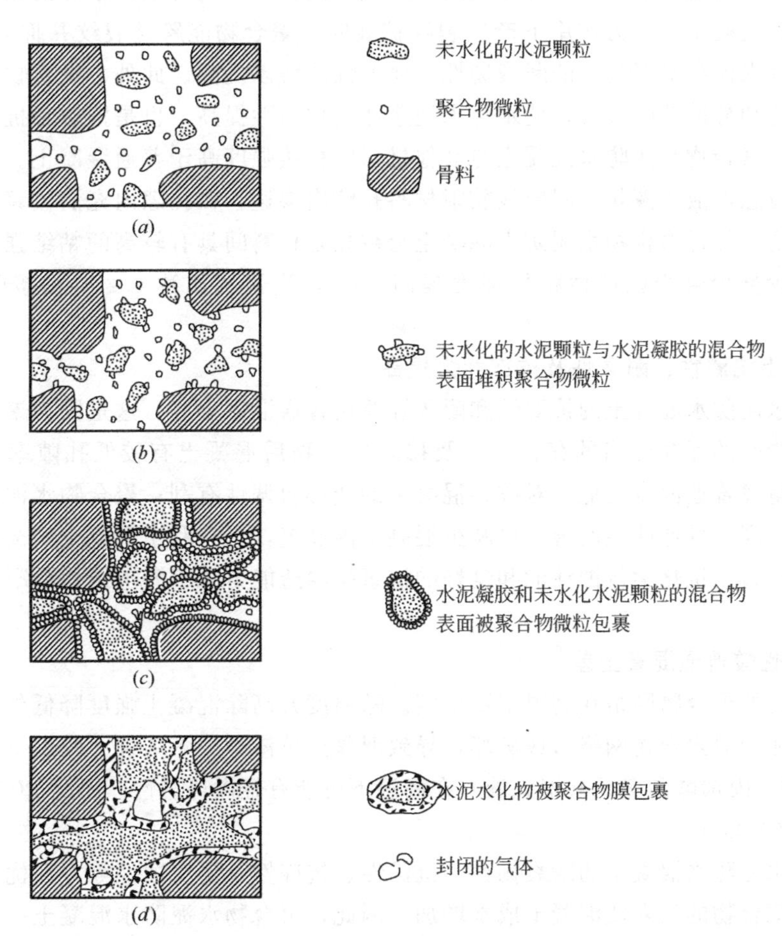

图 3-2　聚合物水泥防水混凝土微结构形成过程

(a) 拌和后；(b) 第一阶段；(c) 第二阶段；(d) 第三阶段（硬化后结构）

此外，绝大部分聚合物对新拌混凝土有一定减水作用，可降低水胶比，改善聚合物水泥防水混凝土的和易性和孔结构，达到增强聚合物水泥防水混凝土的抗渗防水功能的效果。

3.5.3　聚合物水泥防水混凝土的性能

1. 新拌混凝土和易性得到改善，流动性好、泌水少

聚合物本身及乳液中用于减少聚合物悬浮颗粒聚沉的表面活性剂具有减水剂效果，可减少混凝土拌合水量；分散的聚合物颗粒具有滚珠效应，能提高新拌混凝土的流动性；聚合物乳液中表面活性剂及稳定剂在新拌聚合物水泥防水混凝土中引入许多气泡，改善了颗粒堆积状态，提高了水泥颗粒的分散效果，从而使泌水和离析现象减少。

2. 混凝土抗拉、抗弯、抗压与断裂韧性提高，与其他材料的粘接强度高

聚合物的掺加使硬化聚合物水泥防水混凝土的抗拉、抗弯和抗压强度得到了提高。抗压强度的提高主要归结于聚合物水泥防水混凝土需水量的减少。抗拉、抗弯强度的提高主要是因为聚合物与水泥浆体间的互穿网络的形成，改善了骨料与水泥浆体的粘结，减少了裂隙的形成。混凝土在应力作用下产生裂纹扩展时，聚合物能跨越裂纹并抑制裂缝扩展，从而使聚合物水泥防水混凝土的断裂韧性、变形性能得以提高。此外，聚合物水泥防水混凝土的工作性和分散性的改善，使水化水泥浆体的均质性提高，也是抗拉和抗弯强度提高的原因之一。聚合物水泥防水混凝土与其他材料的粘接强度高于普通混凝土。亲水性聚合物与水泥颗粒悬浮液的液相一起向被黏附材料孔隙内渗透，在孔隙内充满被聚合物增强的水泥水化产物，使得聚合物水泥防水混凝土与被黏附材料间具有较高的粘结强度。有试验表明，添加少量聚合物就可使粘接强度提高 30%，当聚灰比达 0.2 时粘接强度可提高 10 倍。

3. 混凝土抗渗性、耐久性及抗冻能力提高

聚合物水泥防水混凝土的抗渗性和耐久性要比普通混凝土好。这是因为聚合物网络与水泥水化产物间的互穿网络的存在，以及掺入聚合物后混凝土有较低孔隙率及合理孔结构；弹性模量较普通混凝土低，对改善混凝土的变形协调性有利；聚合物水泥防水混凝土的抗拉强度提高，延伸性能改善，可减少混凝土内裂缝，也有利于混凝土耐久性提高；良好的抗碳化能力、抗化学侵蚀性能和良好的抗氯盐渗透能力对于海工结构混凝土具有重要意义。

4. 耐火性较普通混凝土差

混凝土内的聚合物网络在高温下不稳定。随温度升高除混凝土强度降低外，温度上升到一定程度还会对聚合物网络形成破坏，导致混凝土抗渗性、耐久性大幅度下降。某些聚合物如 PCM（丙烯酸酯多元共聚乳液）在高温下可能有轻微可燃性，因此 PCM 的使用温度限制在 150℃以下。

聚合物水泥防水混凝土的断裂韧性、抗渗性、抗冻性及耐腐蚀性等方面优于普通防水混凝土，但聚合物的加入使混凝土成本增加，因此，聚合物水泥防水混凝土一般用于对抗冻、防裂及抗渗等级要求较高的防水工程。如地下建（构）筑物防水及游泳池、化粪池、水泥库等防水。若用于直接接触饮用水工程，如蓄水池，应选用符合环保要求的聚合物。

聚合物水泥防水混凝土的性能主要取决于聚合物种类、聚灰比、水胶比、灰砂比等。聚合物水泥防水混凝土配合比设计应首先确定聚灰比，其余与普通防水混凝土类似，通常聚灰比为 5%～20%；施工适宜温度 5～35℃，雨天不宜施工；采用干湿交替养护，硬化后 7d 内保湿养护，7d 后自然养护。

3.5.4 工程常用聚合物水泥防水混凝土

1. 丙烯酸类聚合物水泥防水混凝土

丙烯酸类聚合物水泥防水混凝土是工程常用的聚合物水泥防水混凝土。丙烯酸是丙烯酸及其同系物酯类的总称，配制聚合物水泥防水混凝土常用其乳液。丙烯酸乳液的粘结性、耐水性、耐碱性及耐候性等较好。丙烯酸乳液是由丙烯酸类单体，包括丙烯酸甲酯、丙烯酸乙酯、丙烯酸丁酯及甲基丙烯酸甲酯、甲基丙烯酸乙酯、甲基丙烯酸丁酯等，通过乳液共聚而制得。

用于防水混凝土配制的丙烯酸类聚合物的典型特征是：固含量较高，一般在40%～50%，成膜温度低于室温。丙烯酸用于配制聚合物水泥防水混凝土时，除在混凝土内部聚合形成聚合物网络外，丙烯酸还可在水泥水化产生的Ca^{2+}作用下发生皂化反应，生成不溶于水的钙盐，能堵塞混凝土内毛细孔，提高混凝土密实性，增强混凝土的抗渗防水能力。

2. 乙烯-醋酸乙烯共聚物（EVA）水泥防水混凝土

乙烯-醋酸乙烯共聚物（EVA）乳液是乙烯（E）与醋酸乙烯（VA）通过乳液聚合得到的共聚物水分散体系，外观呈乳白色或微黄色黏稠液体，醋酸乙烯含量在70%～95%。在EVA乳液分子中，因乙烯基的引入使得高分子主链变得柔软，其塑性增强；EVA乳液最低成膜温度低于醋酸乙烯酯乳液，其表面张力较低，固化速度快，湿黏性较好；EVA乳液形成的聚合物膜耐水性高于醋酸乙烯酯乳液，耐酸碱、耐高温性能均较优。

EVA水泥防水混凝土具有如下特性：

1）具有良好的力学性能和较好的抗裂性能

与相同配合比的普通水泥混凝土比，EVA聚合物水泥防水混凝土抗压强度提高，抗拉强度及抗折强度提高1.5倍左右。

2）具有良好的防水抗渗性

EVA聚合物分子链上的极性基团对水有一定的吸附作用，在水的作用下，适度交联的聚合物仍有一定的遇水溶胀作用。这种溶胀作用可使水泥石孔隙中的聚合物发生体积膨胀，阻止水进一步的渗透，使混凝土具有良好的防水抗渗性能。

3）具有良好的湿态粘结性

因聚合物分子链上的极性基团会与水泥无机相产生化学吸附作用，所以可提高两相的粘结力。聚合物特殊的化学结构使得其混凝土对普通砂浆和混凝土材料具有良好的湿态粘结性，这在防水工程中尤其是已发生渗漏和潮湿的工作面上施工具有特殊的意义。

EVA水泥防水混凝土应用范围广泛，既可用于一般防水工程的防水抗渗处理，也可用于有潮湿工作面及有一定慢渗水压的已渗漏防水工程的防水、防渗的维修。

3. 环氧聚合物乳液水泥防水混凝土

环氧聚合物乳液是将环氧树脂单体在水中进行乳液聚合而获得。乳液中聚合物粒子很小，是低分子化合物。通常环氧聚合物是双组分的，一组分为环氧树脂，另一组分为固化剂。两个组分一般都配制成乳液；也可配制时加入一定的乳化剂，当它们与水混合时才形成乳液从而分散在水泥浆体中。最常用的环氧树脂是双酚A环氧树脂，当环氧树脂与固化剂配比（一般按官能团的摩尔比进行配比）适当，固化得到的环氧树脂的强度及耐久性较好。

配制环氧聚合物乳液防水混凝土时，聚灰比为0.10～0.20。各组分材料混合以后，在水泥水化的同时，小分子环氧树脂发生聚合反应生成交联体形大分子。聚合形成的三维网状结构穿插在水泥硬化浆体中，与水泥形成互穿网络结构，增强了防水混凝土的强度及抗渗性。与普通混凝土比，加入环氧聚合物乳液的防水混凝土的抗折和抗拉强度提高近一倍，收缩率只有普通混凝土的40%左右，混凝土抗渗性有较大提高。

3.6 其他类型防水混凝土

3.6.1 高性能混凝土

高性能混凝土在20世纪80年代末90年代初才出现的，是在大幅度提高普通混凝土性能基础上采用现代混凝土技术制作的混凝土。高性能混凝土配制特点是：低水胶比，选用优质原材料，并除水泥、水、集料外，须掺加足够数量的优质矿物掺合料和高效减水剂。高性能混凝土因其很低的水胶比和相对较好的匀质性使得其孔隙率低，孔结构改善，界面过渡区得到加强，具有较好抗渗性。

1. 高性能混凝土的微观结构与防水机理

首先，高性能混凝土水胶比很低，水泥石孔隙率很低，水渗透通道较少，因而混凝土抗渗性得到提高。

其次，影响混凝土渗透性的因素不仅是孔隙率，更重要的是孔结构。高性能混凝土所用矿物掺合料一般较水泥颗粒细，掺入矿物掺合料有利于胶凝材料体系紧密堆积；同时因矿物掺合料一般同 $Ca(OH)_2$ 发生二次水化反应较晚，故不影响混凝土中早期供水通道畅通，而其二次水化反应产物及未反应的细颗粒还可填充水泥石的毛细孔，使混凝土毛细孔径更小。

此外，低水胶比提高了水泥石的强度和弹性模量，使水泥石和集料间弹性模量差距减少，因而使界面处水膜层厚度减少，晶体生长的自由空间减少；掺入的矿物掺合料和 $Ca(OH)_2$ 反应，会增加C-S-H凝胶和钙矾石，减少 $Ca(OH)_2$ 含量，并且干扰水化产物的结晶，因此水化产物颗粒尺寸变小，富集程度和取向程度下降，硬化后的界面过渡层孔隙率也下降；而粒径小于1μm的矿物掺合料颗粒对界面过渡区孔隙的填充作用使过渡区更密实，使其具有较好抗渗性。

2. 高性能混凝土的性能

高性能混凝土以耐久性为主要设计指标，它以优异耐久性为主要特征，任何强度等级的混凝土都可做成高性能混凝土。为达到高耐久性，高性能混凝土在新拌状态时，应具有良好工作性，即高流动性，而不离析、不泌水，以便均匀密实成型；在水化硬化早期，其沉降收缩和水化收缩小、温升低，硬化过程中干缩小，混凝土内不产生初始裂缝；硬化后体积稳定、渗透性低，环境中的侵蚀介质不易进入混凝土内部而对其产生劣化作用，以保证高性能混凝土的耐久性。

高性能混凝土因其较低的水胶比而具有很高抗渗性，在很大水压下渗水高度都很小甚至不渗水。因而评价高性能混凝土的渗透性通常采用电化学方法，如：氯离子扩散系数、导电量、电导率等测定方法。

与普通混凝土相比，高性能混凝土的生产和施工虽无需特殊工艺，但需对各工艺环节进行严格控制和管理。

3.6.2 纤维混凝土

纤维混凝土是一种以普通混凝土为基材，外掺各种短切纤维材料而制成的一种新型混凝土材料。自美国20世纪90年代初研制出微纤维混凝土以来，纤维混凝土迅速发展，目前较常用纤维有聚丙烯纤维、钢纤维等，其中应用最多的是聚丙烯纤维，纤维掺入混凝土后，可明显改善混凝土韧性、强度和抗渗能力。

1. 纤维混凝土的防水机理

纤维混凝土主要通过抗裂达到防水目的。在混凝土中加入纤维，微纤维分散了混凝土的定向拉应力，可增强塑性混凝土的抗拉能力，有效抑制混凝土早期干缩微裂及离析裂的产生和连通发展，增强结构整体性。纤维能在混凝土内部构成一种均匀的乱向支撑体系。当微裂缝在细裂缝发展的过程中，必然碰到多条不同向的微纤维，由于遭到纤维的阻挡，消耗了能量，难以进一步发展。均匀分布在混凝土中彼此相粘连的大量纤维起了“承托”骨料的作用，降低了混凝土表面的析水与集料的离析，从而使混凝土中直径为50～100nm和大于100nm的孔隙含量大大降低，由此可极大提高混凝土的抗渗能力。实验表明；同素混凝土相比，掺入纤维可使混凝土渗透系数减少高达79%；掺0.05%体积掺量聚丙烯纤维的混凝土抗渗能力提高了60%～70%。

2. 纤维混凝土的性能及应用

加入纤维对混凝土抗压强度影响不大，但其抗拉强度、抗弯强度、抗塑性收缩、抗渗、抗冻、抗冲击、抗腐蚀和耐久性等均有明显提高，可防止或抑制裂缝的形成及发展，对改善混凝土结构整体性、提高混凝土耐久性、保障工程质量、延长工程寿命均有显著意义，其防水效果较可靠，施工方便，可广泛用于地下室、屋面、墙体、贮水池、腐化池及道路和桥梁等对抗拉、抗剪、抗折强度和抗裂、抗冲击、抗震、抗暴等要求较高的结构工程或局部部位的防水。

应注意：

①聚丙烯纤维掺量一般为0.5～1.5kg/m³。

②纤维对抑制混凝土塑性裂缝确实有效，但对混凝土的后期干缩裂缝作用不大，对温度裂缝很难有所作为。

③纤维混凝土在实际施工时坍落度损失较快，黏性较大，致使长距离运输后较难入仓。

3.7　防水砂浆

3.7.1　防水砂浆概述

砂浆防水通常又称为抹面防水，是混凝土结构自防水的辅助防水形式。用于制作刚性结构防水层的防水砂浆，是一种通过严格的操作技术或掺入适量防水剂、高分子聚合物等材料，以提高砂浆密实性和憎水性，从而达到抗渗防水目的的刚性防水材料。防水砂浆根据施工方法不同分为两种：一种是利用高压喷枪机械施工，这种防水砂浆具有较高密实性，能增强防水效果；另一种是大量应用的人工抹压防水砂浆，这种砂浆工程中常用，主要是依靠特定外加剂，如聚合物、膨胀剂、防水剂等，以提高砂浆密实性、抗裂性或使砂浆具有一定憎水性，从而达到防水抗渗的目的。

外加防水剂的受检砂浆性能应满足《砂浆、混凝土防水剂》JC/T 474—2008的要求，如表 3-16 所示。

加防水剂的受检砂浆的性能 **表 3-16**

试验项目			性能指标	
			一等品	合格品
安定性			合格	合格
凝结时间	初凝(min)	≥	45	45
	终凝(h)	≤	10	10
抗压强度比(%) ≥	7d		100	85
	28d		90	80
透水压力比(%)		≥	300	200
吸水量比(48h)(%)		≤	65	75
收缩率比(28h)(%)		≤	125	135

注：安定性和凝结时间为受检净浆的试验结果，其他项目为受检砂浆与基准砂浆的比值。

防水砂浆具有一定的防水功能，施工操作简便、造价低、易修补，但其韧性差，较脆、极限抗拉强度低，易受基层体积变化影响而抗裂，难以满足防水工程的发展要求。近年来，掺高分子聚合物制成的聚合物水泥防水砂浆具有较高抗拉强度和韧性，是防水砂浆改性的一个重要途径。水泥砂浆防水层适用于结构刚度较大、建筑物变形小、埋置深度不大，在使用时不会因结构沉降、温度、湿度变化以及受振动等产生有害裂缝的地面及地下防水工程。除聚合物水泥防水砂浆外，其他防水砂浆均不宜用在长期受冲击荷载和较大振动作用下的防水工程，也不适用于有侵蚀介质存在的腐蚀性环境，以及 100℃以上高温环境和遭受反复冻融的砖砌工程。

应注意：防水砂浆涂抹的刚性防水层（尤其是背水面）防水时，总要受到一定的水压力，而刚性防水层本身较薄，承载能力有限，通常是依靠其同承重结构部分牢固结合而共同承受荷载的。因此，刚性防水层同承载结构的牢固结合是保证其达到设计防水功能的关键。砂浆防水要求基层为混凝土或砖石砌体墙面，基层应保持湿润、清洁、平整、坚实、粗糙，基层混凝土强度等级≥C20；砖石结构砌筑砂浆强度≥M7.5；当年平均气温<15℃时，一般建筑物设置变形缝的间距应<30m。

3.7.2 常用防水砂浆

1. 外加剂防水砂浆

外加剂防水砂浆是指在水泥砂浆中掺入各种防水外加剂配制而成的一类防水砂浆。外加剂是由各种无机或有机化学原料组成的防水剂。掺入外加剂的防水砂浆在凝结硬化过程中，生成的膨胀性产物、凝胶或不溶性物质可填充孔隙及堵塞毛细孔，通过增加砂浆密实性或赋予砂浆一定憎水性，达到提高砂浆不透水性的目的。外加剂防水砂浆一般可承受 0.4MPa 以下的抗渗压力。

按照防水机理，可将应用于防水砂浆的外加剂分为改善抗渗性和赋予憎水性两大类。改善抗渗性类外加剂是以减少砂浆内孔隙率，提高其密实性，从而达到防水目的的一类防水剂。这类外加剂占防水剂品种的多数，且多为无机化合物，它们本身与水泥的水化产物反应，形成的新产物能填充砂浆内毛细孔管道，减少孔隙率，改善砂浆的抗渗性，提高其防水性能。赋予憎水性外加剂多为有机物质（如有机硅防水剂），以使砂浆获得憎水性为特征，可使砂浆内的毛细孔由亲水性变为憎水性，通过减少水通过毛细孔的渗透，提高砂浆的抗渗能力。

防水砂浆常用外加剂有氯化物金属盐类防水剂、氯化铁防水剂、皂类防水剂、无机铝盐防水剂、水玻璃矾类防水剂等，用于防水砂浆的不同外加剂品种及防水机理如表 3-17 所示。

用于防水砂浆的防水剂品种及防水机理 表 3-17

品种	主要成分	防水机理
氯化物金属盐类防水剂	氯化钙、氯化铝	与水泥和水反应生成氯硅酸钙、氯铝酸钙等水合结晶物，填充砂浆中孔隙，增强防水性能
氯化铁防水剂	氯化铁、氯化亚铁	氯化铁、氯化亚铁与水泥水化反应生成的氢氧化钙作用，生成不溶于水的氢氧化铁胶体，堵塞砂浆中微孔及毛细管道，提高抗渗性
皂类防水剂	硬脂酸、氢氧化钾、碳酸钠	具有塑化作用，可降低水胶比，同时在砂浆中生成不溶性物质，堵塞毛细孔，并使砂浆具有一定的憎水性，提高抗渗性
无机铝盐防水剂	铝盐、碳酸钙	与水泥水化产物反应，生成水化硫铝酸钙、氢氧化铝等膨胀性产物及胶体，填充毛细孔，提高砂浆的密实性和防水能力

2. 聚合物水泥防水砂浆

聚合物水泥防水砂浆是指在水泥砂浆中掺入一定量聚合物乳液而制成的一类防水砂浆。

因聚合物乳液可在水泥浆体内缩聚、交叉搭接成一个聚合物网络，在砂浆内有一定的胶结作用，可封闭砂浆内的连通孔隙；同时，聚合物网络一般具有一定憎水性，能提高砂浆孔隙的固液接触角，从而有效降低砂浆吸水率。掺入聚合物不但使砂浆抗渗性得到显著提高，还可在一定程度上改善普通水泥砂浆的脆硬性和干缩性，使聚合物水泥防水砂浆的抗折性能、韧性、耐磨性及粘结性能等均较普通水泥砂浆优越。

配制聚合物水泥防水砂浆常用乳液有丙烯酸酯共聚乳液、阳离子氯丁胶乳、醋酸乙酸-乙烯共聚乳液（VAE 乳液）、环氧树脂等。

聚合物水泥防水砂浆的各项性能在很大程度上取决于聚合物本身特性及其在砂浆中的掺量。掺量过低，聚合物不能在砂浆内形成有效聚合物网络，砂浆的性能达不到要求；掺入过高，不仅砂浆成本高，而且砂浆部分性能如干缩等有一定恶化。因此，对特定聚合物水泥防水砂浆，其聚合物掺量有一个最佳范围。

3. 微膨胀防水砂浆

微膨胀防水砂浆是由膨胀水泥或掺加一定膨胀剂而制成的一类防水砂浆。

微膨胀防水砂浆在水化凝结过程中，膨胀水泥和膨胀剂等膨胀源水化产生的膨胀性产物，可填充砂浆内孔隙，防止和减少砂浆内收缩裂缝的产生，使砂浆具有较高密实性，从而使砂浆层具有较好防水抗渗能力。微膨胀防水砂浆的配合比一般为胶结材（水泥、膨胀剂等）：砂子=1：2.5，水胶比为0.4～0.5。

U型抗裂防水剂（UWA）是继U型混凝土膨胀剂（UEA）后，专用于防水砂浆的外加剂，其掺量通常为水泥质量的10%。与UEA相比，UWA的早期强度较高，不仅适用于防水混凝土的抹面，也适用于潮湿和渗漏水工程的抹面和修补。U型抗裂防水剂不仅具有较好的抗渗性，还具有一定的抗裂性，在防水工程中有良好应用前景。

第4章 水泥基刚性快凝快硬堵漏材料

刚性快凝快硬堵漏材料是在普通水泥中掺入一定的促凝剂或采用快凝快硬水泥，利用其快速硬化特点来快速堵漏止水。对于处理渗漏水的刚性快凝快硬堵漏材料，凝结时间对其施工操作及堵漏止水效果有很大影响。若凝结时间过长，则堵漏材料可能在未凝结硬化前就被渗漏水带走，起不到堵漏止水效果；若凝结时间过短，则难于施工。因而，刚性快凝快硬堵漏材料常掺加水玻璃为主要成分的促凝剂，或使用快凝快硬水泥来缩短凝结时间，为其施工创造条件。按调节凝结时间方式不同，刚性快凝快硬堵漏材料可分为掺加硅酸钠系防水促凝剂的硅酸钠系堵漏剂和粉状堵漏剂。

4.1 硅酸钠系堵漏剂

硅酸钠系堵漏剂是指以普通水泥为基材，掺入以水玻璃（硅酸钠）为主要成分的硅酸钠系防水剂，拌制而成的刚性快凝快硬堵漏材料。

硅酸钠系防水剂是以硅酸钠为基料，加入适量水和其他材料等配制而成的一种促凝防水剂，其与水泥拌合后配制成堵漏材料，可堵塞渗漏水缝隙和孔洞。但硅酸钠系堵漏材料的促凝组分一般需单独加工，在现场与水泥拌合后方可使用，给施工带来不便；凝结太快，凝结时间夏季约为35s，冬季约为1min，往往拌合不均，质量难以保证；另外，硅酸钠系堵漏材料一般收缩性较大，堵水后周边常渗水，需二次堵漏，防水效果差。因此，目前此类材料使用量不多，主要用于地下室、水池、基础坑、沟道等构筑物的孔洞修补、较宽裂缝渗漏水及大面积漏水的修补。

硅酸钠系堵漏剂是根据硅酸钠系防水剂而命名的，目前使用较多的硅酸钠系堵漏剂有矾类（二矾、三矾、四矾、五矾）及快燥精等品种。

4.1.1 矾类防水剂

配制硅酸钠系防水剂的矾类有五种，分别为蓝矾（硫酸钠）、红矾（重铬酸钾）、明矾（硫酸铝钾）、黑矾（硫酸铬钾）及绿矾（硫酸亚铁）。根据配制时采用矾类的多少，防水剂被定名为二矾、三矾、四矾或五矾防水剂。

五矾防水剂的配合比如表4-1所示。配制时按表4-1中的比例取水，并加热到100℃，把除水玻璃以外的其他材料放入热水中，不断搅拌并继续加热，直至全部固体材料溶解，冷却至55℃左右，再倒入水玻璃中搅拌均匀，约半小时后即成草绿色的五矾防水剂。用于配制防水剂的水玻璃模数对堵漏材料凝结时间影响较大，一般水玻璃模数应为2.4～2.6，相对密度1.39～1.4。模数过大，与水泥拌合后凝结硬化快，难于操作；模数过小，速凝效果差，凝结时间长。根据堵漏材料的使用条件，其配合比可按水泥：五矾防水剂=1：0.5～0.6或1：0.8～0.9取材，配制时将水泥与五矾防水剂搅拌均匀即可使用。

五矾防水剂的配合比　表 4-1

化学名称	俗称	化学式	颜色	配合比(质量)
硫酸钠	蓝矾	$Na_2SO_4 \cdot 5H_2O$	水红色	1
重铬酸钾	红矾	$K_2Cr_2O_7$	橙红色	1
硫酸铝钾	明矾	$KAl(SO_4)_2 \cdot 12H_2O$	白色	1
硫酸铬钾	黑矾	$KCr(SO_4)_2 \cdot 12H_2O$	深紫红色	1
硫酸亚铁	绿矾	$FeSO_4 \cdot H_2O$	淡蓝绿色	1
硅酸钠	水玻璃	$Na_2O \cdot nSiO_2$	无色	400
水		H_2O	无色	60

在配制矾类防水剂时，蓝矾和红矾是必不可少的成分。四种矾类防水剂配合比及配制方法类似，矾类均取水玻璃的2.5‰左右。配制的防水剂性能差别不大，均可作促凝剂，但采用的矾类越多，防水剂性能越稳定，堵漏止水效果越好。

4.1.2　快燥精防水剂

快燥精防水剂也是一种硅酸钠系防水剂，配制时以硅酸钠为基本原料，掺入适量硫酸钠、荧光粉（硫化锌）和水即成。快燥精防水剂的配合比如表4-2所示。配制快燥精防水剂的水要经处理方可使用，其处理方法是将明矾10kg、氨水9kg倒入水380kg水中，搅拌至明矾颗粒完全溶解为止，将水反复澄清成清水备用。快燥精防水剂应随配随用，其凝结时间与掺量的关系如表4-3所示。快燥精配制的堵漏材料适用于地下室等构筑物防水堵漏及抢修小型不受荷载的混凝土工程，但不能掺入混凝土内作防水混凝土承重结构使用。

快燥精防水剂的配合比　表 4-2

组分	水玻璃(波美度为40°)	硫酸钠	硫化锌	水
质量比	200	2	0.001	14

快燥精配合比与凝结时间（25℃）　表 4-3

配合比	凝结时间	水泥(g)	砂(g)	水(g)	快燥精(g)
1	1 min内	100			50
2	5 min内	100		20	30
3	30 min内	100		35	15
4	60 min内	500	1000	280	70

4.2　粉状堵漏剂

目前常用粉状堵漏剂品种繁多，按其生产方式不同，这些粉状堵漏剂可分为两类：合成堵漏剂和快速堵漏水泥。

4.2.1　合成堵漏剂

合成堵漏剂是以普通水泥为基材，加入一种或多种无机防水基材混合而成。

目前，合成堵漏剂产品较多，应用较广，商品名如堵漏灵、堵漏停、防水宝、901速效堵漏剂等均属于这类材料。这些产品技术性能、使用方法有相似之处，产品一般分为缓凝型和速凝型，使用时可根据工程需要和使用效果加以选择。缓凝型用于无渗水面防水，速凝型用于深睡眠和漏水口的抗渗堵漏。

合成堵漏剂无需现场配制，只需加入20%～30%的水拌合后即可使用。合成堵漏剂粘结能力强，能与砖、石、混凝土等基层结构牢固地结合成整体，防水粘结一次完成；环保、耐高低温性能较好，不易老化；施工简便，迎水面、背水面施工均可达到防水效果；凝结时间可调，在潮湿或渗水基层上均可施工，可带水堵漏，达到立刻止水；可用于各种砖石、混凝土、砂浆等结构的新旧建筑物的防潮及渗漏修缮，地下室、厕浴间、沟道、游泳池、水池等工程的防潮、防水、抗渗、堵漏。

4.2.2　快速堵漏水泥

快速堵漏水泥是一种特种水泥类的新型堵漏材料。它是用特定原料经高温煅烧，生成含有一定的水化硬化时具有膨胀特性的矿物组分的烧结料，经粉磨而成。目前使用较多的快速堵漏水泥有快凝快硬硅酸盐水泥、快凝快硬氟铝酸盐水泥和快凝快硬硫铝酸盐水泥等。

快速堵漏水泥集快凝快硬和膨胀抗收缩于一体，因此，它除具有上述堵漏剂特性外，还具有凝结硬化快、小时强度高、膨胀不收缩等特性。快速堵漏水泥强度与膨胀的合理匹配，使之抗渗性好，粘结强度高，堵漏硬化体与周边的结合紧密，确保长久堵漏效果。

第5章　水泥基防水涂料

5.1　水泥渗透结晶型防水涂料

水泥基渗透结晶型防水材料是一种用于混凝土结构的刚性防水材料。与水作用后，材料中含有的活性化学物质以水为载体，在混凝土中渗透，与水泥水化产物发生反应生成不溶于水的针状结晶体，堵塞毛细孔道和微细缝隙，从而提高混凝土致密性和防水性。

水泥基渗透结晶型防水材料按使用方法分为水泥基渗透结晶型防水涂料（代号C）和水泥基渗透结晶型防水剂（代号A）。水泥基渗透结晶防水剂主要掺入混凝土拌合物中使用，本章主要介绍水泥基渗透结晶型防水涂料。

5.1.1　水泥基渗透结晶型防水涂料概述

水泥基渗透结晶型防水涂料（Cementtitious Capillary Crystalline Waterproofings Coatings，简称CCCWC）是以硅酸盐类水泥、石英砂等为基材，掺入活性化学物质（活性硅和催化剂）组成的无机粉状材料，经与水拌合可调制成涂刷或喷涂在水泥混凝土表面的浆料；也可将其干粉撒覆并压入未完全凝固的水泥混凝土表面。

1942年，德国化学家Lauritz Jensen为解决水泥船渗漏水而发明了水泥基渗透结晶型防水涂层材料。20世纪60年代中期，该涂料从欧洲到北美，1966年就传遍加拿大。后在美国、日本、新加坡等国得到推广。我国20世纪80年代从国外引进水泥基渗透结晶型防水涂料，如加拿大赛柏斯XYPEX等，最早用于上海地铁工程；90年代中期，又从国外引进活性化学物质（母料）在国内生产涂料。目前该涂料已大量应用，其防水效果显著，受到了防水工程界的好评。

5.1.2　水泥基渗透结晶型防水涂料的防水机理

水泥基渗透结晶型防水涂料的粉料以适当比例与水混合，当涂料灰浆涂刷在混凝土表面时，涂料中的活性化学物质与呈水饱和状态的混凝土接触后，通过载体（水）向混凝土内部孔缝渗透，进入到混凝土中的活性物质会与水泥的水化产物发生反应形成不溶于水的结晶体，结晶物在结构孔缝中吸水膨大，由疏至密，堵塞混凝土孔隙和毛细管，使混凝土结构表层向纵深逐渐形成一个致密的抗渗区域，大大提高了混凝土结构整体的抗渗能力。在干燥状态，活性物质处于休眠状态；当水渗入混凝土时，活性物质会继续水化生成新的结晶进行自动修补，达到永久防水目的。

5.1.3　水泥基渗透结晶型防水涂料的原材料及配方

水泥基渗透结晶型防水涂料主要由水泥、精细石英砂、粉料、助剂、催化剂等材料组成。

1. 水泥

水泥基渗透结晶型防水涂料选用的水泥品种主要有硅酸盐水泥、铝酸盐水泥和快硬硫铝酸盐水泥，其中强度等级≥42.5 的硅酸盐水泥最常用。

铝酸盐水泥属于早强型水泥，主要用于配制工期紧急、抢修、冬期施工工程的水泥基渗透结晶型防水涂料。

快硬硫铝酸盐水泥具有早强高，微膨胀、低收缩，碱度低，负温可硬化，抗冻、抗渗性好，长期强度稳定等特点，主要用于配制早期强度高，抢修、负温、抗裂性和抗渗性要求高的水泥基渗透结晶型防水涂料。

2. 石英砂

石英砂主要成分为 SiO_2，系白色或灰色结晶型粉末。要求粒径 0.1～0.3mm，干净、不含泥和粉。

3. 助剂

水泥基渗透结晶型防水涂料常用助剂主要有催化剂、速凝剂、缓凝剂、减水剂、微膨胀剂、增强剂等。

4. 活性母料

由碱金属盐、碱土金属盐、络合化合物等复配而成，具有较强的渗透性，能与水泥的水化产物发生反应生成针状结晶体。

由于不同厂家所用活性化学物质配方不同，因此水泥基渗透结晶型防水涂料的生产配方设计也因料而异，其参考配方如表 5-1 所示。

水泥基渗透结晶型防水涂料参考配方 表 5-1

原材料名称	技术要求	作用	质量分数(%)
水泥	52.5 硅酸盐水泥	涂料成膜物质及活性母料载体	87
结晶活性母料	Q/SKRX04—2005 要求	提供活性物质	4
粉状硅酸钠	模数＞2.0	助凝作用	3
石英砂	过 80 目筛	填料和载体	5
甲基纤维素醚		改善涂料保水和施工性能	1

5.1.4 水泥基渗透结晶型防水涂料的性能

水泥基渗透结晶型防水涂料的性能应满足《水泥基渗透结晶型防水材料》(GB 18445—2012) 的技术要求，如表 5-2 所示。

水泥基渗透结晶型防水涂料的技术要求 表 5-2

	实验项目		性能指标
1	外观		均匀，无结块
2	含水率(%)	≤	1.5
3	细度，0.63mm 筛余(%)	≤	5
4	氯离子含量(%)	≤	0.10

续表

	实验项目			性能指标
5	施工性	加水搅拌后		涂刮无障碍
		20min		涂刮无障碍
6	抗折强度(MPa,28d)		≥	2.8
7	抗压强度(MPa,28d)		≥	15.0
8	湿基面粘结强度(MPa,28d)		≥	1.0
9	砂浆抗渗性能	带涂层砂浆的抗渗压力①(MPa,28d)		报告实测值
		抗渗压力比(带涂层)(%, 28d)	≥	250
		去除涂层砂浆的抗渗压力①(MPa,28d)		报告实测值
		抗渗压力比(去除涂层)(%, 28d)	≥	175
10	混凝土抗渗性能	带涂层混凝土的抗渗压力①(MPa,28d)		报告实测值
		抗渗压力比(带涂层)(%, 28d)	≥	250
		去除涂层混凝土的抗渗压力①(MPa,28d)		报告实测值
		抗渗压力比(去除涂层)(%,28d)	≥	175
		带涂层混凝土的第二次抗渗压力(MPa,56d)	≥	0.8

注：①基准砂浆和基准混凝土 28d 抗渗压力应为 $0.4^{+0.0}_{-0.1}$MPa，并在产品质量报告中列出。

去除涂层的抗渗压力是将基准试件表面涂刷水泥基渗透结晶型防水涂料后，在规定养护条件下养护至 28d，去除涂层后进行试验所测定的抗渗压力。第二次抗渗压力是水泥基渗透结晶型防水材料的抗渗试件经第一次抗渗试验透水后，在标准养护条件下，带模在水中继续养护至 56d，进行第二次抗渗试验所测定的抗渗压力。

水泥基渗透结晶型防水涂料的渗透结晶和自我修复能力使混凝土结构密实。其结晶体与混凝土结构结合成封闭式的防水层整体，堵截来自任何方向水流及其他液体侵蚀，达到长久防水。新裂纹遇水渗入后，其催化剂便会激活此类涂料内部呈休眠状态的活性物质，从而产生新的晶体使缝隙密实，堵截渗漏水。

水泥基渗透结晶型防水涂料能保持混凝土内部的正常透气、排潮、干爽，在保持混凝土内部钢筋不受侵蚀的基础上延长了建筑物的使用寿命。该涂料环保、安全，可用于接触饮用水的混凝土结构等工程。

水泥基渗透结晶型防水涂料对其他材料兼容性好，只要混凝土表面粗糙即可适应各种基层，对渗水、返潮的基面可随时施工，对新建或正施工的混凝土基面，在养护期间即可同时施工；对混凝土基面不需要做找平层，施工完成后也不需要做保护层；涂层完全固化后，不怕磕、砸、剥落及磨损；做底板防水则更简单，只需将此类涂料的干粉按一定用量撒在垫层上，一边浇注底板混凝土，一边撒其干粉即可。

但水泥基渗透结晶型防水涂层只能在混凝土表层起渗透结晶作用，其渗透深度为 0.4～1.0mm，能修复的渗水裂隙在 0.4mm 以下；硬化后属于刚性防水层，混凝土基层收缩开裂，则其涂层也会开裂，整体防水便会失效。因此，该涂料要求基层稳定，变形小，较适于混凝土和水泥砂浆防水的修补堵漏；也可根据实际工程需要，与柔性防水涂料一起使用。

水泥基渗透结晶型防水涂料凭借使混凝土整体结构致密，长久防水、防潮，保护钢筋，增强混凝土结构强度的独特优势，可广泛用于地下工程、地铁、水利、核电站、隧道、涵洞、游泳池、污水池、桥梁、道路及混凝土建筑设施的防渗、堵漏、防腐、补强等。

水泥基渗透结晶型防水涂层施作后严格、及时、适时的喷雾养护是防水层成功的关键。渗透结晶型涂层材料涂到基面后，要给涂层不断补水，使很薄的涂层材料在空气中保持潮湿状态，才能达到应有的强度，否则涂层强度会很低，甚至粉化。水喷大了，在薄涂层强度很低时会将涂层材料冲掉；喷水不足，又会造成涂层材料缺水，水化反应进行不完全达不到应有强度。实际工程中水泥基渗透结晶型防水涂料因喷雾养护不足发生粉化的现象很严重，工程渗漏更是难以避免。

5.2 聚合物水泥防水涂料

5.2.1 聚合物水泥防水涂料概述

聚合物水泥防水涂料（简称JS防水涂料）是以聚丙烯酸酯、乙烯-醋酸乙烯酯等聚合物乳液和水泥为主要原料，加入填料和其他助剂配制而成，经水分挥发和水泥水化反应固化结膜的双组分水性防水涂料。其中，一组分为无机粉料（水泥、石英砂、各种添加剂和无机填料等），另一组分为有机液料（聚合物乳液），施工时双组分现场合理配比，共混搅拌均匀成腻子状，涂覆固化后形成高强、坚韧的防水膜层。

20世纪80年代，德国开发了以丙烯酸酯为主的聚合物水泥防水涂料。我国20世纪90年代初开始JS涂料的研制。这种刚柔结合的无机-有机复合防水涂料性能比CCCWC涂料更胜一筹，既有有机材料弹性高、伸长率大的优点，同时又具备水泥无机材料的粘结性、耐久性和耐水性，自问世以来得到了迅速发展，已在国内外防水工程中得到了广泛应用。

5.2.2 聚合物水泥防水涂料的防水机理

聚合物水泥防水涂料在液料和粉料配合搅拌均匀后，聚合物乳液中的高分子微粒脱水形成具有粘结性和连续性的聚合物弹性膜层，同时水泥吸收乳液中的水分水化硬化，柔性的聚合物膜层与水泥硬化体相互交织，组成互穿网络结构，固化后形成致密、高强、坚韧、耐久的弹性涂膜防水层。在涂膜互穿网络结构中，聚合物形成的是连续网络，水泥的硅酸盐网络不连续，柔性的聚合物填充在水泥硬化体的空隙中，使水泥硬化体更致密而富有弹性；水泥硬化体又填充在聚合物相中，使聚合物具有更好的户外耐久性和更好的基层适应性。

按聚合物的反应活性，聚合物水泥防水涂料分为反应型和非反应型。反应型JS防水涂料由活性聚合物（如丙烯酸酯）、水泥、引发系统和集料制成。聚合物活性基团与水泥水化产物间发生了化学反应，形成以化学键结合的界面结构，通过界面增强使涂膜更致密，强度更高，成膜更快，粘结力强。非反应型聚合物（如氯丁胶乳、丁基胶乳、醋酸乙烯共聚乳液等）在复合材料结构中是物理结合，聚合物成膜后覆盖于水泥胶凝体表面或水泥水化物填充于聚合物网络之间，有机物和无机物仅为惰性地、机械式地相互填充，其涂膜的粘结、致密和耐水性相对较差。

5.2.3 聚合物水泥防水涂料的生产

1. 原材料

1）有机液料

液料部分主料为聚合物乳液。聚合物乳液是防水涂料的主成膜物质，乳液品种、性能及用量对涂膜性能起着决定性的作用，不仅影响涂膜耐水性、硬度、柔韧性等，也影响对底材的粘结强度等。选择聚合物乳液要注意对涂膜的性能要求及与水泥的相容性等。常用乳液有丙烯酸酯乳液、乙烯-醋酸乙烯共聚类（VAE）乳液、苯丙乳液、丁苯胶乳、氯丁胶乳等。

2）无机粉料

无机干粉混合料是次成膜物质，由水泥、石英粉、粉煤灰、碳酸钙、颜料及助剂等组成，粉料对涂料的光泽、耐碱性、耐候性、分散性等有影响。

3）助剂

助剂是JS涂料的辅助成膜物质，可改进涂料生产工艺、提高涂料质量、赋予涂料特殊功能、改善涂料施工条件。通常有润湿分散剂、成膜助剂、消泡剂、成膜助剂、增塑剂、增稠剂、流平剂、防腐防霉剂等。

2. 聚合物水泥防水涂料的配方

JS防水涂料的基本配方如表5-3所示。

聚合物水泥防水涂料的基本配方 **表5-3**

组分	用量/质量份	组分	用量/质量份
乳液	100	pH调节剂	适量
分散剂	0.1～2	消泡剂	适量
增塑剂	2～10	水泥	80～100
成膜助剂	2～10	填料	20～40

聚灰比是决定JS防水涂料性能的主要参数。聚灰比是乳液中的固体聚合物与水泥的质量比，是决定聚合物水泥防水涂料刚柔变化的重要参数。聚灰比越小，聚合物用量越少，导致涂膜断裂伸长率下降，柔性变差，但水泥用量增多，涂膜的耐水、耐候性可得到改善，拉伸强度不断提高。目前我国市售JS防水涂料Ⅰ型产品聚灰比约为1～2，液粉比约为1：0.7；Ⅱ型产品聚灰比约为0.6，液粉比约为1：1.5；Ⅲ型产品聚灰比约为0.5，液粉比约为1：（2～3）。

3. 聚合物水泥防水涂料的生产工艺

生产聚合物水泥防水涂料的工艺过程包括基料制备（聚合物乳液合成）和涂料配制两部分。一般聚合物乳液多是外购，以下主要介绍聚合物水泥防水涂料的配制工艺。

JS防水涂料液料部分配制：将聚合物乳液、分散剂、消泡剂、色浆、其他助剂，经过搅拌混合反应，消泡，再经过过滤，最后液料成品包装。粉料部分配制：将水泥、石英砂、固体消泡剂、固体分散剂、无机填料，先进行脱水，再将其放入粉料搅拌机中进行充分搅拌混合，经过振动过筛，最后粉料成品包装。

5.2.4　聚合物水泥防水涂料的性能

聚合物水泥防水涂料按产品物理力学性能分为Ⅰ、Ⅱ、Ⅲ三种类型，其技术性能要满足《聚合物水泥防水涂料》GB/T 23445—2009的要求，如表5-4所示。Ⅰ型是我国JS防水涂料的主流产品，其聚合物含量较高（聚灰比＞2），弹性好，适于非长期浸水环境、较干燥、活动量较大基层（如屋面、外墙面等）；Ⅱ型聚合物含量逐渐降低（聚灰比0.6），材料伸长率随之大幅降低，刚性增加，粘结强度提高，涂膜抗穿刺、耐磨，干燥快，但一般不能通过低温柔性试验，适于地下、长期浸水环境或潮气、基层位移较小部位工程（如地下室、厕浴间等）；Ⅲ型为水泥中加入少量聚合物配成的弹性水泥，粘接强度高，有一定的伸长率和抗裂性，主要用于基层位移较小部位如地下室、厨卫间、外墙等部位，作为地下（有回填土）、背水面防水（尤其水压较高时）效果更好，特别是作为饰面瓷砖的粘结材料，可有效解决外墙饰面瓷砖易脱落而造成的墙体渗漏问题。

聚合物水泥防水涂料的物理力学性能　　　　表5-4

序号	实验项目			技术指标		
				Ⅰ型	Ⅱ型	Ⅲ型
1	固体含量(%)		≥	70	70	70
2	拉伸强度	无处理(MPa)	≥	1.2	1.8	1.8
		加热处理后保持率(%)	≥	80	80	80
		碱处理后保持率(%)	≥	60	70	70
		浸水处理后保持率(%)	≥	60	70	70
		紫外线处理后保持率(%)	≥	80	—	—
3	断裂伸长率	无处理(%)	≥	200	80	30
		加热处理后(%)	≥	150	65	20
		碱处理后(%)	≥	150	65	20
		浸水处理后(%)	≥	150	65	20
		紫外线处理(%)	≥	150	—	—
4	低温柔性(ϕ10mm棒)			−10℃无裂纹	—	—
5	粘结强度	无处理(MPa)	≥	0.5	0.7	1.0
		潮湿基层(MPa)	≥	0.5	0.7	1.0
		碱处理(MPa)	≥	0.5	0.7	1.0
		浸水处理(MPa)	≥	0.5	0.7	1.0
6	不透水性(0.3MPa，30min)			不透水	不透水	不透水
7	抗渗性(砂浆背水面)(MPa)		≥	—	0.6	0.8

JS防水涂料与基面粘结性良好，对基层适应性好，能在泛碱、潮湿或干燥的多种材质基面上直接施工，也可在防水层表面直接采用水泥砂浆粘贴饰面材料；涂层具有一定透气性，强度和伸长率较好，适应基层变形能力良好，耐水性、耐久性好；聚合物乳液可改善水泥脆性及干缩，减少微裂纹，增加柔韧性，提高密实性；聚合物失水成膜和水泥基材

料水化吸水放热得到互相促进，干燥成膜速度较快；无毒、无污染，可厚涂，施工简便，可与其他防水材料复合使用；改变原材料配比，能灵活设计材料的性能，也可加颜料形成彩色涂层；但干燥固化后的涂层吸水率较高，某些品种在地下工程长期使用后，会出现吸水溶胀，强度下降。在长期浸水环境下使用应做浸水试验。该涂料可用于厕浴间、厨房、屋面、外墙、蓄水池、道桥、地下等工程的防水堵漏和抗渗防潮，还可作为面砖粘结层及密封材料，尤其适用于卫生间、坡屋面的防水。

JS防水涂料施工要求在5℃以上，环境通风良好。要求养护温度要高于聚合物最低成膜温度，早期潮湿养护，促进水泥水化，后期干燥养护，加快聚合物成膜。养护龄期对水泥基材料的影响较大，随养护龄期的增加，涂料的拉伸强度上升，断裂伸长率下降，但超过一定龄期后，这种变化趋于平缓和稳定。养护龄期大多为7d，也有些厂家定为14d。

第三篇　沥青基防水材料

第 6 章　沥青及改性沥青

6.1　沥青

沥青是一种黑色或黑褐色的有机胶凝材料。沥青不溶于水，可溶于二硫化碳、四氯化碳、三氯甲烷等有机溶剂，加热时逐渐熔化，具有良好的黏性、塑性、憎水性、绝缘性及耐腐蚀性等，作为防潮、防水及防腐材料，可广泛用于屋面、地下等防水防腐工程、水利工程及道路、桥梁等工程。

目前制造防水材料主要采用石油沥青。煤沥青因环保性能差，在防水工程中应用较少。

6.1.1　*石油沥青*

1. 石油沥青的技术性能

1）黏滞性

黏滞性（简称黏性）是石油沥青材料在外力作用下，沥青粒子间产生相对位移时抵抗变形的能力。测定沥青绝对黏度的方法比较复杂，在实际应用中，多采用相对黏度（条件黏度）来表示。工程上，液体石油沥青的相对黏度用标准黏度表示，采用标准黏度计测定。黏稠石油沥青的相对黏度用针入度表示，采用针入度仪测定。在防水行业常用针入度仪测定沥青黏度。

针入度越大，表示沥青越软，黏度越小。黏滞性反映了沥青的稠稀或软硬程度，主要与沥青的组分和温度有关。

2）塑性

塑性是指石油沥青受外力作用时产生变形而不破坏，除去外力后仍保持变形后形状的性质。石油沥青的塑性通常用延度表示，采用延度仪测定。延度愈大，表示石油沥青的塑性愈好。延度大的沥青耐冲击，产生裂缝时能自行愈合，这是沥青能成为优良柔性防水材料的主要原因之一。

3）温度敏感性

温度敏感性是指石油沥青的黏滞性和塑性随温度升降而变化的性能。温度敏感性大的沥青，低温硬脆，高温流淌。

沥青是一种无定形的非晶态高分子化合物，没有一定的熔点，它的力学性质受分子运动制约，并显著地受温度影响。当温度非常低时，沥青分子的活化能量很低，整个分子不能自由运动，好像被“冻结”，如同玻璃一样硬脆，称之为玻璃态；随温度升高，沥青分子获得能量，活动能力增加，在外力作用下表现出很高的弹性，使沥青处于一种高弹态；当温度继续升高，沥青分子获得的活化能量更多，以致达到可以自由运动，使分子间发生相对滑动，沥青像液体一样发生黏性流动，称为粘流态。由玻璃态向高弹态转变的温度称为玻璃化温度，即沥青的脆点 T_g。由高弹态向粘流态转变的温度叫粘流化温度，即沥青的软化点 T_m。在 T_g 和 T_m 之间的区域为沥青的黏弹性区域。沥青的脆点和软化点随其组成而变化，在工程应用时，希望沥青温度敏感性小，具有较宽的黏弹性区域，即有较高软化点和较低脆点。

软化点是指沥青由固态转变为具有一定流动性膏体的温度，采用环球法测定。

软化点是反映沥青温度敏感性的重要指标，软化点越高，表明沥青的耐热性越好，即温度稳定性越好。沥青软化点不能太低，不然夏季易融化发软；但太高则不易施工，并且品质太硬，冬季易发生脆裂。

脆点是指沥青从高弹态变到玻璃态过程中的某一规定状态的相应温度，采用弗拉斯脆点仪测定。沥青脆点测定是在特定条件下，涂于金属片上的沥青试样薄膜，因被冷却和弯曲而出现裂纹时的温度（℃）。脆点温度越低，沥青在低温时的抗裂性越好。

寒冷地区用沥青应注意沥青的脆点。常温下沥青是黏弹性体，但在低温下常表现为脆性。沥青材料的低温开裂与其脆性有关，如沥青路面和露天防水层在低温时破坏的主要原因是沥青在温度降低时会产生体积收缩，当沥青的低温变形能力较小时，可因温度应力而开裂。

沥青的温度敏感性与地沥青质含量和蜡含量密切相关。地沥青质增多，温度敏感性降低。我国富产石蜡基原油，沥青中的蜡含量会降低石油沥青的粘结性和塑形，并使沥青温度敏感性变大，即高温使沥青发软甚至流淌，低温使沥青脆硬易开裂。如我国要求重交通量道路石油沥青的含蜡量（蒸馏法）≤3%。添加橡胶、树脂和矿物填料等可改变沥青温度敏感性，从而提高沥青的耐热性和耐寒性。如加入滑石粉、石灰石粉等矿物填料可提高沥青软化点，但对脆点影响不大。

4）大气稳定性

在阳光、空气和热的综合作用下，沥青各组分会不断递变，低分子化合物将逐渐转变成高分子物质，即油分→树脂→地沥青质。随时间进展，沥青流动性和塑性逐渐减小，脆性增大，直至脆裂，这个过程叫石油沥青的老化。

石油沥青的大气稳定性是指在热、阳光、氧气和潮湿等因素长期综合作用下其抵抗老化的性能。石油沥青的抗老化性能采用旋转薄膜烘箱试验（RTFOT）测定，是以规定沥青试样在规定条件（163℃，5h）下的薄膜烘箱试验后的质量变化和针入度比来评定。薄膜烘箱试验后质量变化愈小，针入度比愈大，则表示沥青大气稳定性愈好，亦即“老化”愈慢。

目前，我国评价石油沥青性能的主要技术指标是针入度、延度和软化点。

5）其他性质

（1）溶解度

溶解度是指石油沥青在三氯乙烯、四氯化碳或苯中溶解的百分率。溶解度表示石油沥青的纯净程度。不溶物如沥青碳或似碳物会降低沥青的黏结性，应加以限制。

（2）闪点和燃点

为获得良好的和易性，沥青材料在使用时必须加热。闪点和燃点是保证沥青运输、储存、加热使用和施工安全的一项重要指标。

闪点是当加热至一定温度时，沥青材料中挥发的油分蒸汽与周围空气组成混合气体，在规定条件下此混合气体与火焰接触，初次产生蓝色闪光时的沥青温度。燃点是加热时随着沥青油分蒸汽的饱和度增加，蒸汽与空气组成的混合气体遇火焰开始持续燃烧5s以上时间的沥青温度。一般石油沥青燃点比闪点高约10℃。沥青质含量越多，闪点和燃点相差越大。液体沥青由于油分较多，闪点和燃点相差很小。在施工时，沥青熬制温度要低于闪点，并尽可能与火焰隔离，否则极易燃烧而引发火灾。如建筑石油沥青闪点约为230℃，熬制温度应控制在185～200℃。

2. 石油沥青的分类及特性

按石油加工方法不同，石油沥青可分为残留沥青、蒸馏沥青、氧化沥青、裂化沥青和酸洗沥青等，防水行业常用氧化沥青。氧化沥青是以减压渣油或溶剂脱油沥青或它们的调和物为原料，在一定温度条件下吹入空气氧化或在吹风氧化过程中加入催化剂（P_2O_5或$FeCl_3$）的催化氧化法生产的。通过氧化使沥青的化学组成和物理性质发生改变，以达到沥青规格指标和使用性能的要求，如软化点升高、针入度降低等。

按沥青用途不同，石油沥青分为普通石油沥青、道路石油沥青和建筑石油沥青。

普通石油沥青含蜡较多（称多蜡石油沥青），其蜡含量＞5%，有的高达20%以上，因温度敏感性大，在工程中不宜单独使用。

道路石油沥青是石油蒸馏的残留物或残留物氧化而制得。道路石油沥青按道路交通量分为重交通和中、轻交通道路石油沥青。道路石油沥青塑性较好，黏性较小，较软，常温下弹性较好，但软化点较低，在防水行业可作密封材料、胶粘剂及沥青涂料等。《道路石油沥青》NB/SH/T 0522—2010将道路石油沥青分为200、180、140、100、60五个牌号，在防水行业可作为乳化沥青和稀释沥青的原料。《重交通道路石油沥青》GB/T 15180—2010将重交通道路石油沥青分为AH-130、AH-110、AH-90、AH-70、AH-50、AH-30六个牌号，在防水行业可作为乳化沥青、稀释沥青和改性沥青的原料。

建筑石油沥青是用原油蒸馏后的重油经氧化而制得的产物。《建筑石油沥青》GB/T 494—2010将建筑石油沥青分为10、30、40三个牌号。建筑石油沥青黏度较大，软化点较高，耐热性较好，但塑性较小，主要适于建筑屋面和地下工程的防水胶结料、涂料、卷材及防腐材料等。

以上石油沥青的牌号主要根据针入度、延度和软化点等技术指标划分，并以针入度值表示。同一品种的石油沥青材料，牌号越高，则黏性越小，针入度越大，塑性越好，延度越大，温度敏感性越大，软化点越低。

6.1.2　煤沥青

煤沥青是炼焦厂或煤气厂的副产品。烟煤在干馏过程中的挥发物质经冷凝而成的黑色黏性流体，称为煤焦油。将煤焦油进行分馏加工提取轻油、中油、重油及蒽油后所得的残渣，即为煤沥青。

煤沥青与石油沥青外观相似，具有不少共同点，但因组分不同，其主要性能差别如下：

①煤沥青中含挥发性成分和化学稳定性差的成分较多，在热、阳光、氧气等长期综合作用下组成变化较大，易硬脆，故大气稳定性差；

②含可溶性树脂较多，受热易软化，冬季易硬脆，故温度敏感性大；

③含有较多游离碳，塑性差，容易因变形而开裂；

④因含蒽、萘、酚等物质，故有毒性和臭味，但防腐能力强，适于木材的防腐处理；

⑤因含酸、碱等表面活性物质较多，故与矿物材料表面的黏附力好。

煤沥青的相关技术指标见《煤沥青》GB/T 2290—2012 规定。因煤沥青不环保，主要技术性质都比石油沥青差，所以建筑防水工程较少使用，一般用于防腐工程、地下防水工程及较次要的道路等。

6.2 改性石油沥青

6.2.1 石油沥青改性的目的

石油沥青具有优良的粘结性、防水抗渗性和耐腐蚀性，是生产沥青基防水材料的重要原材料，但也存在着一些致命弱点，如对温度十分敏感，通常 80℃以上就会流淌，10℃以下就会龟裂，低温柔性差，延伸率小，很难适应建筑防水工程基层开裂或伸缩变形的需要，因此石油沥青要作防水材料就必须进行改性。

6.2.2 石油沥青的改性方法

1. 沥青的氧化

氧化改性也称吹制，是在 250～300℃高温下，向残留沥青或减压渣油中吹入空气氧化或在吹风氧化过程中加入催化剂（如 $FeCl_3$）的催化氧化，通过氧化和聚合作用，使沥青分子变大，具有更好的热稳定性及更低的皂化值，使沥青的黏度和软化点提高，延度有所改善，但对脆点影响不大。一般防水行业使用的石油沥青原料均为氧化沥青。

2. 外掺矿物填料

在沥青中加入矿物填料，可提高沥青的黏性和耐热性，减小沥青的温度敏感性，同时也减少了沥青用量。常用矿物填料有滑石粉、石灰石粉和石棉粉等，掺量≥15％，一般在20％～40％。

3. 外掺高分子聚合物

①橡胶类：如天然橡胶（NR）、丁苯橡胶（SBR）、氯丁橡胶（CR）、丁二烯橡胶（BR）、三元乙丙橡胶（EPDM）、废旧的汽车轮胎等。

②热塑性弹性体类：如苯乙烯-丁二烯-苯乙烯嵌段共聚物（SBS）、苯乙烯-异二烯-苯乙烯嵌段共聚物（SIS）等。

③树脂类：如热塑性聚乙烯（PE）、乙烯-醋酸乙烯共聚物（EVA）、聚氯乙烯（PVC）、热固性环氧树脂（EP）等。

高聚物同石油沥青具有较好相容性，对沥青改性效果好，在防水行业应用较多。

4. 其他改性方法

用硫磺等较低分子量材料对沥青改性的研究已有 30 余年历史，目前所用的硫磺是一种含有硫化氢清除剂的固体颗粒，称之为含硫沥青改性剂（Sulfur-Extended Asphalt Modifier，简称 SEAM）。酸性材料特别是有机酸对沥青的改性也有人在前人研究的基础上加以开拓，近来也有人采用多聚磷酸改性沥青，使沥青高温性能和低温性能得到了提高，但对这类材料的溶出性能研究目前较少，对环境的影响难以预料，还有待进一步研究。

目前防水行业所用石油沥青改性方法主要有沥青氧化、外掺矿物填料及高聚物，其中高聚物对石油沥青改性效果最好，以下重点介绍高聚物改性石油沥青（简称高聚物改性沥青）。

6.2.3　防水行业常用高聚物改性沥青

防水行业常用高聚物改性沥青是在基质石油沥青中掺加少量橡胶或树脂等改性剂，通过一定的工艺加工而成。

1. 高聚物改性沥青的相容性和稳定性

相容性是指两种或两种以上物质按任意比例形成均相体系（或物质）的能力。高聚物改性沥青的相容性是指高聚物改性剂以微细的颗粒与基质沥青发生反应或均匀、稳定地分散在基质沥青中，而不发生分层、凝聚或离析等现象。改性剂与基质沥青的相容性主要取决于两者之间的界面作用、基质沥青的组分及高聚物的极性、颗粒大小、分子结构等因素。一般高聚物极性愈强，分子结构与沥青愈接近，其与基质沥青的相容性越好。若高聚物分散相以一定粒径均匀分布在沥青相中，相容性好，则改性效果显著；若相容性不好，则沥青与改性剂将发生分离，使沥青改性效果受到很大影响。

高聚物改性沥青的稳定性一是指体系的物理稳定性，即在热储存过程中聚合物颗粒与沥青相不发生分离或离析；二是化学稳定性，即在热储存过程中随时间增加改性沥青的性能不能有明显变化。

2. 高聚物改性沥青的原材料选择

1）基质沥青

基质沥青的选择要考虑其与改性剂的配伍性，所选基质沥青性能要符合相关行业的技术标准要求。常用SBS改性沥青的突出优点是低温延伸性能大幅提高，因此对基质沥青的低温延度有较高要求。基质沥青含蜡量与改性沥青的感温性能、相容性有直接关系，含蜡量高的基质沥青与SBS相容性差，改性效果不理想。

基质沥青牌号应根据工程设计要求的改性沥青性能来选择。通常基质沥青改性后，其针入度要下降20～25（a/mm），如70号重交沥青改性后针入度一般在45～50（0.1mm）左右。

2）高聚物改性剂

改性剂种类对沥青改性效果有较大影响。一种聚合物能否作改性剂，主要看其是否具备如下条件：与沥青相容性好；在沥青的混合温度下能够抵抗分解，对沥青熔融及黏度影响不大；聚合物结构能有效改善沥青的低温脆性、感温性等；易加工与批量生产；使用过程中能始终保持原有的优良性能；经济合理，不显著增加工程造价。

橡胶是沥青的重要改性材料，这是由于橡胶和沥青的混溶性较好，用橡胶改性能使沥青具有橡胶的很多优点，从而改善了沥青低温冷脆和高温流淌的性能，使沥青成为一种在较高气温下变形很小，在低温下仍具有一定柔性和延伸率的材料。防水行业沥青改性主要采用合成橡胶和废旧橡胶。防水行业沥青改性常用合成橡胶有热塑性丁苯橡胶（SBS）、丁基橡胶、氯丁橡胶等，废旧橡胶主要是再生橡胶。

树脂改性剂可使沥青的针入度下降、软化点上升，而延度变小，可改善沥青的耐寒性、耐热性、粘结性和不透水性，防水行业沥青改性常用树脂有聚乙烯（PVC）、聚丙烯（PP）和无规聚丙烯（APP）等。

热塑性弹性体材料 SBS 和 a-烯烃系列的无规共聚物（APP、APAO）是目前国内外沥青改性研究和应用较成功、用量最多的高聚物改性剂。SBS 因具有良好的双向改性性能（即同时改变基质沥青的高温与低温性能的能力）在防水行业得到了广泛应用，a-烯烃系列的无规共聚物（APP、APAO）在防水行业也得到了很好的应用。

3）稳定剂

沥青中含有较多极性化合物，而 SBS 属于非极性化合物，SBS 黏度大，易集中在上部，而沥青则沉在下部，即产生离析现象。这种不稳定性对成品 SBS 改性沥青的存储不利，尤其在长途运输时更不易解决。加入稳定剂可降低沥青相与 SBS 之间的界面能，阻止 SBS 相的凝聚，强化相间的粘和。稳定剂一般为含硫交联剂。

4）相容剂

相容剂能使 SBS 的结构发生变化，促进 SBS 更充分地溶胀，使其能在沥青中充分分散，使改性沥青的稳定性增强，同时对改性沥青的性能亦有影响。改性沥青常用相容剂为芳烃油，其对橡胶有较好的溶解和软化作用，并增加了橡胶自粘能力。

3. 高聚物改性沥青的微观结构特征及改性机理

1）高聚物改性沥青的微观结构特征

两相共混的单相连续结构也称“海岛结构”，就是共混物中的一相为连续相（海相），另一相以不连续的形式分散于连续相中称为分散相（岛相）。当共混物中两相贯穿交叉比较均匀，以致无法区分哪个是连续相，哪个是分散相，从而形成两相连续的共混体系时称为“海-海结构”。岛相分散均匀度越高，岛相对海相的改性作用就越充分，同时也使共混物中各部分的结构趋于相同，从而减少结构缺陷，提高共混材料的使用性能。共混物材料在宏观上较多的保持了海相材料的性能特征，又能体现出岛相聚合物带来的性能改善和赋予的新性能，从而使共混物材料的应用价值远远超过了单一材料的应用价值。

高聚物掺量及分散程度对改性沥青微观结构有很大影响。在 SBS 改性沥青体系中，沥青是连续的分散介质，SBS 则以不规则的片状、块状、条状分散在沥青中，其中沥青为海相，SBS 为岛相。当沥青中 SBS 加入较多且分散均匀时，会在 SBS 改性沥青中形成两相连续相，这种连续相一般在 SBS 掺量为 6%～8%时开始形成，而当掺量增到 14%时，可形成完全橡胶沥青共混连续相。纯沥青及外掺 12%SBS 的改性沥青的微观结构如图 6-1、图 6-2 所示。

图 6-1 纯沥青

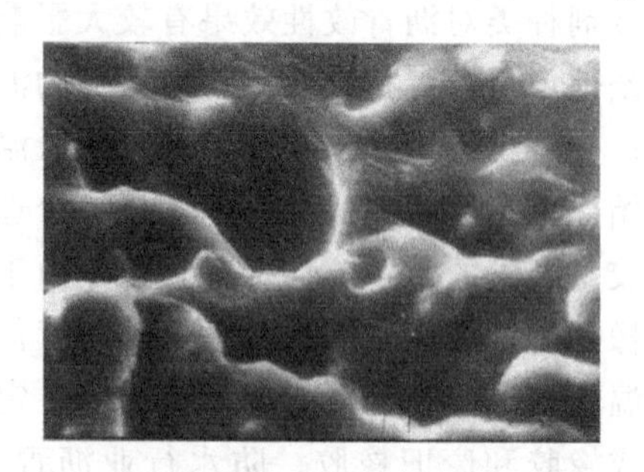

图 6-2 外掺 12%SBS 的改性沥青

对 SBS 改性沥青的电子显微镜扫描观察表明：分散在沥青中的 SBS 含量较高时，可产生互相联结的状态，这种联结是不规则的。SBS 含量升高，其联结点形成几率就大，空间网络上的联结点就多。当 SBS 掺量＜8％时，SBS 改性沥青的微观结构为“海岛结构”；当 SBS 含量＞8％以后，微观结构由“海岛结构”开始向“海-海结构”转化；当 SBS 掺量为 8％～14％时，由“海岛结构”逐渐转变为沥青与 SBS 贯穿交叉比较均匀的两相连续共混体系，即“海-海结构”。

2）高聚物改性沥青的改性机理

沥青组分对高聚物粒子的充分溶胀和高聚物粒子对沥青组分的良好吸附是对沥青进行聚合物改性、提高沥青性能的基础。在高聚物改性沥青过程中，高聚物在高温下吸附沥青中的油分，并溶胀体积扩大，链扩展，当高聚物的量达到一定值时，溶胀后的高聚物体积达到连续相所需要体积时，体系发生相转化，高聚物由分散相转化为连续相，沥青球形颗粒分布在高聚物连续相中，沥青与高聚物将会形成连续网状结构，从而改变沥青体系的内部结构，实现对沥青性能的改善。

4. 防水行业常用高聚物改性沥青的性能

1）弹性体（SBS）改性沥青

防水用弹性体（SBS）改性沥青（简称 SBS 改性沥青）是以石油沥青为基料，加入一定比例的热塑性弹性体 SBS 为改性剂制成的改性沥青。

SBS 是苯乙烯-丁二烯-苯乙烯嵌段共聚物的简称，根据苯乙烯和丁二烯所含比例不同和分子结构的差异，SBS 分为线型和星型两种结构，其分子式及结构如图 6-3 所示。线型 SBS 和星型 SBS 在结构上有很大差异，线型 SBS 只有直链，而星型 SBS 有许多支链。

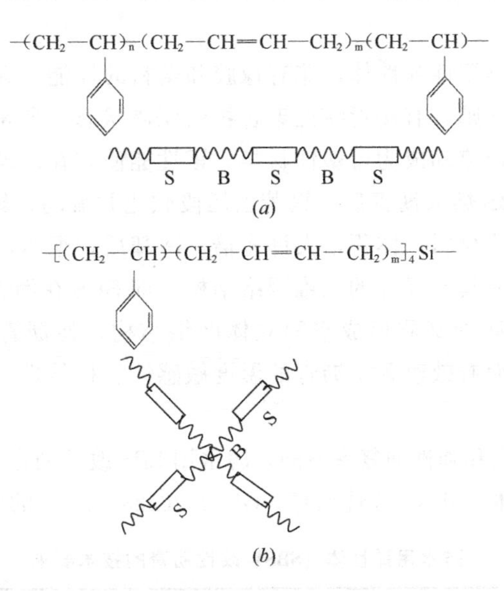

图 6-3　线型和星型 SBS 的分子式及结构示意图

（*a*）线型 SBS；（*b*）星型 SBS

不同结构 SBS 的特点如表 6-1 所示。星型 SBS 对沥青的改性效果最好，但线型要比星型改性加工容易得多。

不同结构 SBS 的特点　　表 6-1

结构	分子量	优点	缺点
线型	较低，约 10 万	易与沥青混溶，自粘效果好	对沥青耐热、弹性提高不大，改性效果不理想
星型	大，约 20 万	存在大量子化链，改性效果好，耐热、弹性及低温柔性有较大提高	与沥青混溶困难，需增加研磨设备及助剂使 SBS 与沥青充分混溶

SBS 外观为白色或微黄色颗粒，溶于甲苯、二氯甲烷、二氯乙烷等或与汽油等组成的混合溶剂，不溶于水、乙醇、醋酸乙酯、丙酮、环己烷等；拉伸强度、弹性和电性能优良，永久变形小；因主链含有双键致使 SBS 耐老化性较差，在高温空气的氧化条件下，丁二烯嵌段会发生交联，从而使硬度和黏度增加。

SBS 中聚苯乙烯链段和聚丁二烯链段因热力学不相容而形成两相分离结构，一般聚丁二烯为连续相，聚苯乙烯为分散相。每个聚丁二烯链段的末端都连接一个聚苯乙烯链段，整个体系中聚丁二烯段聚集在一起形成软段 B，呈现橡胶的高弹性，聚苯乙烯段聚集在一起，形成硬段 S，呈塑料的高硬度。SBS 具有两个玻璃化转变温度，第一个玻璃化转变温度 T_{g1} 为－80℃（聚丁二烯段），第二个玻璃化转变温度 T_{g2} 为 90℃（聚苯乙烯段）。常温下，聚苯乙烯段处于玻璃态，在 SBS 中起物理交联和增强作用，产生高拉伸强度和高温下的抗拉伸能力，而聚丁二烯段处于高弹态，提供高弹性、抗疲劳性能和低温柔性。当温度升高超过聚苯乙烯段的玻璃化转变温度时，塑性段开始软化和流动，有利于加工及成型。SBS 的玻璃化温度由橡胶软段决定，而软化点却取决于软化温度较高的嵌段组分塑料硬段。

SBS 属不需硫化的热塑性弹性体，兼有橡胶和塑料的性能，在玻璃化温度以下是强韧高弹材料，在较高温度下则具有接近线性聚合物的流体状态，即常温下具有橡胶弹性，高温下又能像热塑料般熔融流动成为可塑性材料，该性能使它在高温下可与沥青混合，低温下赋予沥青弹性。当 SBS 熔入沥青后，聚苯乙烯段软化并流动，聚丁二烯段吸收沥青的软沥青质组分，形成海绵状材料，体积增大许多倍。冷却后，聚苯乙烯段再度硬化，且物理交联，使聚丁二烯段形成具有弹性的三维网络结构，即 SBS 在沥青内部形成了一个高分子量的凝胶网络，其能与沥青基质形成空间立体网络结构，使沥青针入度下降，软化点升高，弹塑范围扩大，从而有效改善了沥青的温度敏感性、拉伸性能、黏弹性、耐老化性和防水性等。

按软化点、低温柔度和弹性回复率不同，防水用 SBS 改性沥青分为Ⅰ型和Ⅱ型，其技术性能应满足《防水用弹性体（SBS）改性沥青》GB/T 26528—2011 的要求，如表 6-2 所示。

防水用弹性体（SBS）改性沥青的技术要求　　表 6-2

序号	项目		技术指标	
			Ⅰ型	Ⅱ型
1	软化点(℃)	≥	105	115
2	低温柔度(无裂纹)(℃)		－20，通过	－25，通过
3	弹性回复(%)	≥	85	90

续表

序号	项目			技术指标	
				Ⅰ型	Ⅱ型
4	渗油性	渗出张数	≤	2	
5	离析	软化点变化率(%)	≤	20	
6	可溶物含量(%)		≥	97	
7	闪点(℃)		≥	230	

弹性恢复是沥青试样在拉伸至规定长度后松开并恒温一段时间后形变恢复的程度，可评价沥青的弹性性能。渗油性是观察沥青试样在规定条件加热后析出溶剂油渗入滤纸层的情况，可控制沥青中溶剂油用量。离析是改性沥青在163℃条件下储存一定时间后出现的析出分层现象，可评价改性剂和沥青的相容性。可溶物含量是改性沥青试样在三氯乙烯中的溶解度，可评价改性沥青中SBS及沥青的含量。

与石油沥青比，SBS改性沥青弹性好、延伸率大，延度可达2000%；温度稳定性大大改善，脆点降至−40℃，耐热度达90～100℃；耐候性、耐疲劳性好。在众多沥青改性剂中，SBS能同时改善沥青的高低温性能及感温性能，改性效果最理想，因此SBS改性沥青已成为国际上应用最成功和应用最多的品种，目前占全球沥青需求量的61%之多，在防水行业SBS改性沥青可作防水卷材、防水涂料及防水密封材料等，其SBS掺量为8%～14%。

2）塑性体改性沥青

塑性体类改性沥青是以石油沥青为基料，加入一定比例无规聚丙烯（APP）或非晶态聚 *a*—烯烃（APAO、APO）类塑性体改性材料得到的改性沥青。

防水用塑性体类改性沥青多为APP改性。APP是无规聚丙烯的简称，是生产聚丙烯(IPP)树脂时的副产品，APP与IPP的分子式相同，但结构不同，IPP为有规结构（分为等规和间规两种），APP为无规结构，其分子结构式如图6-4所示。

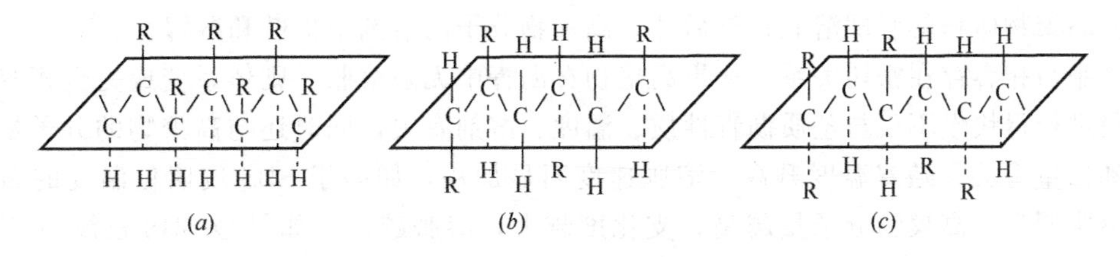

图6-4　聚丙烯的分子结构式
（*a*）等规聚丙烯；（*b*）间规聚丙烯；（*c*）无规聚丙烯

APP呈白色或微黄色，是微带黏性的蜡状固体，属热塑性塑料，是沥青改性用树脂中与沥青混溶性最好的品种之一。APP分子量较低，一般为5万～7万，在室温下为固体，有弹性和黏结性，溶于烷烃、芳烃等有机溶剂，自燃点265℃，无明显熔点，在150℃变软，170℃变成黏稠体，随温度升高黏度下降，200℃左右具有流动性；为非结晶胶状无定形聚合物，分子中极性碳原子极少，因单键结构不易解聚，化学稳定性好，具有优良的耐紫外线照射和耐老化性能，可明显改善沥青的热稳定性、感温性、柔韧性和耐老化性；APP与沥青相容性好，质量稳定，熔解时间短，可用于各种沥青，但力学性能较差，几乎无机械强度。

防水用塑性体改性沥青分为Ⅰ型和Ⅱ型，其技术性能应满足《防水用塑性体改性沥青》GB/T 26510—2011的要求，如表6-3所示。

防水用塑性体改性沥青的技术要求　　表6-3

序号	项目			技术指标	
				Ⅰ型	Ⅱ型
1	软化点(℃)		≥	125	145
2	低温柔度(无裂纹)(℃)			−7,通过	−15,通过
3	渗油性	渗出张数	≤	2	
4	可溶物含量(%)		≥	97	
5	闪点(℃)		≥	230	

与石油沥青相比，APP改性沥青软化点高，延度大，脆点降低，黏度增大，具有优异的耐热性和抗老化性，尤其适用于气温较高紫外线照射强烈的地区。APP改性石油沥青在防水行业主要用于制造防水卷材及防水涂料，一般APP掺量为10%～20%。

5. 高聚物改性沥青的生产

1）高聚物改性沥青的改性过程

高聚物改性沥青的改性过程包括溶胀、剪切、发育三过程，以下以SBS改性沥青为例介绍。

（1）溶胀

溶胀是高分子聚合物在溶剂中体积发生膨胀的现象。高聚物溶解时必须先经过吸收溶剂而使聚合物膨胀的过程。溶胀是溶解的前奏，溶解是溶胀的继续。由于长链分子量大的高聚物蜷曲的形状能提供溶剂分子扩散进去的空间，所以当高聚物浸入溶剂中时，高聚物的溶解过程一般分为两个阶段：首先是分子量小、扩散速率快的溶剂分子向高聚物中渗透，使高聚物体积膨胀即溶胀；然后才是高聚物分子向溶剂中扩散和溶解。

溶胀与相容存在密切关系，如果高聚物在沥青中无限溶胀，则体系变成完全相容。溶胀阶段进行得快慢不仅与基质沥青性质、温度、溶剂有关，同时还与高聚物的分子量、支化度和掺量有关。随着温度升高，溶胀速度明显加快，如高于SBS玻璃化温度的熔融加工，溶胀明显。高聚物分子量越高，支化度越大，溶胀越慢。如星型SBS较线型SBS的溶胀速度慢，体型分子（如酚醛树脂、硫化橡胶）由于网格结点的束缚，只能溶胀，不能溶解。SBS链吸收沥青中的轻质组分发生溶胀，完全溶胀后，SBS体积可增大到原来的8倍以上，使SBS变成伸长溶胀的网状连续相。

防水行业生产SBS改性沥青时，应选择合适的SBS结构、掺量和溶剂类型，并控制共混物熔融温度（180～190℃），以确保SBS的溶胀效果。

（2）剪切

目前国内防水行业改性沥青生产采用的剪切设备多为胶体磨，它是改性沥青生产设备的核心，起剪切、研磨及高速搅拌作用。为达到较好的改性效果，可进行多次研磨，使改性剂如SBS的分散细度达到5μm。充分溶胀的高聚物颗粒越小，在沥青中的分散程度越高，沥青的改性效果就越好。但研磨遍数并非越多越好，以2～4遍为宜。

（3）发育

研磨后高聚物虽已高度分散，但混合较生硬，改性剂界面与沥青界面还很清晰，界面过渡层尚未较好形成，对添加稳定剂的成品改性沥青，稳定剂与改性剂及沥青间化学键的形成也需要一定时间来完成，这就必须给予整个改性沥青体系一个发育过程。如研磨后加入稳定剂的SBS改性沥青进入成品罐（或发育罐），温度控制在170～190℃，在搅拌器作用下进行一定时间（几十分钟到几个小时）的发育过程。发育对改性沥青储存稳定性的影响较突出。

2）高聚物改性沥青的生产方法

高聚物改性沥青的生产方法有机械混熔法、溶剂法和乳液法等。

机械混熔法是将高聚物按比例熔融在沥青中，控制一定的温度，用机械力对流剪切，使聚合物均匀分散在沥青中。该法简单易行，较常用。

溶剂法是将高聚物溶解于有机溶剂中，制得高浓度的高分子聚合物溶液，然后控温在80℃左右掺加到熔化的沥青中。该法制得的改性沥青比较均匀，并可制得高掺量聚合物改性沥青，但成本高，不环保。

乳液法是将高聚物乳液直接加到乳化沥青中，制得性能良好的改性沥青，适于乳化沥青改性以制得水性涂料。

目前防水行业改性沥青的生产多采用机械混溶法，该法改性效果较好，无溶剂污染，但因高聚物在沥青中难以分散，因此生产时必须要有剪切搅拌机如胶体磨。防水行业常用机械混溶法生产高聚物改性沥青的主要生产设备为研磨机、搅拌机和料罐等，研磨用胶体磨是整个工艺流程中的核心设备。胶体磨能快速磨碎难溶的大颗粒改性剂，明显加速溶胀速率，缩短反应时间。

国内改性沥青生产采用高温溶胀、剪切工艺。先将SBS与基质沥青高温混合溶胀，然后用高速剪切机如胶体磨将SBS剪切到5μm以下，达到标准要求后送至成品罐，做降温处理待用。该工艺生产过程存在间歇操作，相对复杂，但也能达到自动控制的水平。加工温度比欧洲进口设备加工温度低10℃，产品出装置就进行降温处理，高温状态时间远远低于欧洲进口设备生产后进入成品罐高温发育的时间，产品质量稳定性很高，解决了SBS性能衰减的问题，生产成本较低，生产时间短。

6. 影响高聚物改性沥青改性效果的因素

改性沥青网状结构的形成是聚合物吸附、溶胀、发生相转化的过程。高聚物种类、掺量及在沥青中的分散程度对聚合物改性沥青的空间三维网状结构有较大影响。SBS改性沥青生产是按预先设定的掺量将颗粒或粉状SBS投入180～200℃熔融的热沥青中，通过剪切、搅拌等方法使SBS均匀分散于沥青中，形成网状结构，从而改变沥青体系的内部结构，使沥青性能改变。下面以SBS改性沥青生产为例分析影响高聚物改性沥青改性效果的因素。

1）SBS的结构类型

SBS对沥青的改性效果与改性沥青网状结构形态有关。SBS本身形成的网状结构不完整时，SBS相互交联点少，在应力作用下这种网状结构便不稳定、易破裂，改性效果就差；若SBS形成的网状结构较完全，SBS相互交联点多，这种网状结构便稳定，在应力作用下的断裂伸长值高，改性效果就好。由于线型 SBS 和星型 SBS 结构上的差异，星型 SBS 在沥青中易于形成较完整的网状结构，线型 SBS 改性效果特别是高温效果不如星型 SBS。不同结构 SBS 的改性效果如表 6-4 所示。

不同 SBS 种类、掺量的改性效果 **表 6-4**

SBS 种类	掺量(%)	软化点(℃)	脆点(℃)	伸长率(%)
线型	8	90	−25	2470
	12	100	<−38	1940
星型	8	105	−25	2000
	12	120	<−38	1700

2）SBS 的掺量

对 SBS 改性沥青的电子显微镜扫描观察表明：分散在沥青中的 SBS 含量较高时，可产生互相联结的状态，这种联结是不规则的。随 SBS 含量升高，其联结点形成的几率就大，空间网络上的联结点就多，有利于改性沥青两相连续结构的形成。防水行业生产 SBS 改性沥青时，一般控制 SBS 掺量在 8%～14%，当 SBS 掺量达 12%左右时，改性沥青中 SBS 橡胶呈连续相，改性效果明显。

3）SBS 的分散程度

SBS 在沥青中的分散程度越好，沥青的改性效果就越好。可通过控制沥青温度，采用胶体磨多次研磨，成品储存罐中的定期搅拌和循环等措施来加强分散，提高改性效果。

（1）沥青温度

SBS 的熔点在 180℃左右，基质沥青的温度越高，SBS 越容易被熔化，并能加快其溶解速度；但沥青温度越高自身也容易老化，所以基质沥青的温度控制要综合考虑其自身老化和 SBS 熔化两个问题。当 SBS 加热温度超过 190℃时，SBS 就会被不同程度的氧化、焦化、分解、降解，造成使用性能下降。因此，改性沥青生产一般控制沥青温度在 165～180℃。

（2）剪切与分散

SBS 改性沥青生产必须要有研磨分散设备。若剪切时间、剪切温度或剪切速率不合理，将会对 SBS 改性沥青的性能产生较大影响。最佳剪切速率为 6000 $r \cdot min^{-1}$，剪切温度应控制在 170～180℃之间，不应高于 180℃，剪切时间视具体情况而定。

（3）成品罐控温及搅拌

改性沥青采用立式或卧式沥青罐储存，储存罐中的改性沥青要控温并定期搅拌或循环以防离析。SBS 改性沥青长时间在高温条件下存储时，使用性能会有所下降。要根据存储时间来确定温度和搅拌或循环的间隔。供应紧张时，存储温度可控制在 165～170℃，在 SBS 改性沥青进出存储罐时各搅拌或循环一定时间；如存储时间较长，存储温度可控制在 150～160℃，每天搅拌或循环一定时间。但搅拌或循环也不能太频繁，否则既增加成本又容易使沥青老化。

第7章　沥青基防水卷材

7.1　石油沥青玻璃纤维胎防水卷材

石油沥青玻璃纤维胎防水卷材（简称沥青玻纤胎卷材）是由玻纤毡为胎基，以氧化石油沥青为浸涂材料，两面敷有隔离材料制成的防水卷材。

7.1.1　沥青玻纤胎卷材的原材料组成

沥青玻纤胎卷材是由氧化石油沥青、填充材料、胎基材料和覆面材料等组成。

氧化石油沥青是采用吹空气氧化或催化氧化工艺等方法制得的沥青。

填充材料主要起对沥青改性和降低成本作用，常用有滑石粉、石灰石粉和石棉粉等。

胎基材料主要起骨架作用，它决定卷材的机械性能，如抗拉强度、撕裂强度、断裂伸长率等，对化学性能如耐化学性、耐久性等也起重要作用。卷材胎基材料有纸毡、聚酯毡、玻纤毡、金属箔、聚乙烯膜等，聚酯毡和玻纤毡是沥青类防水卷材首选的胎体。长纤维聚酯毡胎是以涤纶纤维为原料，经针刺和热粘合加固后，再经热或化学粘合工艺制成的非织造布，其拉伸强度高、延伸率大，耐腐蚀、耐候性和耐霉变性好，是综合性能最优异的胎基材料；无碱玻纤毡胎（简称玻纤胎）是以玻璃纤维为基料，用树脂胶粘材料固化而成的无纺织物，其表面平整、均匀性好、拉伸强度高、尺寸稳定性好、耐腐蚀、耐候、耐霉变等。

覆面材料又称隔离材料，是指覆盖在沥青卷材上表面和下表面，防止卷材生产和贮运过程中粘结的材料。常用覆面材料有聚乙烯膜、细砂、矿物粒料和铝箔等。在卷材上表面采用矿物粒料还可以保护卷材不受紫外线照射，提高卷材抗老化性能和耐久性；彩色矿物粒料可美化屋面；铝箔外露使用可反射太阳光，具有节能效果。

7.1.2　沥青玻纤胎卷材的生产

1. 沥青玻纤胎卷材的主要生产系统和设备

①原料贮存系统：包括沥青贮存罐、助剂贮存罐、催化剂贮存罐、氧化剂贮存罐和氧化沥青贮存罐。

②优质氧化沥青生产系统：包括沥青氧化设备、饱和器、热交换器、沥青泵、助剂泵、催化剂泵及电器控制设备。

③沥青胶搅拌均化系统：包括立式搅拌罐、卧式搅拌罐、沥青泵、上料系统、自动计量及电器控制系统。

④卷材成型生产线：包括胎体展开机、胎体拼接机、浸渍池、涂盖槽、撒料机、覆膜机、辊压成型机组、水槽式冷却机、滚筒式冷却机、卷材贮存停留装置、缓冲装置、自动

调偏机、自动卷取机、自动码垛机、交流变频调速及电器控制设备。

⑤除烟尘系统：氧化沥青烟气治理系统设备、馏和器（与氧化沥青系统共用）、馏出油脱水罐、尾气焚烧炉、水封罐及除烟尘装置。

2. 沥青玻纤胎卷材的生产工艺

1）沥青胶结料制备

将加热至软化点（80～90℃）的氧化石油沥青计量输送至配料罐中，升温至约240℃，加入滑石粉，待搅拌均匀至表面气泡消失时保温待用。

2）卷材成型

砂面或矿物粒料沥青玻纤胎卷材成型生产工艺流程如图7-1所示。双面膜沥青玻纤胎卷材成型生产工艺流程如图7-2所示。

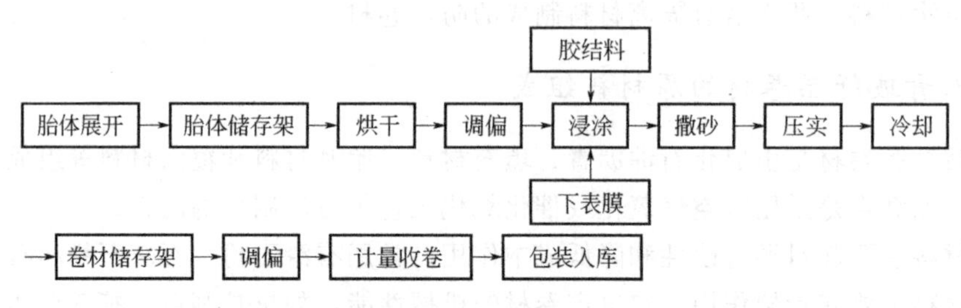

图7-1 砂面或矿物粒料沥青玻纤胎卷材生产工艺流程

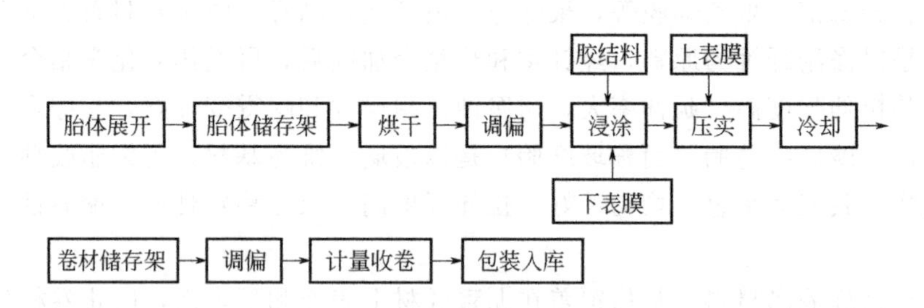

图7-2 双面膜沥青玻纤胎卷材生产工艺流程

7.1.3 沥青玻纤胎卷材的基本性能

沥青玻纤胎卷材按卷材单位面积质量分为15号和25号；按上表面覆盖材料分PE膜和砂面，按力学性质分为Ⅰ型和Ⅱ型。该卷材公称宽度为1m，公称面积为10m²、20m²。沥青玻纤胎卷材的物理力学性能应满足《石油沥青玻璃纤维胎防水卷材》GB/T 14686—2008的要求，如表7-1所示。

沥青玻纤胎卷材的物理力学性能 **表7-1**

序号	项目			技术指标	
				Ⅰ型	Ⅱ型
1	可溶物含量（g/m²）	≥	15号	700	
			25号	1200	
			实验现象	胎基不燃	

续表

序号	项目			技术指标	
				Ⅰ型	Ⅱ型
2	拉力(N/50mm)	≥	纵向	350	500
			横向	250	400
3	耐热性			85℃	
				无滑动、流淌、滴落	
4	低温柔性			10℃	5℃
				无裂纹	
5	不透水性			0.1MPa,30min不透水	
6	钉杆撕裂强度(N)		≥	40	50
7	热老化	外观		无裂纹、无起泡	
		拉力保持率,	≥	85	
		质量损失率(%)	≤	2.0	
		低温柔性		15℃	10℃
				无裂纹	

可溶物含量是单位面积沥青防水卷材中可被选定溶剂（四氯化碳）溶出的材料的质量，可反映沥青卷材中沥青的用量。可溶物含量越大，卷材防水效果越好，但成本越高。

拉力、强度是衡量防水卷材质量的一项重要指标。拉力小说明卷材抗基层变形的能力差，施工和使用过程中材料易被扯断或裂开。有胎基的卷材拉力主要来自于胎基，拉力越大胎基重量或厚度越大，价格越高。撕裂强度是评价材料有裂口、缺口等情况下的抗撕裂破坏性能，特别是屋面由于风揭产生的破坏。

伸长率、断裂伸长率是体现防水材料抗变形能力的一个重要指标，一般希望越高越好，同时材料性能也越好，但价格也越高。

老化性能是间接反映防水材料使用寿命的指标，经过夏季与冬季的循环，在光、热、酸、碱、盐等作用下，产品容易变形、收缩或隆起，在基层的变形下容易拉裂或拉断。

与传统纸胎油毡比，沥青玻纤胎卷材具有较高软化点，85℃不流淌，但低温脆裂性能没有改变；对酸碱介质有更好的耐腐蚀性；有良好的耐微生物腐蚀性；延伸率、耐水性和柔韧性都有大幅度提高，但抗拉强度、温度适应性等不能满足现代工程要求，属于低档卷材，以后会逐渐被淘汰，目前主要用于防水要求较低及临时性的工程防水。15号一般用于工民建的多层防水及管道防腐。25号用于屋面、地下、水利等工程的多（单）层防水。储存时要注意不同类型、规格产品应分别存放；避免日晒雨淋，注意通风；储存温度≤45℃；运输防止倾斜或侧压；储期一年。

7.2　高聚物改性沥青防水卷材

高聚物改性沥青防水卷材是以高聚物（SBS或APP）改性石油沥青为涂盖层，以聚酯毡、玻纤毡和玻纤增强聚酯毡为胎体，以砂粒、页岩片或聚乙烯膜等为覆面材料制成的中档防水卷材。

高聚物改性沥青防水卷材的主要原材料有沥青、沥青改性剂、助剂、胎基、填充材料和覆面材料。沥青是防水基础材料，常用道路石油沥青和建筑石油沥青。沥青改性剂有弹性体（SBS、废旧橡胶）、塑性体（APP、PVC）和橡塑共混体材料。助剂材料为改性沥青助熔剂，主要有芳烃油、润滑油、三线油等。胎基一般有玻纤毡、聚酯毡、聚乙烯膜和聚酯-玻纤复合毡。填充材料应选择细度适中、密度和亲水系数较小的无机粉料，如滑石粉、板岩粉、石粉等。

卷材上覆面材料通常有聚乙烯膜、聚酯膜、细砂、矿物粒片料（粗砂、页岩片）等，下覆面材料常用PE膜重量轻，热融温度低；聚酯膜耐热性好，表面平整，但不方便热融，火焰温度高易损坏胎基和烧焦沥青，温度低不能完全融化影响粘结，因此不宜采用；细砂重量相对轻，热融粘结效果好，但生产时粉尘大。上覆面材料又称饰面材料，如常用矿物粒片料，不但具有防粘隔离作用，还能防止紫外线直接照射到沥青表面产生老化，但产品重、粉尘大；铝箔外露用作覆面材料可防止紫外线照射，起隔热保温作用。

常用高聚物改性沥青防水卷材利用石油沥青的憎水性及高聚物改性后沥青优异的耐高低温和耐久性等而形成优异的防水层，一年四季均能应用，并耐穿刺、耐硌伤、耐疲劳，有优良的延伸性和较强的基层变形能力，可满足大多数工程对防水性能的要求，被广泛用于工业与民用建筑的屋面，包括非上人屋面、上人屋面、非保温屋面、种植屋面、屋顶停车场、倒置式屋面、带保温层屋面的防水工程，地下工程防水及地铁、隧道、机场跑道、桥梁防水及高架桥沥青混凝土铺装的桥面防水工程等。

高聚物改性沥青卷材储存及运输要求与沥青玻纤胎卷材类似，但储存温度≤50℃；立放储存只能单层；运输时立放不超过两层，要防倾斜或横压，必要时加盖苫布。

7.2.1 弹性体改性沥青防水卷材

1. SBS 改性沥青胶料的原材料及配方

弹性体改性沥青防水卷材简称SBS防水卷材。SBS改性沥青胶料是以石油沥青为基料，加入一定比例的SBS改性剂、无机填料、溶剂油和增塑剂等材料配制而成。要求基质沥青延伸性好、软化点和针入度适中，一般可选用针入度160～200（1/10mm）的60～140号道路石油沥青。应选择与沥青混熔性好、易分散的SBS品种作石油沥青的改性材料，SBS掺量一般为8%～14%。无机填料主要是滑石粉等，可提高沥青粘合性、耐热性、抗老化性和机械性能。溶剂油主要是机油和芳烃溶剂油，用以促进SBS熔解和调节SBS改性沥青胶的黏度。某SBS改性沥青胶的配方如表7-2所示。

某SBS改性沥青胶结料的配方　　表7-2

名称	石油沥青	增塑剂	SBS改性剂	填充料
质量份数	52～60	6～7	9～11	25～30

2. SBS 防水卷材的生产

1）SBS改性沥青防水卷材的生产系统和设备

（1）沥青贮存系统

包括沥青贮存罐（带保温）、沥青过滤器、沥青泵。

（2）SBS改性沥青胶制备系统

包括立式搅拌机、高黏度沥青泵、SBS沥青混合料研磨机（胶体磨）、卧式搅拌罐（用于填充料与改性沥青混合）、SBS改性沥青胶贮存罐、辅助上料、称量及控制系统。

（3）卷材成型系统

包括胎体展开机、胎体热粘结机、胎体缓冲贮存架、烘干机、浸渍池、改性沥青胶涂盖槽、撒料机、覆膜机、冷却辊（滚筒式和悬浮式）、成品缓冲架（停留架）、缓冲牵引压实机组、自动卷毡机、张力机构、调偏机构、自动称重系统、自动包装机、自动码垛机、交流变频调速系统、电器控制系统及控制台。

（4）除烟尘系统

包括沥青烟气治理系统、除烟尘系统。

（5）水制备系统

包括水循环泵、冷水塔（或冷冻机组）。

2）SBS防水卷材的生产工艺流程

（1）SBS改性沥青胶结料制备

SBS改性沥青胶生产工艺见图7-3。

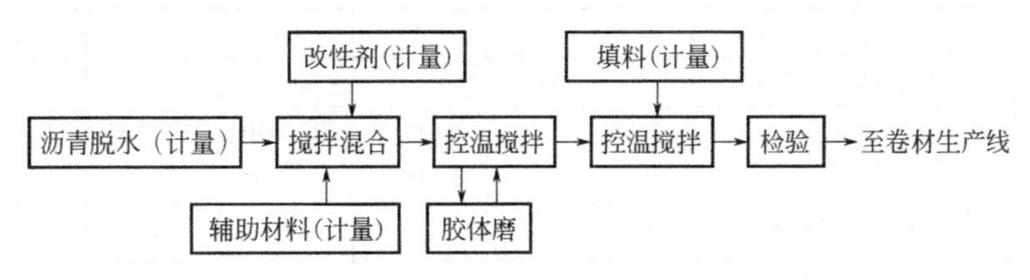

图7-3　SBS改性沥青胶生产工艺

（2）SBS防水卷材成型

单面膜砂面、矿物粒（片）料面SBS防水卷材生产线成型工艺流程与沥青玻纤胎卷材相同，如图7-1所示。

双面膜SBS卷材生产线成型工艺流程与沥青玻纤胎卷材类似。

3）SBS防水卷材生产的质量控制

（1）原材料质量控制：主要原材料每批要抽检，质量应符合产品标准和满足生产需要。

（2）生产过程质量控制：SBS改性沥青胶料质量要满足产品高低温等技术指标要求；卷材外观质量应控制厚度、覆膜、撒砂等，不能出现厚薄不均、烫膜、撒漏等现象。

（3）产品性能检测：符合《弹性体改性沥青防水卷材》GB 18242—2008规定，对外观和物理性能进行检测。

3. SBS防水卷材的性能

SBS防水卷材按胎基分聚酯胎（PY）、玻纤胎（G）和玻纤增强聚酯胎（PYG）三类；按上表面隔离材料分聚乙烯膜（PE）、细砂（S）与矿物粒（片）料（M）三种，下表面隔离材料有聚乙烯膜（PE）和细砂（S）；按卷材物理力学性能指标分Ⅰ型和Ⅱ型。该卷材公称宽度为1000mm，聚酯胎卷材公称厚度有3mm、4mm和5mm三种，玻纤胎公称厚度有3mm、4mm；玻纤增强聚酯胎公称厚度为5mm；每卷卷材公称面积为7.5m^2、10m^2、15m^2。

SBS防水卷材的物理力学性能应符合《弹性体改性沥青防水卷材》GB 18242—2008的要求，如表7-3所示。

SBS改性沥青防水卷材的物理力学性能 **表7-3**

序号	项目			指标				
				Ⅰ		Ⅱ		
				PY	G	PY	G	PYG
1	可溶物含量(g/m^2) ≥		3mm	2100				—
			4mm	2900				—
			5mm	3500				
			试验现象	—	胎基不燃	—	胎基不燃	—
2	耐热性		℃	90		105		
			≤mm	2				
			试验现象	无流淌、滴落				
3	低温柔度(℃)			−20		−25		
				无裂纹				
4	不透水性,30min			0.3 MPa	0.2 MPa	0.3 MPa		
5	拉力	最大峰拉力(N/50mm)	≥	500	350	800	500	900
		次高峰拉力(N/50mm)	≥	—	—	—	—	800
		试验现象		拉伸过程中,试件中部无沥青涂盖层开裂或与胎基分离现象				
6	延伸率	最大峰时延伸率(%)	≥	30	—	40	—	—
		第二峰时延伸率(%)	≥	—		—		15
7	浸水后质量增加(%) ≤		PE、S	1.0				
			M	2.0				
8	热老化	拉力保持率(%)	≥	90				
		延伸率保持率(%)	≥	80				
		低温柔性(℃)		−15		−20		
				无裂纹				
		尺寸变化率(%)	≤	0.7	—	0.7	—	0.3
		质量损失(%)	≤	1.0				
9	渗油性		张数 ≤	2				
10	接缝剥离强度(N/mm)		≥	1.5				
11	钉杆撕裂强度①(N)		≥	—				300
12	矿物粒料黏附性②(g)		≤	2.0				
13	卷材下表面沥青涂盖层厚度③(mm)		≥	1.0				
14	人工气候加速老化	外观		无滑动、流淌、滴落				
		拉力保持率(%)	≥	80				
		低温柔性(℃)		−15		−20		
				无裂缝				

注:①仅适用于单层机械固定施工方式卷材。
②仅适用于矿物粒料表面的卷材。
③仅适用于热熔施工的卷材。

接缝剥离强度是针对改性沥青防水卷材热熔后相互之间粘结效果的重要指标。接缝剥离强度越高，卷材接缝搭接越可靠，防水效果越能保证。接缝剥离强度不达标，在使用过程中基层膨胀时，会在卷材搭接处拉开，造成搭接失效，接缝处出现渗水。

卷材下表面沥青涂盖层厚度是为保证热熔施工时，火焰不会损伤胎基，保证有足够沥青涂盖料与基层粘结。卷材下表面沥青涂盖层厚度越大粘结越好，但因卷材厚度一定，下表面沥青多了，上表面沥青就少了，上表面沥青太少会影响粘结性和耐久性，为此一般控制卷材下表面沥青涂盖层厚度为1～1.5mm。

尺寸变化率是反映材料在热作用（如高温、光照环境）下材料尺寸的变化。若尺寸变化率过大，由于热胀冷缩，材料会产生很大的应力，引起开裂，特别是搭接部位易脱开渗漏。

材料吸水率高，长期浸水使用材料的性能下降就大，耐水性差，容易老化，特别是地下工程要求耐水性。

热老化是表征材料耐久性的简单快速和低成本的方法。

为保证粗矿物颗粒的保护作用，要防止施工使用过程中矿物颗粒脱落引起沥青老化，因此要测定矿物料黏附性。矿物料黏附脱落越少保护越好，但越少生产时矿物颗粒压覆力越大，对卷材胎基损伤越大，防水性越差，故需要综合平衡。

SBS改性沥青防水卷材属于中档卷材，具有优良的耐高、低温性能（－25～105℃），低温柔性好；耐穿刺、耐撕裂、耐硌伤、耐疲劳；具有优良的延伸性和较好的抗基层变形能力，基层裂缝宽度允许值为6mm，后期收缩比高分子卷材小；原材料来源广泛，价格便宜；与基层粘结采用热熔或冷粘施工，热熔搭接密封可靠，气温－5℃和有湿气（含水率≤9%）的基层还能施工；耐久性好，使用寿命可达15年以上；但自重大，不宜用于坡度大屋面。可广泛用于各种工业与民用建筑屋面防水，地下、卫生间等工程防水防潮，地铁、隧道、桥面、停车场、游泳池、屋顶花园等工程防水；污水处理场、垃圾填埋场等市政工程防水；水渠、水池等水利设施防水；也可用于金属容器和管道的防腐保护等。尤其适用于寒冷地区、结构变形频繁地区的建筑物防水。

变形较大的工程建议选用延伸性能优异的聚酯胎产品，其他建筑宜选用相对经济的玻纤胎产品。玻纤胎卷材适用于多层防水中的底层防水；玻纤增强聚酯毡卷材可用于机械固定单层防水，但需通过抗风荷载试验。外露使用应采用上表面隔离材料为不透明的矿物粒（片）料的防水卷材；地下工程应采用表面隔离材料为细砂的防水卷材。

7.2.2　塑性体改性沥青防水卷材

1. APP改性沥青胶料的原材料及配方

塑性体改性沥青防水卷材简称APP防水卷材。APP改性沥青胶料是以石油沥青为基料、加入一定比例的APP或聚烯烃类聚合物（APAO、APO）改性剂、无机填料、溶剂油和增塑剂等材料配制而成。

无规聚丙烯（简称APP）属于塑性体树脂，一般APP掺量为10%～20%。加入适量IPP可提高产品耐高温性能。APAO（Amorphous Poly Alpha Olefin）是非晶态a-聚烯烃的英文缩写，为乳白色球状固体，有一定柔性。通常APP、SBS和沥青存在难于共混问题，且改性沥青均匀储存时间很短，致使成本高，限制了使用范围，采用APAO可解决该问题。一般溶剂油采用机油。某APP改性沥青胶料的配方如表7-4所示。APP防水卷材的生产设备及工艺过程与SBS防水卷材类似，此处不再赘述。

APP改性沥青胶料的配方　　表7-4

名称	石油沥青	IPP	APP	填充料
份数	52～60	3～5	10～13	25～30

2. APP防水卷材的性能

APP改性沥青防水卷材产品类型、规格、胎基、覆面材料及生产工艺流程与SBS防水卷材相同。APP防水卷材的物理力学性能应满足《塑性体改性沥青防水卷材》GB 18243—2008的要求，如表7-5所示。

APP改性沥青防水卷材的物理力学性能　　表7-5

<table>
<tr><th rowspan="3">序号</th><th rowspan="3" colspan="3">项目</th><th colspan="5">指标</th></tr>
<tr><th colspan="2">Ⅰ</th><th colspan="3">Ⅱ</th></tr>
<tr><th>PY</th><th>G</th><th>PY</th><th>G</th><th>PYG</th></tr>
<tr><td rowspan="4">1</td><td rowspan="4" colspan="2">可溶物含量(g/m²) ≥</td><td>3mm</td><td colspan="4">2100</td><td>—</td></tr>
<tr><td>4mm</td><td colspan="4">2900</td><td>—</td></tr>
<tr><td>5mm</td><td colspan="5">3500</td></tr>
<tr><td>试验现象</td><td>—</td><td>胎基不燃</td><td>—</td><td>胎基不燃</td><td>—</td></tr>
<tr><td rowspan="3">2</td><td rowspan="3" colspan="2">耐热性</td><td>℃</td><td colspan="2">110</td><td colspan="3">130</td></tr>
<tr><td>≤mm</td><td colspan="5">2</td></tr>
<tr><td>试验现象</td><td colspan="5">无流淌、滴落</td></tr>
<tr><td rowspan="2">3</td><td rowspan="2" colspan="3">低温柔度(℃)</td><td colspan="2">−7</td><td colspan="3">−15</td></tr>
<tr><td colspan="5">无裂纹</td></tr>
<tr><td>4</td><td colspan="3">不透水性,30min</td><td>0.3 MPa</td><td>0.2 MPa</td><td colspan="3">0.3 MPa</td></tr>
<tr><td rowspan="3">5</td><td rowspan="3">拉力</td><td>最大峰拉力(N/50mm)</td><td>≥</td><td>500</td><td>350</td><td>800</td><td>500</td><td>900</td></tr>
<tr><td>次高峰拉力(N/50mm)</td><td>≥</td><td>—</td><td>—</td><td>—</td><td>—</td><td>800</td></tr>
<tr><td colspan="2">试验现象</td><td colspan="5">拉伸过程中,试件中部无沥青涂盖层开裂或与胎基分离现象</td></tr>
<tr><td rowspan="2">6</td><td rowspan="2">延伸率</td><td>最大峰时延伸率(%)</td><td>≥</td><td>25</td><td rowspan="2">—</td><td>40</td><td rowspan="2">—</td><td>—</td></tr>
<tr><td>第二峰时延伸率(%)</td><td>≥</td><td>—</td><td>—</td><td>15</td></tr>
<tr><td rowspan="2">7</td><td rowspan="2" colspan="2">浸水后质量增加(%) ≤</td><td>PE、S</td><td colspan="5">1.0</td></tr>
<tr><td>M</td><td colspan="5">2.0</td></tr>
<tr><td rowspan="6">8</td><td rowspan="6">热老化</td><td>拉力保持率(%)</td><td>≥</td><td colspan="5">90</td></tr>
<tr><td>延伸率保持率(%)</td><td>≥</td><td colspan="5">80</td></tr>
<tr><td rowspan="2" colspan="2">低温柔性(℃)</td><td colspan="2">−2</td><td colspan="3">−10</td></tr>
<tr><td colspan="5">无裂纹</td></tr>
<tr><td>尺寸变化率(%)</td><td>≤</td><td>0.7</td><td>—</td><td>0.7</td><td>—</td><td>0.3</td></tr>
<tr><td>质量损失(%)</td><td>≤</td><td colspan="5">1.0</td></tr>
</table>

续表

序号	项目			指标				
				Ⅰ		Ⅱ		
				PY	G	PY	G	PYG
9	接缝剥离强度(N/mm)		≥	1.0				
10	钉杆撕裂强度①(N)		≥	—				300
11	矿物粒料黏附性②(g)		≤	2.0				
12	卷材下表面沥青涂盖层厚度③(mm)		≥	1.0				
13	人工气候加速老化	外观		无滑动、流淌、滴落				
		拉力保持率(%)	≥	80				
		低温柔性(℃)		−2		−10		
				无裂缝				

注：①仅适用于单层机械固定施工方式卷材。
②仅适用于矿物粒料表面的卷材。
③仅适用于热熔施工的卷材。

APP改性沥青防水卷材耐高温性能优异，耐热度最高达160℃，可在−15～130℃使用；卷材强度较高，具有较好的耐穿刺、耐撕裂、耐疲劳性能；耐紫外线老化和热老化，耐久性良好；施工简便（冷、热），无污染，热熔接缝搭接可靠性高，−5℃或基层有湿气的基层还能施工。APP防水卷材适于工业与民用建筑的屋面和地下防水工程及道路、桥梁等工程防水，尤其适宜高温、有强烈太阳辐射的南方炎热地区的建筑物防水。但自重大，大坡度斜屋面不宜采用。

7.2.3　自粘聚合物改性沥青防水卷材

1. 自粘卷材概述

自粘聚合物改性沥青防水卷材（简称自粘卷材）是一种以自粘聚合物改性沥青为基料，中间无胎基或采用聚酯胎基增强，面层采用聚乙烯膜、聚酯膜或细砂，底面或两面采用硅油防粘隔离膜或涂硅隔离纸，非外露使用的本体自粘防水卷材。施工时，去掉隔离膜，只需一定的外压，通过自粘胶与被粘物体表面的浸润、吸附、扩散等物理、界面化学作用，就可实现卷材与被粘基面的粘结。

自粘卷材的自黏性能取决于橡胶改性沥青，而拉伸强度与断裂延伸率取决于聚乙烯膜和胎基。自粘卷材面层隔离膜又称离型膜，其作用是防止自粘面的粘结。常用隔离膜材质有聚酯（PET）、聚乙烯（PE）和牛皮纸三种。牛皮隔离纸因价格较高，揭下的隔离材料不能回收等因素，目前应用已不多。PET（或PE）隔离膜是以PET（或PE）为基材，上面涂覆一定厚度硅油，经高温交联后形成一定厚度的硅油膜，与基材形成一体成为离型膜。与PE相比，PET不容易烫膜；施工时PE比PET更容易揭膜。

2. 自粘聚合物改性沥青防水卷材的分类及性能

目前，国内自粘聚合物改性沥青防水卷材按有无胎基增强分为无胎体（N类）和聚酯胎基（PY类）；N类按上表面材料分为聚乙烯膜（PE）、聚酯膜（PET）和无膜双面自粘（D）；PY类按上表面材料分为聚乙烯膜（PE）、细砂（S）和无膜双面自粘（D）；卷材按物理力学性能分为Ⅰ型和Ⅱ型，卷材厚度为2.0mm的PY类只有Ⅰ型；卷材厚度为N类1.2 mm、1.5 mm、2.0mm；PY类2.0 mm、3.0 mm、4.0mm；公称宽度为1000mm、2000mm；公称面积为10 m^2、15 m^2、20 m^2、30m^2。

聚乙烯膜自粘卷材适于非外露的防水工程；无膜双面自粘卷材适于辅助防水工程；外露防水工程可采用以铝箔为表面材料的自粘卷材。自粘聚合物改性沥青防水卷材的性能应满足《自粘聚合物改性沥青防水卷材》GB 23441—2009的要求，如表7-6及表7-7所示。

N类自粘聚合物改性沥青防水卷材的物理力学性能 表7-6

序号	项目		指标				
			PE		PET		D
			Ⅰ	Ⅱ	Ⅰ	Ⅱ	
1	拉伸性能	拉力(N/50mm) ≥	150	200	150	200	—
		最大拉力时延伸率(%) ≥	200		30		—
		沥青断裂延伸率(%) ≥	250		150		450
		拉伸时现象	拉伸过程中，在膜断裂前无沥青涂盖层与膜分离现象				
2	钉杆撕裂强度(N) ≥		60	110	30	40	—
3	耐热性		70℃滑动不超过2mm				
4	低温柔性(℃)		−20	−30	−20	−30	−20
			无裂纹				
5	不透水性		0.2MPa，120min不透水				—
6	剥离强度(N/mm) ≥	卷材与卷材	1.0				
		卷材与铝板	1.5				
7	钉杆水密性		通过				
8	渗油性(张数) ≤		2				
9	持黏性(min) ≥		20				
10	热老化	拉力保持率(%) ≥	80				
		最大拉力时延伸率(%) ≥	200		30		400(沥青层断裂延伸率)
		低温柔性(℃)	−18	−28	−18	−28	−18
			无裂纹				
		剥离强度卷材与铝板(N/mm) ≥	1.5				
11	热稳定性	外观	无起鼓、皱褶、滑动、流淌				
		尺寸变化(%) ≤	2				

PY类自粘聚合物改性沥青防水卷材的物理力学性能 表7-7

序号	项目		指标	
			Ⅰ	Ⅱ
1	可溶物含量(g/m^2) ≥	2.0mm	1300	—
		3.0mm	2100	
		4.0mm	2900	

续表

<table>
<tr><th rowspan="2">序号</th><th colspan="3" rowspan="2">项目</th><th colspan="2">指标</th></tr>
<tr><th>Ⅰ</th><th>Ⅱ</th></tr>
<tr><td rowspan="4">2</td><td rowspan="4">拉伸性能</td><td rowspan="3">拉力(N/50mm) ≥</td><td>2.0 mm</td><td>350</td><td>—</td></tr>
<tr><td>3.0mm</td><td>450</td><td>600</td></tr>
<tr><td>4.0mm</td><td>450</td><td>800</td></tr>
<tr><td colspan="2">最大拉力时延伸率(%) ≥</td><td>30</td><td>40</td></tr>
<tr><td>3</td><td colspan="3">耐热性</td><td colspan="2">70℃无滑动、流动、滴落</td></tr>
<tr><td rowspan="2">4</td><td colspan="3" rowspan="2">低温柔性(℃)</td><td>−20</td><td>−30</td></tr>
<tr><td colspan="2">无裂纹</td></tr>
<tr><td>5</td><td colspan="3">不透水性</td><td colspan="2">0.3MPa,120min不透水</td></tr>
<tr><td rowspan="2">6</td><td colspan="2" rowspan="2">剥离强度(N/mm) ≥</td><td>卷材与卷材</td><td colspan="2">1.0</td></tr>
<tr><td>卷材与铝板</td><td colspan="2">1.5</td></tr>
<tr><td>7</td><td colspan="3">钉杆水密性</td><td colspan="2">通过</td></tr>
<tr><td>8</td><td colspan="3">渗油性(张数) ≤</td><td colspan="2">2</td></tr>
<tr><td>9</td><td colspan="3">持黏性(min) ≥</td><td colspan="2">15</td></tr>
<tr><td rowspan="5">10</td><td rowspan="5">热老化</td><td colspan="2">最大拉力时延伸率(%) ≥</td><td>30</td><td>40</td></tr>
<tr><td colspan="2" rowspan="2">低温柔性(℃)</td><td>−18</td><td>−28</td></tr>
<tr><td colspan="2">无裂纹</td></tr>
<tr><td colspan="2">剥离强度 卷材与铝板(N/mm) ≥</td><td colspan="2">1.5</td></tr>
<tr><td colspan="2">尺寸稳定性(%) ≤</td><td>1.5</td><td>1.0</td></tr>
<tr><td>11</td><td colspan="3">自粘沥青再剥离强度(N/mm) ≥</td><td colspan="2">1.5</td></tr>
</table>

剥离强度是衡量自粘卷材和基面或卷材搭接时粘结力的重要指标。剥离强度越高，卷材粘结力和自粘胶分子间内聚力也越大。

持黏性是评价自粘卷材持久粘结性的指标，持黏性不好卷材与基层结合不好，基层轻微变形就造成卷材与基层分离，使卷材发挥不了防水的作用。

钉杆水密性是评价卷材抗穿刺及自愈合后防水性能的指标。

自粘聚合物改性沥青防水卷材是一种极具发展前景的新型防水材料，其具有以下特性：

(1) 施工方便快捷，工期短，安全环保

常温下只需撕去隔离层，即可牢固粘结在基层上，冷施工，无需粘结剂，无明火，施工现场不存在气体爆炸、可燃物燃烧的潜在危险，也不会因为沥青熔融产生的烟气污染环境。

(2) 具有橡胶弹性，延伸率高，适应基层变形能力良好

无胎自粘卷材与自粘聚酯胎卷材比，具有较高的断裂延伸率，但拉力、粘结力（剪切性能）均低些。

(3) 粘结力强，有自愈功能，防水效果可靠

卷材与卷材搭接后融为一体，搭接处的剪切、剥离强度都大于卷材自身，确保搭接严

密可靠；卷材与基层良好粘结，可有效防止卷材下“窜水”；遇穿刺或硬物时，会自动与硬物合为一体，能自行愈合较小的穿刺破损；表面聚乙烯膜也具有优良防水性和很高强度，防水具有双重保险性。

（4）耐久性良好，维护简单

耐高低温性好，耐酸、耐碱、耐化学腐蚀及耐老化性能优良，后续维护简单，即使局部破坏，渗水被锁定在小范围内，不会发生窜水现象。

自粘卷材适于工业民用建筑的屋面、地下室、室内、市政工程和游泳池、蓄水池、地铁、隧道工程防水；还适于木结构、金属结构屋面的防水工程；特别适于不宜动用明火的石油库、化工厂、纺织厂、粮库等再防水工程；也可用于管道的防水防腐工程。该卷材贮存运输时，储存温度≤45℃；平放储存时码放高度≤5 层；其余储存要求同改性沥青卷材。

3. 自粘聚合物改性沥青防水卷材的生产

1）自粘聚合物改性沥青防水卷材的原材料及配方

自粘卷材的自粘胶结料由基质沥青、高聚物改性剂、增粘剂、增塑剂及填料等配制而成。

①基质沥青：是自粘卷材的主要原材料，对自粘卷材的黏附性、低温柔性、耐热性等起决定作用。一般选低温柔性好、粘结性好、相容性好、蜡含量低的优质道路石油沥青。

②高聚物改性剂：通常选用 SBS（热塑性弹性体）为主，SBR（丁苯橡胶）或 SIS（苯乙烯-异戊二烯-苯乙烯嵌段共聚物）为辅。SBR 是丁二烯和苯乙烯的无规共聚物，其黏性、耐热性、耐寒性、耐挠曲性和可塑性不如天然橡胶，脆化温度为－50℃，最高使用温度为 80～100℃，具有优良的电绝缘性、弹性、耐磨性、耐老化性、耐水性及气密性。用 SIS 部分代替 SBS，可提升卷材的剥离强度和持黏性等。与 SBS 相比，SIS 因中间嵌段聚异戊二烯，结构上具有甲基侧链，其模量低、弹性好、熔融黏度小，具有良好的粘结力和相容性，可提高基质沥青的软化点、降低针入度、增大黏度、提升剥离强度。

③增塑剂：可促进高聚物的分散，改善自粘卷材黏附力、初黏性、低温柔性，降低熔融黏度。应选择挥发性小、黏度低、无毒害、耐老化的品种，此外还要考虑其与体系的相容性及用量。增塑剂一般选用凝固点低、性价比较好的环烷油等非芳烃类油，如减三线油、基础油、润滑油、废机油等。增塑剂适量能改善自粘卷材性能，但过量会大大降低卷材耐热性和粘结强度，并会出现渗油现象。

④增粘剂：可提高自粘沥青与被粘物的润湿性，使得自粘沥青具有良好初黏性、持黏性和抗剥离性能。常用增粘剂有松香、萜烯树脂、石油树脂、古马隆树脂等。

⑤填料：可改善材料硬度、刚度及储存稳定性，并可降低成本。常用填料为滑石粉、碳酸钙等。

冯黎吉等研发的自粘卷材的配方及制得产品的性能如表 7-8 所示。

某自粘聚合物改性沥青卷材的配方及产品性能 **表 7-8**

配方		产品性能		
原材料	质量分数	项目	测试结果	标准值
基质沥青	44～55	耐热性(℃)	80	70
增塑剂	2～4	低温柔性(℃)	－25	－20

续表

配方		产品性能			
原材料	质量分数	项目		测试结果	标准值
橡胶改性剂	20～25	剥离强度(N/mm)	卷材与卷材	3.80	≥1.0
增粘剂	4～8		卷材与铝板	2.01	≥1.5
填料	8～12	持黏性(min)		40	≥15

调整助剂种类和掺量，可得到不同性能的自粘卷材。

2）自粘聚合物改性沥青防水卷材生产工艺流程

国内采用对辊挤压成型的无胎自粘卷材的生产流程如图 7-4 所示。

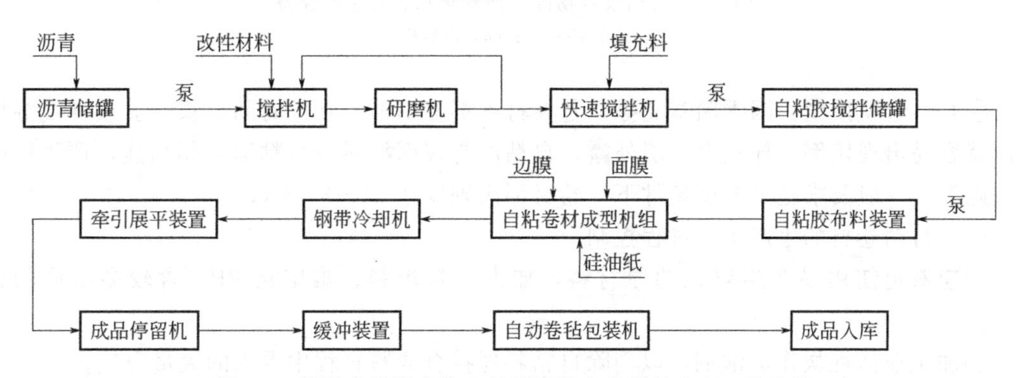

图 7-4　无胎自粘聚合物改性沥青防水卷材的生产工艺流程

沥青进厂后储存于用导热油保温的沥青储罐中，使用时升温到工艺所需温度（140～150℃）后，泵入流量计计量送至自粘胶制备车间的配料罐。在一定温度下，依次向配料罐中加入增塑剂、增粘剂和橡胶改性剂等，充分搅拌（约 60min）后，进入胶体磨研磨 2～3遍，经抽样检测达到预定技术指标后送至快速搅拌机，然后加入填料搅拌均匀后用泵送至自粘胶储罐备用。

自粘胶料温度较高，待其冷却到一定温度后，自粘胶料被送至成型装置正上方的罐或槽内，并通过罐下端阀门控制料流量。卷材成型在对辊间进行，成型对辊为空心不锈钢辊，内通冷却水进行冷却。覆面膜和隔离纸分别紧贴两个成型辊穿过对辊间的缝隙，并在对辊间形成涂覆成型区域，调整对辊间隙可控制卷材厚度。自粘胶料通过阀门流入对辊间的涂覆区域，经对辊的挤压和冷却与隔离膜及其他表面材料覆贴成型为自粘卷材。

从成型对辊出来的自粘卷材，通过冷却钢带的冷却和传送，进入卷材停滞机。卷材停滞机一方面对卷材进行最后的冷却，一方面储备 20～40m 的卷材以便收卷机能够连续作业。卷材停滞机的钢辊中均通有冷却水，在停滞机顶部有几对风冷设备对其进行辅助冷却。卷材通过收卷机按一定长度收卷后包装，经检验合格后入库。停滞机和收卷机如图 7-5 所示。

3）无胎自粘卷材的生产注意事项

（1）对自粘胶料的质量要求

①良好的流动连续性。为便于连续生产，减少卷材表面颗粒，胶料应有一定的流动性，以 130℃时胶料能自然垂直流动，150℃时胶料黏度在 40～200 mPa・s之间为宜。

②较宽的温度敏感性。改性剂掺量要足够，以降低改性沥青的温度敏感性。

(a)　　(b)

图 7-5　自粘聚合物改性沥青防水卷材生产设备

(a) 停滞机；(b) 收卷机

③有一定硬挺度。因无胎基支撑，若卷材硬挺度不够，立放时间过长或立放环境温度较高就容易出现伏倒，导致自粘层外露，自粘面与表面材料或自粘面互相粘连，严重影响开卷施工。一般要求施工温度条件下，卷材邵氏硬度达 25～35HA。

(2) 自粘卷材的生产工艺过程控制

①应避免使用易产生颗粒的原材料，如大颗粒填料、难熔化 PP、含较多杂质的树脂等。

②加工业活性炭作消泡剂，以消除自粘料搅拌合放料过程中混入的大量空气。

③改性沥青最佳搅拌温度为 180～190℃，搅拌时间为 2.5h，搅拌速度可调，但≥60 r/min，加填料后搅拌时间≥1 h。

④胶体磨研磨次数≥2 次，胶体磨间隙≤2 mm。

⑤改性后沥青软化点在 85～90℃，改性沥青保温时间≥3 h。

⑥控制自粘胶料成型温度≤150℃。自粘胶配制完成后温度在 180℃左右，在此温度下自粘料与隔离材料及表面材料复合时，可能会出现表面层烫膜或隔离材料离型层受损问题。常用表面材料除 PET 能耐 170℃高温外，其余材料成型温度均≤150℃，PE 类最好≤130℃。为使自粘胶料温度≤150℃，一般采用导热油或水强制冷却方式降温，即采用冷却介质进行热交换，将搅拌罐内自粘料热量带走，从而降低料温。

(3) 卷材面膜和底膜选择

无胎自粘卷材的成型方式决定了面膜、底膜和 150℃左右的高温改性沥青在接触 1～2s 后，才能随成型对辊的转动进入冷却水中冷却。在整个接触与冷却的过程中，面膜、底膜均进行了一次热胀和冷缩。如果面膜和底膜的热胀冷缩系数不一致，会导致卷材表面出现扭曲、凹凸不平、S 形、纵向皱褶甚至前后粘连等现象，所以面膜和底膜需采用热胀冷缩系数相近的材料。

第8章　沥青基防水涂料

沥青基防水涂料是指以石油沥青为基料，配以增韧剂、惰性填料等配制而成的防水涂料。沥青基防水涂料按成型类别分为水分挥发型（水乳型）和溶剂挥发型（溶剂型）两种。涂料施工后通过水分或溶剂挥发，沥青固体颗粒经接触、变形而结膜。

水乳型沥青防水涂料是以石油沥青或改性石油沥青为基料，水为介质，采用化学乳化剂或矿物乳化剂制得的沥青基防水涂料，其涂膜较薄，不单独使用，环保性好，可在潮湿基层施工，但不宜在烈日下施工，以免结膜快而起泡。溶剂型沥青防水涂料是石油沥青或改性石油沥青直接溶解于汽油等有机溶剂中而配成的沥青溶液，其涂膜较薄，干燥快，结膜致密，但易燃、有气味，常作沥青类防水卷材的基层处理剂，如冷底子油。随着人们环保意识的增强，溶剂型沥青防水涂料在防水工程中将会逐渐淘汰。

8.1　冷底子油

冷底子油是将石油沥青直接溶解于汽油等有机溶剂后制得的沥青溶液。它的黏度小，能渗入到混凝土、砂浆、木材等材料的毛细孔隙中，待溶剂挥发后，便与基材牢固结合，使基面具有一定憎水性，为粘结同类防水材料创造了有利条件。该沥青溶液施工后所形成的涂膜很薄，一般不单独作防水涂料使用，在常温下多用作防水工程如沥青类防水卷材的基层处理剂（打底），故称冷底子油。

冷底子油要随配随用，配制时，常使用30%～40%的石油沥青和60%～70%的溶剂（汽油或煤油）。首先将沥青加热到180～200℃，脱水后冷却到130～140℃，并加入溶剂量10%的煤油，待温度降至70℃时再加入余下溶剂搅拌均匀为止。也可以将沥青打碎成小块后，按质量比加入溶剂中，搅拌至沥青全部溶化为止。

在干燥底层上用的冷底子油，应以挥发快的稀释剂配制；在潮湿底层应用挥发慢的稀释剂配制。快挥发性冷底子油配比为石油沥青：汽油＝30：70；慢挥发性冷底子油配比为石油沥青：煤油（或轻柴油）＝40：60。

冷底子油分散度高，在密闭容器内长期贮存不变质，涂膜干燥快，质地致密，并可负温施工，但施工中要消耗大量的有机溶剂，成本高，易燃易爆，污染环境，故其发展和使用受到限制。

8.2　乳化沥青类防水涂料

8.2.1　乳化沥青概述

乳化沥青是熔融的石油沥青在一定工艺条件下经机械剪切分散作用，使沥青以微小的颗粒状态（沥青微粒直径1～6μm）均匀分散于含有乳化剂及助剂的水溶液中形成的沥青水乳液。乳化沥青涂刷于材料表面后，随水分逐渐消失，沥青微粒靠拢而将乳化剂薄膜挤破，从而相互团聚而粘结，最后凝聚成致密的沥青薄膜。

乳化沥青是一种比热沥青更安全、节能和环保的材料，避免了高温操作、加热和有害排放，无毒，不燃，生产工艺简单，原料价廉易得，表面涂刷的防水层自重轻、冷施工方便、易于维修、与潮湿基面黏附力强，对结构形状复杂、变形量小的工程尤为适用，不仅适用于新建房屋防水，更可用于屋面、墙体的维修补漏和桥面养护等。乳化沥青在防水行业主要用于配制沥青基防水涂料。

8.2.2 乳化沥青类防水涂料

乳化沥青类防水涂料是以水为介质，用化学乳化剂和/或矿物乳化剂（如膨润土、石棉等）制得的水乳型沥青防水涂料。该涂料外观为棕褐色稠厚液体，搅拌均匀后无色差、无凝胶、无结块，无明显沥青丝，按产品性能分为 H 型和 L 型，其技术性能要满足《水乳型沥青防水涂料》JC/T 408—2005 的要求，如表 8-1 所示。

水乳型沥青防水涂料物理力学性能 **表 8-1**

<table>
<tr><th colspan="2">项目</th><th>L</th><th>H</th></tr>
<tr><td colspan="2">固体含量(%) ≥</td><td colspan="2">45</td></tr>
<tr><td colspan="2" rowspan="2">耐热度(℃)</td><td>80±2</td><td>110±2</td></tr>
<tr><td colspan="2">无流淌、滑动、滴落</td></tr>
<tr><td colspan="2">不透水性</td><td colspan="2">0.10MPa,30min 无渗水</td></tr>
<tr><td colspan="2">粘结强度(MPa) ≥</td><td colspan="2">0.30</td></tr>
<tr><td colspan="2">表干时间(h) ≤</td><td colspan="2">8</td></tr>
<tr><td colspan="2">实干时间(h) ≤</td><td colspan="2">24</td></tr>
<tr><td rowspan="4">低温柔度①(℃)</td><td>标准条件</td><td>−15</td><td>0</td></tr>
<tr><td>酸处理</td><td rowspan="3">−10</td><td rowspan="3">5</td></tr>
<tr><td>碱处理</td></tr>
<tr><td>紫外线处理</td></tr>
<tr><td rowspan="4">断裂伸长率(%) ≥</td><td>标准条件</td><td colspan="2" rowspan="4">600</td></tr>
<tr><td>酸处理</td></tr>
<tr><td>碱处理</td></tr>
<tr><td>紫外线处理</td></tr>
</table>

注：①供需双方可以商定温度更低的低温柔度指标。

工程中使用的乳化沥青类防水涂料有石棉乳化沥青防水涂料、石灰乳化沥青防水涂料和膨润土—石棉乳化沥青防水涂料等。该类涂料属于厚质水性防水涂料，配制简单方便、价格低廉，但伸长率较低，低温柔性和抗开裂性都不好，其用量正逐渐减少，以后将会逐渐淘汰。该涂料采用涂刮法冷施工，涂层厚度 4～8mm；一般只用在不太重要的防水工程如防水等级为Ⅲ、Ⅳ级的屋面，可喷洒在渠道面层作防渗层，涂于混凝土墙面做防水层，掺入混凝土或砂浆中（沥青用量约为混凝土干料重的 1%）提高其抗渗性，还可作基层处理，又可粘贴卷材，构成多层防水层。

1. 石灰乳化沥青防水涂料

石灰乳化沥青防水涂料是将熔化沥青加到石灰膏（氢氧化钙）与水组成的悬浮液中，以石棉绒为填料，经机械强烈搅拌制成的一种水性厚质防水涂料（膏状冷沥青悬浮液）。

石灰乳化沥青防水涂料在现场施工时配制。该涂料可厚涂，有较好的耐候性。但涂层延伸率较低，抗裂性较差，容易因基层变形而开裂，导致漏水、渗水，且在温度较低时易发脆，单位面积耗用量也较大。一般结合嵌缝油膏、胶泥等密封材料用于工业厂房的屋面防水。

2. 石棉乳化沥青防水涂料

石棉乳化沥青防水涂料是将熔化沥青加到石棉与水组成的悬浮液中，经机械强烈搅拌制成的一种水性厚质防水涂料。由于含有石棉纤维，涂料的稳定性、耐水性、耐裂性和耐候性较一般乳化沥青好，且能形成较厚涂膜，防水效果较好。缺点是对施工温度要求高，一般要求10℃以上，但气温过高则易粘脚，影响操作。施工时配以胎体增强材料，可用于工业和民用建筑钢筋混凝土屋面防水，地下室、卫生间的防潮及层间楼板层防水和旧屋面维修等。

3. 膨润土乳化沥青防水涂料

膨润土乳化沥青防水涂料是将热熔沥青加入到膨润土为分散剂的乳化水中，经机械搅拌而成的一种水乳型厚质沥青防水涂料。因膨润土具有吸附性，因而有效减少了沥青有机挥发物有害气体的排放量。该涂料可在潮湿基层上形成厚质涂膜，耐久性好，涂层与基层粘结力强，耐热度高，可达90～120℃，可用于各种屋面沥青防水层维修、室内防潮、管道防腐和路面补缝等。膨润土乳化沥青也可与丁苯胶乳或聚氨酯胶乳和水性环氧树脂复配制成经济实用的道桥专用防水涂料。

8.3　高聚物改性沥青防水涂料

高聚物改性沥青防水涂料是以高聚物改性沥青为主成膜物质的防水涂料。根据成膜机理该类涂料分为水乳型、溶剂型和热熔型三类。

水乳型高聚物改性沥青防水涂料是以乳化沥青为基料，掺一定量高分子聚合物改性剂，再加入表面活性剂及各种化学助剂等制成的水性防水涂料。目前该类涂料在防水工程中得到了广泛应用，常用改性剂有丁苯橡胶、氯丁橡胶和SBS等。橡胶胶乳的掺入改善了乳化沥青的感温性、耐久性和黏附性，尤其在低温抗裂性能方面具有明显改善。水乳型高聚物改性沥青防水涂料耐候、耐温性能好（耐高温160℃，低温－5℃），能在潮湿或干燥的多种基面上施工，与基层粘结性能好，无毒、无污染，抗碾压、抗剪切能力强，施工简便，且与水泥混凝土和沥青混凝土均有很好的亲和性和粘结力，适于高速公路桥梁、城市立交桥、铁路桥梁及桥涵等防水工程，防水等级为Ⅲ、Ⅳ级的一般建筑的屋面工程，厕浴间、厨房间等室内防水工程；也适用于屋面维修防水以及地下室、墙体等的防潮；也可直接涂在各种管道、混凝土表面达到耐酸碱、防腐蚀的作用。该涂料贮存与运输时，不同类型的产品要分别存放，不得混杂；避免日晒雨淋，注意通风，储存温度5～40℃；在正常贮存和运输条件下，贮存期自生产之日起为6个月。

溶剂型橡胶沥青防水涂料是以橡胶改性沥青为基料，经溶剂溶解而制成的一种防水涂料。溶剂型橡胶沥青防水涂料具有良好的粘接性、抗裂性、柔韧性和较好的温度稳定性，低温不脆裂，高温不流淌，可用于建筑屋顶、地面、地下室、地沟、墙体、水池、涵洞等防水、防潮工程，也适用于油毡屋顶补漏及各种管道防腐等。但其含有大量的挥发溶剂，对环境污染较大，因此，中华人民共和国工业和信息化部 2017 年第 23 号公告，正式废止了《溶剂型橡胶沥青防水涂料》JC/T 852—1999。

热熔型改性沥青防水涂料是以橡胶为沥青改性剂，再添加其他辅料，冷却后制成的改性沥青小块，在施工现场加热使其熔化成液体状，然后经刮涂或喷涂于结构基层表面，形成连续、无接缝，并有良好弹性的整体防水涂膜。

8.3.1 氯丁橡胶改性沥青防水涂料

氯丁橡胶改性沥青防水涂料是以氯丁橡胶为改性剂的沥青基防水涂料。氯丁橡胶又称氯丁二烯橡胶，是以氯丁二烯（即 2-氯-1，3-丁二烯）为主要原料经乳液聚合而制得的一种均聚物弹性体，其抗张强度高，耐热、耐臭氧、耐光、耐老化性能优良，耐油性能均优于天然橡胶、丁苯橡胶、顺丁橡胶等，具有较强的耐燃性，其化学稳定性较高，耐水性良好，但耐寒性及储存稳定性较差。

1. 水乳型氯丁橡胶改性沥青防水涂料的生产

水乳型氯丁橡胶改性沥青防水涂料是以乳化石油沥青为基料，并加入适量氯丁胶乳改性剂及各种助剂和填料配制而成。某产品配方如表 8-2 所示。

水乳型氯丁橡胶改性沥青防水涂料配方 **表 8-2**

原料名称	质量分数	原料名称	质量分数
石油沥青(10 号和 60 号搭配)	35～45	水	40～45
1631 号阳离子乳化剂	0.8～1.2	氯丁胶乳(阳离子型)	12～18
1799 号聚乙烯醇(保护胶体)	1.5～2.5		

该水乳型氯丁橡胶改性沥青防水涂料的配制工艺过程如下：

先向反应釜中加水，并向反应釜夹套内通入蒸汽，开动搅拌机，升温；投入聚乙烯醇并继续升温至 93～98℃，保温至聚乙烯醇溶解为透明水溶液；接着将温度降到 80℃，投入乳化剂搅拌均匀，此为有保护胶体的乳化介质。

将两种沥青按要求的耐热性搭配送入沥青溶解釜中升温溶解，并将溶化液升至要求温度约 100℃。在保持乳化介质适当温度（80～85℃）及高速搅拌的条件下，将热沥青液缓缓地加入乳化介质中。沥青液加完后再搅拌适当时间，然后降温。待温度降到 50℃左右时，缓慢地投入氯丁胶乳，搅拌混合均匀，降温至室温即制得该涂料。

2. 水乳型氯丁橡胶改性沥青防水涂料的性能

水乳型氯丁橡胶沥青涂料涂膜强度大，延伸性好，能充分适应基层变化；耐热性和低温柔韧性优良（−35～80℃）；耐臭氧老化，耐腐蚀，阻燃性好，不透水；可在常温下施工，操作简单，维修容易；无毒、无味、无污染。但涂膜成膜较薄，需经多次涂刷；涂膜的力学性能受温度影响，低于 5℃不能施工。适用于工业和民用建筑物屋面、墙体和楼面防水，地下室和设备管道的防水，旧屋面的维修和补漏，还可用于沼气池、油库等密闭工程混凝土结构以提高其抗渗和气密性。改变配方也可制成适用于公路、城市和铁路桥梁及涵洞等防水工程的道桥用氯丁胶乳沥青防水涂料。

8.3.2　再生橡胶改性沥青防水涂料

再生橡胶改性沥青防水涂料是以再生橡胶对石油沥青进行改性的防水涂料。再生废旧橡胶主要来源于废轮胎、废胶带、胶管等橡胶制品，其次来源于生产过程中的边角料。再生橡胶能提高沥青的低温柔性，增强防水性，且再生胶成本低，属于废物利用，具有一定的实用意义。

1. 水乳型再生橡胶改性沥青防水涂料的生产

水乳型再生橡胶改性沥青防水涂料是以乳化沥青为基料，以再生胶乳为改性材料而制成的水性防水涂料。某水乳型再生橡胶改性沥青防水涂料的配方如表 8-3 所示。

水乳型再生橡胶改性沥青防水涂料的配方　　表 8-3

原料名称	质量分数	原料名称	质量分数	原料名称	质量分数
10 号沥青	300	水玻璃	3.2～4.0	水	400
渣油沥青	90	烧碱	1.6	肥皂	1.6～2
再生胶粉	30	滑石粉	100		

该涂料制备工艺过程如下：按配方计量称取 50％的水加热至沸后，将烧碱加入沸水中，使其完全溶解，然后边搅拌边徐徐加入肥皂和水玻璃升温至 40～50℃，再冷却至 90～110℃，缓缓加入再生胶粉、填料滑石粉和阴离子乳化剂，充分搅拌混合均匀，并继续升温至 180～200℃，时间 1h，再加入余量的水（40～50℃温水），搅拌均匀，稀释至固含量为 50％的黏稠状乳状液即可。

2. 水乳型再生橡胶改性沥青防水涂料的性能

水乳型再生橡胶改性沥青防水涂料无毒、无味、不燃，材料来源广，价格低廉，具有良好的防水性、粘接性、耐热性、耐裂性、低温柔性和耐久性，可在常温下冷施工作业，并可在稍潮湿无积水的表面施工；该涂料属于薄型涂料，一次涂刷涂膜较薄，需多次涂刷才能达到规定厚度，一般要加衬玻璃纤维布或合成纤维加筋毡构成防水层，施工时再配以嵌缝密封膏，以达到较好的防水效果。适用于各种建筑的屋面、墙体、地面及地下室、涵洞等的防水层，还可用于旧房屋面防水维修、补漏及地上、地下管道防腐。

8.3.3　SBS 改性沥青防水涂料

SBS 改性沥青防水涂料是以石油沥青为基料，SBS 为改性剂，掺入适量助剂制成的改性沥青防水涂料。SBS 改性沥青防水涂料属于中档防水涂料，按成型机理分溶剂型、水乳型和热熔型三种。

1. 水乳型 SBS 改性沥青防水涂料

水乳型 SBS 改性沥青防水涂料是将 SBS 溶入石油沥青中后再进行乳化而成的水乳性改性沥青防水涂料。据所用乳化剂的不同，可分为薄质型和厚质型，其性能应符合《水乳型沥青防水涂料》JC 408—2005 的要求。本产品具有优良的低温柔性和抗裂性能，对水泥、混凝土、木板、塑料、油毡、铁板、玻璃等各种质材的基层均有良好粘结力；无味、无毒、不燃，施工安全简单；耐候、耐高低温性好，夏天不流淌、冬天不龟裂，不变脆；冷施工，施工简便，但多遍涂刷成膜受环境气候影响大。该涂料柔韧性及耐寒、耐热、耐老化等性能均优于其他改性沥青类防水涂料，适用于各类工业与民用建筑混凝土屋面、地下、墙体防水防潮，厕浴间、蓄水池等防水工程，沥青珍珠岩为保温层的保温层屋面防水，旧油毡屋面翻修和刚性自防水屋面的返修，也可用于水利工程渡槽、蓄水屋面、隧道、金属和水泥管道的防漏和防腐，特别适合于寒冷地区的防水。

厚质水乳型SBS改性沥青防水涂料由SBS橡胶沥青、矿质胶体乳化分散剂和水组成。常用的矿质胶体乳化分散剂有膨润土、凹凸棒土、高岭土、石棉粉等，或复合少量的有机乳化剂制成复合型。某厚质水乳型SBS改性沥青防水涂料所用SBS改性沥青的配方如表8-4所示，其SBS改性沥青软化点可达155～170℃。其涂料配方如表8-5所示。

SBS改性沥青的配方 **表8-4**

原料名称	质量分数	原料名称	质量分数
100号石油沥青	65～85	滑石粉(填充剂)	33.25
792型SBS橡胶	2～9	二硫化氨基甲酸锌	0.04～0.06
环烷油(软化剂)	10～17	$CaCO_3$	0～10

厚质水乳型SBS改性沥青防水涂料的配方 **表8-5**

原料名称	质量分数	原料名称	质量分数
SBS沥青	50	PVA水溶液	4～4.2
水	50	助剂氢氧化钠	0.3
复合乳化剂OP-10	3～5	氯化铵	0.2

该涂料配制过程如下：在高速搅拌乳化机中，先注入80～90℃的水、复合乳化剂、助剂，搅拌均匀，再慢慢注入温度为160～180℃的SBS改性沥青溶液，在高速剪切作用下使SBS沥青分散成细小颗粒而分散在水乳液中即可。该配方涂料固含量为50%，80℃，5h无流淌、无起泡，−20℃绕ϕ20mm圆棒无裂纹，粘接强度为≥0.20MPa。

2. 热熔型SBS改性沥青防水涂料

热熔型SBS改性沥青防水涂料是以SBS橡胶为沥青改性剂，再添加上其他辅助材料，冷却后制成的改性沥青小块，运至施工现场，通过专用环保熔化炉加热熔化成液体状，然后经刮涂或喷涂于结构基层表面，形成连续、无接缝，并有良好弹性的整体防水涂膜。该涂料固含量接近100%，可一次达到需要成膜的厚度，材料成本低，施工速度快，施工后无需经挥发，只要温度下降，几分钟就可成膜，可在夏季骤雨和冬、春气温较低时施工；SBS的加入改善了沥青的高低温性能和延伸性，其抗裂性强，还可作为卷材粘结剂或和卷材构成复合防水层。但现场需熔化炉、热施工是它的弱点。

8.4 其他新型沥青防水涂料

8.4.1 喷涂速凝橡胶沥青防水涂料

喷涂速凝橡胶沥青防水涂料（简称SN防水涂料）是以橡胶沥青为主要成分，采用机械喷涂施工，依靠化学破乳瞬间固化的新型水乳型沥青防水涂料。

喷涂速凝橡胶沥青防水涂料1993年由美国镭纳公司发明，在国外被称为液体橡胶。该材料符合国际市场对防水材料环保性、施工便利性和防水有效性等方面越来越高的要求，因此在北美、欧洲、俄罗斯和中东地区得到了推广和应用。中国2007年引进SN防水涂料，2009年开始研发和生产该产品。近几年来，随着SN防水涂料产品、技术及施工工艺的逐步成熟，该产品的生产与应用规模日益扩大，2013年我国该产品销售量约为10000t，其年均增长率达50%以上，充分体现了该类产品在防水市场的生命力。

1. 喷涂速凝橡胶沥青防水涂料的成膜机理

喷涂速凝橡胶沥青防水涂料是由A组分橡胶沥青乳液与B组分破乳剂（或称特种成膜剂）构成的双组分涂料。其中A组分是阴离子高固含量乳化沥青和高分子聚合物乳液（阴离子氯丁胶乳、丁苯胶乳等）共混改性形成的高分子聚合物和乳化沥青的水溶性混合物。B组分（破乳剂）通常为固体包装，使用时溶于水中后能形成无结块的均匀液体。该涂料现场采用专用喷涂设备将A、B组分混合后快速破乳凝固成型的机理如图8-1所示。在常温下，A、B组分经现场专用喷涂设备的2个喷嘴喷出，在喷枪口外扇形交叉、雾化并高速混合，到达基面时瞬间破乳（10s内）、迅速固化，凝聚成膜，实干后形成一种致密、连续、完整，具有极高伸长率、超强弹性、优异耐久性，且具有防水、防腐、防渗、防护作用的橡胶沥青涂层。

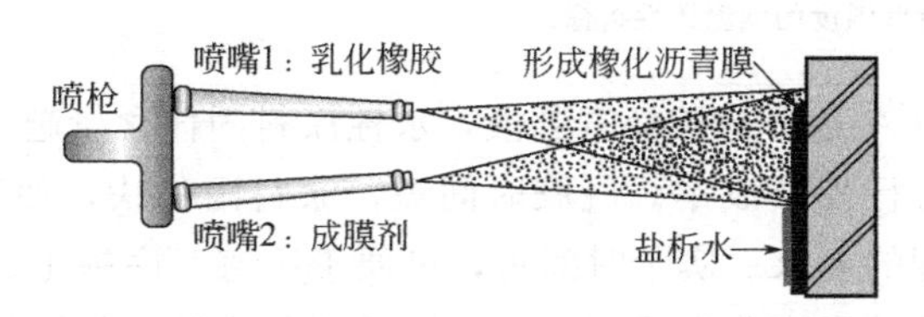

图8-1　喷涂速凝橡胶沥青防水涂料固化成型的机理

2. 喷涂速凝橡胶沥青防水涂料的性能

喷涂速凝橡胶沥青防水涂料的物理力学性能应满足《喷涂速凝橡胶沥青防水涂料》JC/T 2317—2015的要求，如表8-6所示。

喷涂速凝橡胶沥青防水涂料的物理力学性能　　　**表8-6**

项目			指标
固体含量(%)		≥	55
凝胶时间(s)		≤	5
实干时间(h)		≤	24
耐热度(120±2℃)			无流淌、滑动、滴落
不透水性(0.3MPa、30min)			无渗水
粘结强度①(MPa) ≥	干燥基面		0.40
	潮湿基面		
弹性回复率(%)		≥	85
钉杆自愈性			无渗水
吸水率(24h)(%)		≤	2.0

续表

项目			指标
低温柔性[②]（℃）		无处理	－20℃无裂纹、断裂
		碱处理	－15℃无裂纹、断裂
		酸处理	
		盐处理	
		热处理	
		紫外线处理	
拉伸性能	拉伸强度（MPa） ≥	无处理	0.8
	断裂伸长率（%） ≥	无处理	1000
		碱处理	800
		酸处理	
		盐处理	
		热处理	
		紫外线处理	

注：①粘结基材可根据供需双方要求采用其他基材；

②供需双方可商定更低温度的低温柔性指标。

固体含量主要针对A组分橡胶沥青乳液，水性涂料固体含量越高运输成本越低，但也要考虑到生产工艺的可行性及成本。凝胶时间短，涂料固化快，便于在异型和立面施工，也可降低对表面平整度的要求。实干时间短，可便于后道工序施工。喷涂速凝材料在基层表面渗透性低，因此粘结强度非常重要，该指标反映了涂料与基层的粘结性，粘结性好材料才能防止窜水。用乳液做底涂相当于基层湿润，可提高粘结强度。弹性恢复率是橡胶材料的一个重要特性，胶乳含量越高，弹性恢复率越好。钉杆自愈性表示涂膜在被钉子扎破后，能够自动愈合的能力。影响喷涂速凝橡胶沥青防水涂料低温柔性的主要因素有胶乳品质和含量、沥青脆点和含蜡量等。具有优异伸长率涂膜可抵御基层变形，同时具有较高强度，能抵御高水压和抗锐物穿刺。胶乳含量越高其强度、伸长率越高。因涂膜延伸性好，耐久性只评价碱、酸、盐、热和紫外线处理后的断裂伸长率。

喷涂速凝橡胶沥青防水涂料具有如下性能特点：

（1）超高弹性，适应变形能力强

涂膜断裂伸长率达1000%以上，复原率达90%以上，适合于伸缩缝及变形缝部位，可有效解决构筑物因应力变形、膨胀开裂、穿刺或连接不牢等造成的裂缝渗漏问题。

（2）粘结性好，可实现整体防水

涂膜具有卓越的附着性，可与混凝土、钢铁、木材、金属等多种材料100%粘结，可完美包覆基层，不起层、不脱落，起到良好“皮肤式”保护作用，实现涂层的无缝连接，避免窜水现象。

（3）耐穿刺性强，自愈自密封性好

产品中含有的橡胶成分形成的致密网状结构具有超高延伸率，可赋予涂膜良好的防穿刺性能。高弹性和高伸长率使涂膜具有自愈功能，对一般性穿刺可自行修补，不会出现渗漏。

(4) 施工方式灵活多变，适应性强

可采用喷涂、刷涂和刮涂等涂装方式施工，灵活简便，能满足如排水口、阴阳角、施工缝、结构裂缝等各种形状复杂部位对防水作业的特殊要求，对异型结构、复杂结构和易变形的地下、屋面防水节点部位的基层施工更简便可靠；对环境温湿度不敏感，5℃以上、基面潮湿无明水条件下即可施工，便于地铁、隧道、水利等工程领域防水；采用专业喷涂设备施工，喷涂后瞬时成型，固化凝胶时间不超过10s，一次喷涂即可达到设计厚度(2mm以上)，施工速度快（一台喷涂设备日施工能力达1500～2000m^2），可节省劳动力和施工成本，大幅度缩短工期。

(5) 耐化学性优异、耐温性好，水性、环保

涂膜具有优异的耐化学腐蚀性（耐酸、碱、盐和氯离子）和耐高低温性能，调整配方可使涂料耐－40℃，也可在寒冷地区应用；涂料在生产、施工和使用过程中均不使用有机溶剂，冷制冷喷，无毒无味，无废气排放，无污染，节能环保，环保性能符合《建筑防水涂料中有害物质限量》JC 1066—2008中的A级标准要求，可在密闭空间施工；施工中无需加热，无明火，防火性能可达到B级，施工安全。

喷涂速凝橡胶沥青防水涂料既可用在迎水面，也可用在背水面，适用于新建和维修混凝土基面的地下建筑（如地下车库、地铁、地下室、地下通道）基础、屋顶（楼顶、阳台、女儿墙、屋顶绿化带）及建筑物室内的防水、防护工程；公路、铁路及桥梁隧道和涵洞的防水防渗；地铁（隧道和站台）、水处理设施（蓄水池、污水池）、垃圾填埋场（垃圾渗滤液储存池）等的防水防护；特别适宜于金属（如彩钢板、镀锌板）屋面的防水，还可用于各种储罐、管道、城市管廊（底板、侧墙）及钢结构构造物的防水、防腐；人工湖、沟渠、池塘及其他水利设施的防水防渗。

8.4.2 非固化橡胶沥青防水涂料

1. 非固化橡胶沥青防水涂料概述

非固化橡胶沥青防水涂料（简称非固化涂料）是以橡胶粉、沥青和特殊添加剂为主要原料制成，在使用状态下可长期保持黏性膏状体、具有蠕变性的一种新型防水材料。

在常温较小恒定载荷作用时能迅速发生变形并能无限期变形的防水材料称为蠕变型防水材料。传统成膜型防水涂料受其涂膜伸长率的局限，其对结构变形的适用性较差，且因界面处理的不确定性，使涂膜与基层的粘结不牢，极易造成“窜水”使防水层失效。1997年韩国研发出非固化橡胶沥青防水涂料，有效解决了现有沥青防水材料蠕变性差易漏水的缺陷。2005年初该涂料引进中国，用于国家体育场（鸟巢）地下室顶板变形缝修复工程和广州地铁等实际工程，完美地解决了变形缝的防水及渗漏的修复问题，取得了良好的应用效果。该涂料具有良好的防水性、蠕变性、粘结性及自愈功能等，工程施工安全可靠、环保无污染，尤其是对潮湿基层、变形缝等特殊区域的适用性更强；当与卷材复合作为防水层时，其适用范围广，防水效果好，工程造价低，在国内外众多工程中取得了良好的应用效果，具有较好的市场竞争力。

非固化橡胶沥青防水涂料主要采用热熔喷涂和刮涂施工方法，目前该产品的延伸产品有常温刮涂型和注浆堵漏型。

热熔施工非固化橡胶沥青防水涂料固含量可达98%以上。涂料的热熔喷涂、刮涂施工是通过配套加热设备将沥青加热到一定温度后使其具有很好的流动性，再刮涂或喷涂施

工。但因要加热到120～150℃后再施工，难度较大，对机具要求高，能耗高。

常温刮涂型非固化橡胶沥青防水涂料固体含量在80%以上，该涂料依靠添加高沸点溶剂来减小沥青黏度，可作为涂料用于建筑表面防水，更多是与卷材复合使用，但溶剂用量大，材料固含量低，溶剂的挥发与残留都会影响涂料的性能，不环保，使其推广受限。

注浆堵漏型产品可快速止水堵漏，自愈效果好，可在低温下施工。

2. 非固化橡胶沥青防水涂料的生产

非固化橡胶沥青防水涂料是以橡胶粉、高分子改性材料、沥青、特殊添加剂、液体填料及粉填料等制成的单组分、非固化、不成膜的蠕变型防水涂料。该涂料的核心技术是通过在改性沥青中添加特殊添加剂，使沥青与高分子间形成化学结合，从而提高涂料的固含量和稳定性。

非固化橡胶沥青防水涂料生产在原材料选用方面，应考虑产品既要有延伸性又有蠕变性（不成膜）；既要有耐低温性又要有耐热性；既要有粘结性和延伸性，又要无内应力；既可在干基面粘结又可在潮湿基面粘结；既要有高固含量（98%以上）又要适合于在多种介质（碱、盐、稀酸、热环境）中使用，满足各类建筑工程的防水要求。

基料沥青可选一种或多种沥青复配，宜以高标号道路重交沥青为主。为改善非固化防水涂料的产品性能，采用丁苯、氯丁、SBS等橡胶复配作改性材料。橡胶粉一般用废旧轮胎加工而成。粉填料既能降低产品成本，又能改善产品机械性能；液体填料宜选用挥发物含量低、耐高低温性好、稠度小的液体填料。特殊添加剂用量不多，但作用较大。

非固化橡胶沥青防水涂料生产工艺如下：将沥青加热到140℃输送至搅拌罐，加入软化剂、胶粉、高分子聚合物，搅拌30min；再将温度升到160℃，送入胶体磨研磨2遍；温度升到190℃，加入特殊添加剂，研磨搅拌1h，降温至160～170℃时加入专用改性剂如SBR，研磨搅拌1h；最后加入填料搅拌1h即可。

3. 非固化橡胶沥青防水涂料的性能

非固化橡胶沥青防水涂料外观为无结块、均匀的黏稠膏状体，其物理力学性能应满足《非固化橡胶沥青防水涂料》JC/T 2428—2017的要求，如表8-7所示。

非固化橡胶沥青防水涂料的物理力学性能　　表8-7

<table>
<tr><th colspan="2">项目</th><th>指标</th><th colspan="2">项目</th><th>指标</th></tr>
<tr><td colspan="2">闪点(℃)　≥</td><td>180</td><td rowspan="3">耐酸性(2% H_2SO_4 溶液)</td><td>外观</td><td>无变化</td></tr>
<tr><td colspan="2">固体含量(%)　≥</td><td>98</td><td>延伸性(mm)　≥</td><td>15</td></tr>
<tr><td rowspan="2">粘结性能</td><td>干燥基面</td><td rowspan="2">100%内聚破坏</td><td>质量变化(%)</td><td>±2.0</td></tr>
<tr><td>潮湿基面</td><td rowspan="3">耐碱性[0.1% NaOH ＋ 饱和 $Ca(OH)_2$ 溶液]</td><td>外观</td><td>无变化</td></tr>
<tr><td colspan="2">延伸性(mm)　≥</td><td>15</td><td>延伸性(mm)　≥</td><td>15</td></tr>
<tr><td colspan="2">低温柔性</td><td>−20℃,无断裂</td><td>质量变化(%)</td><td>±2.0</td></tr>
<tr><td colspan="2" rowspan="2">耐热度(℃)</td><td>65</td><td rowspan="3">耐盐性(3% NaCl 溶液)</td><td>外观</td><td>无变化</td></tr>
<tr><td>无滑动、流淌、滴落</td><td>延伸性(mm)　≥</td><td>15</td></tr>
<tr><td rowspan="2">热老化(70℃,168h)</td><td>延伸性(mm)　≥</td><td>15</td><td>质量变化(%)</td><td>±2.0</td></tr>
<tr><td>低温柔性</td><td>−15℃,无断裂</td><td rowspan="2">应力松弛(%)　≤</td><td>无处理</td><td rowspan="2">35</td></tr>
<tr><td colspan="2">自愈性</td><td>无渗水</td><td>热老化(70℃,168h)</td></tr>
<tr><td colspan="2">渗油性(张)　≤</td><td>2</td><td colspan="2">抗窜水性</td><td>0.6MPa,无窜水</td></tr>
</table>

由于非固化要求，产品耐热性相对不会很高，否则就无法保证施工方便和无应力传递。耐热温度为70℃表明该产品不能直接外露使用，否则会产生流淌。有些企业为降低成本，会在产品配方中加入过量油类物质，渗油性指标可控制油类物质的加入量。非固化涂料应具有良好的蠕变性能，要求其既具有一定的粘结性，使涂料与基层黏附，同时又不传递应力，防止与涂膜复合的卷材破坏。因此，采用剪切粘合性的方法，规定拉伸后保持拉力松弛力与最大力的比值≤35%。同时，为了保证长期使用的蠕变性能，要求热老化后的蠕变性能不变。抗窜水性试验观察涂膜与砂浆粘结面是否有明水，无明水表示无窜水、涂料与基层间粘结性良好。

非固化橡胶沥青防水涂料具有以下特性：

(1) 固含量高，安全、节能、环保

采用热熔施工的产品固含量高达98%以上，几乎不含溶剂，常温下无毒、无味、无污染，且不燃，属于环保绿色材料；现场热熔喷涂或热熔刮涂施工温度为120～160℃，大大低于传统热熔型改性沥青防水涂料180～200℃的施工温度，施工能耗低，且不会结炭和产生大量有害气体，施工安全性得到了很大改善。

(2) 施工方法多样，方便快捷，不受环境影响，工期短

可采用刷涂、喷涂及注浆等多种工法施工，能封闭基层裂缝和毛细孔，适应复杂的施工作业面，－10℃或下雨前均可施工；对基层平整度要求低，不需涂刷基层处理剂，能在无明水的潮湿基面及水下建筑结构中应用；立即成膜，一次施工即可达到需要厚度，无需养护即可进行下道工序施工，有利于缩短工期。

(3) 非固化、不成膜，蠕变性及自愈性好

该涂料属于非固化、不成膜的蠕变型涂料，施工后始终保持胶状，即使与空气长期接触后也不固化，始终保持黏稠胶质，能自动找寻漏水部位并修复已损坏的防水层，自愈能力强。

(4) 粘结性好，延伸率高，能适应基层变形，防水效果可靠

碰触即粘、难以剥离，在－20℃仍具有良好的粘结性能，与各类基层粘结可形成“皮肤式”防水层，即使基层变形，涂料也始终与基层保持黏附性，即使基层开裂，涂料也能继续保持与基层的再粘结，且能长久持续保持黏附状态，彻底杜绝了窜水；具有很好的蠕变性，它吸收应力而不传递应力，通过吸收来自基层变形产生的应力，解决了因基层开裂应力传递给防水层造成的防水层断裂、挠曲疲劳或处于高应力状态下的提前老化等问题，以全新的防水理念，巧妙地解决了因基层变形对材料所产生的影响，提高了防水层的可靠性和耐久性；蠕变性材料的黏滞性使其能适应复杂的施工作业面，能很好地封闭基层毛细孔和裂缝，解决了防水层的窜水难题，使建筑结构始终保持完好密闭防水状态，防水可靠性得到大幅度提高。

(5) 可注浆堵漏，快速止水

涂料能自动流动并填充缝隙处，以阻断渗漏水侵蚀与破坏，自愈效果良好。

(6) 与各种防水卷材相容性好，与卷材复合防水效果最佳

非固化橡胶沥青防水涂料既可单独做一层涂层防水，又可作卷材胶粘剂，也可与各类卷材复合形成复合防水层，解决了现有防水卷材和防水涂料复合使用时的相容性问题。卷材无须加热，可直接在该涂料面层上铺设，涂料既起到粘结和防窜水功能，又不会将基层

变形产生的应力传递给卷材，从而可有效避免卷材防水层因结构沉降（或位移）变形所产生的防水层与基层分离脱落、界面产生窜水等渗漏水现象，确保整个复合防水层能长期保持完整性。

非固化橡胶沥青防水涂料适用于地铁、隧道、涵洞、堤坝、水池、道路桥梁及屋面、厕浴间、地下工程等建筑物或构筑物的非外露防水工程，也可用于非外露型屋面防水维修工程，特别适用于变形大的防水部位和防水等级要求高的工程中。其对特殊区域防水具有独特优势，尤其对不规则结构及其边缝，可一次成型，整体无接缝，并与基层粘合良好，实现整体完全包覆。用于注浆堵漏维修工程时，橡化沥青非固化防水涂料能主动找到有裂缝的地方，修复破坏的防水层，重建结构完整性。

非固化橡胶沥青防水涂料作为一道防水层使用时，涂料必须在非外露场合使用，而且采用隔离层加以保护。该涂料单独作为一道防水层，适用于厕浴间防水及屋面Ⅲ级防水工程，涂料的厚度≥2 mm。与防水卷材组成复合防水层时，可选用厚度≥3 mm 的高聚物改性沥青防水卷材或厚度≥0.7 mm 的聚乙烯丙纶防水卷材等，适用于屋面、地下、水池及隧道等防水工程，该涂料厚度≥2 mm；用于隧道防水工程中时，涂料厚度≥2.5 mm；用于附加层中，涂料厚度≥1 mm。

第9章　沥青基防水密封材料

沥青基防水密封材料是以石油沥青或改性沥青为基本材料，加入稀释剂、填充料等配制而成的塑性或弹塑性黑色膏状物，俗称沥青密封油膏、沥青胶等。这类材料价格低廉，应用广泛，但与高分子密封材料比，其施工困难、耐候性差、弹性较小，容易老化变硬而失去密封性能，目前仅用于无弹性要求及弹性要求很小，接缝变动量小于±5%的接缝密封。随着塑钢门窗、铝合金门窗、玻璃幕墙等现代建筑材料的大量使用，传统沥青密封膏已不能满足现代建筑接缝的要求，油灰膏、沥青基油膏、塑料油膏等传统密封膏将逐步被性能优异的高分子建筑密封膏取代。

9.1　沥青胶

沥青胶是在熔化的沥青中加入粉状或纤维状的填充料，经均匀混合而成。在沥青材料中加入填料可改善沥青的耐热性及低温脆性。常用填充料有粉状如滑石粉、石灰石粉、白云石粉等，纤维状如石棉屑、木纤维等。沥青胶的常用配合比为：沥青70%～90%、矿粉10%～30%。一般矿粉越多，沥青胶的耐热性越好，粘结力越大，但柔韧性降低，施工流动性也变差。

沥青胶成本低廉，配制简单，操作简便，易于掌握，可冷用也可热用，是一种传统建筑密封材料。但未改性的沥青高温流淌，低温硬脆，密封效果差，目前只用于防水要求较低工程的嵌缝密封。

9.2　沥青嵌缝油膏

沥青嵌缝油膏是以石油沥青为基料，加入改性材料、软化剂、成膜助剂、填料等混合而制成的具有塑性或弹塑性的膏状嵌缝密封材料。

9.2.1　沥青嵌缝油膏的配方

沥青改性材料主要采用橡胶或树脂，常用SBS橡胶、废胶粉、再生胶、PVC等，也可采用丁基橡胶、丙烯酸橡胶等。

为提高沥青塑性、柔性和延伸性，还要在沥青嵌缝油膏中加入软化剂、成膜剂或增塑剂。

软化剂的主要作用是增加沥青胶体结构中的分散介质，将沥青在氧化过程中产生的沥青质重新分开，避免沥青质的沉淀和凝聚。软化剂对沥青密封材料中的矿物填充剂也有一定的润滑性能。常用软化剂有古马隆树脂、蒽油、重松节油、三线油、蓖麻油等。

成膜剂兼有稀释和软化作用，并能在沥青密封材料表面干结成致密薄膜。这层具有弹性、不粘、坚固不透气的薄膜，可阻止空气中的氧进入沥青密封材料内部，防止内部油分的外渗和挥发，使密封材料长期保持可塑性和弹塑性状态，以适应建筑结构接缝的伸缩运动和沉降变形的要求。常用成膜助剂有桐油、梓油、硫化鱼油等。

填料有滑石粉、石棉粉、板岩粉、碳酸钙粉、石棉绒、高岭土、白垩土等，一般粉料细度要求在 300 目以上。

某沥青桐油再生橡胶油膏的配比如表 9-1 所示。该油膏耐热度为 90℃，在－20℃仍具有一定柔性。同沥青胶相比，耐热性、低温柔性和粘结性都有较大提高。

沥青桐油再生橡胶油膏配方　　表 9-1

名称	质量(%)	作用
石油沥青(60 号)	15～20	主剂
桐油	20～24	软化剂、成膜剂
废橡胶粉	15～20	改性剂
滑石粉	20～35	矿物填充料
石棉绒	5～10	

9.2.2 沥青嵌缝油膏的特性

沥青嵌缝油膏为黑色均匀膏状，无结块或未浸透的填料。沥青嵌缝油膏按耐热性和低温柔性分为 702 和 801 两个型号。油膏的物理力学性能应符合《建筑防水沥青嵌缝油膏》JC/T 207—2011 的要求，如表 9-2 所示。

建筑防水沥青嵌缝油膏的物理力学性能　　表 9-2

序号	项目			技术指标	
				702	801
1	密度(g/cm^2)		≥	规定值[①]±0.1	
2	施工度(m)		≥	22.0	20.0
3	耐热性	温度(℃)		70	80
		下垂度(mm)	≤	4.0	
4	低温柔性	温度(℃)		－20	－10
		粘结状态		无裂纹、无剥离	
5	拉伸粘结性(%)		≥	125	
6	浸水后拉伸粘结性(%)		≥	125	
7	渗出性	渗出幅度(mm)	≤	5	
		渗出张数(张)	≤	4	
8	挥发性(%)			2.8	

注：①规定值由生产商提供或供需双方商定。

沥青嵌缝油膏炎夏不易流淌，寒冬不易脆裂，粘结力较强，延伸性、塑性和耐候性均较好，其物理性能介于塑性和弹性之间，为弹塑性油膏，可用于一般屋面板和墙板的接缝处，也可用作各种构筑物的伸缩缝、沉降缝等的冷施工嵌填密封。

第四篇　合成高分子防水材料

第 10 章　合成高分子防水材料概述

10.1　高分子材料概述

10.1.1　高分子化合物概念

高分子化合物是指相对分子量在 $10^4 \sim 10^6$，分子长度在 100nm 以上的化合物。高分子化合物包括天然高分子和合成高分子。天然高分子存在于棉、毛、丝、麻等天然材料及动植物机体中。合成高分子是指按人工方法合成的高分子的总称。高分子化合物通常是由低分子质量物质（单体）通过聚合反应，以共价键连接若干个重复结构单元形成的分子量很大的化合物，简称高分子，又称高聚物或聚合物。单体是用来合成聚合物的简单低分子化合物，如聚氯乙烯 $[CH_2\text{-}CHCl]_n$ 的单体为 $CH_2=CHCl$，n 是大分子链中链节的重复次数，称聚合度。

10.1.2　高分子材料的分类及特性

高分子材料是指以高分子化合物为基本组成，加入适当助剂，经一定工艺加工制成的材料。在实际应用中，为获得各种实用性能如改善成型加工性能，大多数高分子材料除以高分子化合物为基本组分外，还需加入各种添加剂如增塑剂、颜料等，故高分子化合物和高分子材料是不同的。

高分子材料按材料特性分为橡胶、纤维、塑料、高分子胶粘剂、高分子涂料和高分子基复合材料等。

(1) 橡胶：橡胶是一类线型柔性高分子聚合物。其分子链间次价力小，分子链柔性好，在外力作用下可产生较大形变，除去外力后能迅速恢复原状。橡胶是有机高分子弹性体，其在很宽的温度范围内具有优异的弹性，按其来源可分为天然橡胶和合成橡胶。天然橡胶是从自然界植物中采集出来的一种高弹性材料，其主要成分是聚异戊二烯。合成橡胶是各种单体经聚合反应合成的高分子材料，如丁基橡胶、顺丁橡胶、氯丁橡胶、三元乙丙橡胶、丙烯酸酯橡胶、聚氨酯橡胶料、硅橡胶和氟橡胶等。

(2) 纤维：纤维是指长度比直径大很多倍且有一定柔韧性的纤细材料。纤维的次价力大、形变能力小、模量高，一般为结晶聚合物。纤维分为天然纤维和化学纤维。蚕丝、棉、麻、毛等为天然纤维。化学纤维是以天然高分子或合成高分子为原料，经化学处理和机械加工制得，如聚酯纤维（涤纶）、聚丙烯腈纤维（腈纶）等。

(3) 塑料：塑料是以合成树脂或化学改性的天然高分子为主要成分，再加入填料、增塑剂和其他添加剂，在一定温度和压力下加工成型的。其分子间次价力、模量和形变量等介于橡胶和纤维之间。塑料按受热行为和是否具有反复加工性可分为热固性塑料和热塑性塑料。热塑性塑料加热时熔融，可进行各种成型加工，冷却时硬化，具有多次重复加工性，如聚乙烯（PE）、聚丙烯（PP）、聚甲基丙烯酸甲酯（PMMA，俗称有机玻璃）和聚氯乙烯（PVC）等。热固性塑料受热熔化成型的同时发生固化反应，形成立体网状结构，再受热也不熔融，不具备重复加工性，如环氧树脂、酚醛塑料等。

（4）高分子胶粘剂：高分子胶粘剂是以高分子化合物为主体制成的一种可把各种材料紧密结合在一起的物质。高分子胶粘剂分为天然胶粘剂和合成胶粘剂两种，一般合成胶粘剂应用较多。如聚乙烯醇、环氧树脂、氯丁橡胶等。高分子胶粘剂对材料适应性好，其应用范围较宽。

（5）高分子涂料：高分子涂料是以高分子聚合物为主成膜物质，添加溶剂和各种添加剂制得，可涂布在物体表面的膜层材料。常用工业涂料有环氧树脂涂料、聚氨酯涂料等。

（6）高分子基复合材料：高分子基复合材料是以高分子化合物为基体，添加各种增强材料制得的一种复合材料。高分子基复合材料也称为高分子改性，改性分为分子改性和共混改性，它综合了原材料的性能特点，并可根据需要进行材料设计，制成满足需要的复合材料，其最大优点是博各材料之长，如高强度、质轻、耐温、耐腐蚀、绝热、绝缘等性质。

应注意：各类高聚物间无严格界限，同一种高聚物，采用不同合成方法和成型工艺，可制成塑料，也可制成纤维，如尼龙。而聚氨酯一类的高聚物，在室温下既有玻璃态性质，又有很好的弹性，所以很难说它是橡胶还是塑料。

10.1.3 高分子材料的结构与性能

高分子材料的结构决定其性能，对结构的控制和改性，可获得不同特性的高分子材料。

高分子化合物按大分子主链结构分为碳链聚合物、杂链聚合物和元素有机聚合物三大类。碳链聚合物主链上只含碳元素，只有在侧基上有其他元素，绝大部分烯类和二烯类聚合物都属于这一类，如聚乙烯、聚氯乙烯、聚苯乙烯等烯类聚合物为通用高分子化合物，是塑料和橡胶工业的基础。杂链聚合物主链上除碳元素外，还含有氧、氮、硫等杂元素，如聚氨酯树脂、环氧树脂、聚醚、聚酯等醚、酯、胺类聚合物，主要用作工程塑料和合成纤维，在建筑防水中多用于防水涂料、堵漏材料、密封材料和胎体材料等。元素有机聚合物主链上无碳元素，而有硅、铝、氧、硫、磷、氮等元素，但侧链一般为有机基团如甲基、乙烯基等，如有机硅橡胶，主要作耐油、耐高温、耐燃等特种材料，在防水行业可做涂料及密封胶。

高分子化合物按聚合物分子链形状可分为线型大分子、支链型大分子和体型大分子，如图 10-1 所示。

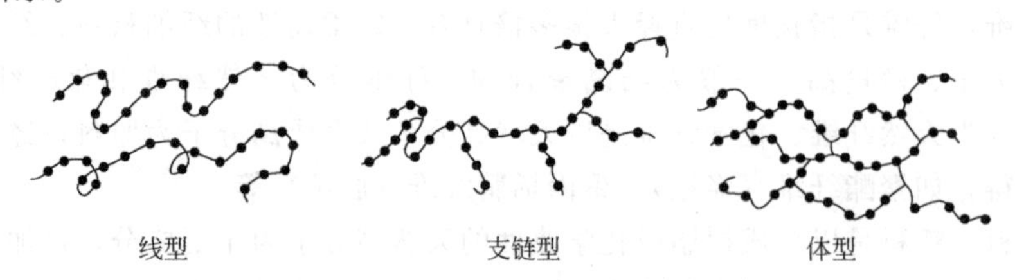

图 10-1　高分子大分子链的形状

线型大分子是由许多结构单元连接而成的线状大分子，其长度很长，可达几百纳米，直径却只有零点几纳米，由于长径比极大，故线型大分子在自然状态下是卷曲的。支链型大分子是在线型大分子主链上带有许多支链的大分子。体型结构的大分子可看作是许多线型或支链型大分子由化学键连接，交联形成三度空间的网络结构。线型和支链型大分子是靠分子间作用力聚集在一起的，由于有独立的分子存在，故具有弹性、可塑性，在溶剂中能溶解，加热能熔融，硬度和脆性较小的特点，如低压聚乙烯、聚丙烯等塑料制品或纤维的加工都可通过聚合物的熔融或溶解进行。支链型大分子不易紧密堆砌，结晶度低，如带有短支链的高压聚乙烯，其密度、结晶度、熔点、硬度等都比低压聚乙烯低，长支链的存在会影响聚合物溶液性质和熔体的流动性。体型结构聚合物由于没有独立大分子存在，故没有弹性和可塑性，不能溶解和熔融，只能溶胀，硬度和脆性较大，如酚醛树脂、脲醛树脂等一般都是先合成预聚体，然后再经成型加工后成为体型结构的聚合物，故根据其受热表现又可称之为热固性高聚物。因此从结构上看，橡胶只能是线型结构或交联很少的网状结构的高分子，纤维也只能是线型的高分子，而塑料则两种结构的高分子都有。

高分子化合物通常由分子量不等的许多大分子链组成，通常所指的分子量是平均值，因此就有分子量分布问题。高分子化合物的分子量具有两个基本特点：一是分子量大；二是分子量都是不均一的，具有多分散性，即同一种聚合物，其分子量的大小各不相同。各个大分子链的链节数不同，大分子链的长短不同、分子量也不同，聚合物中大分子链的分子量不等的现象称为分子量的多分散性。

分子量、分子量分布是高分子材料最基本的结构参数之一。高聚物平均分子量的大小及其分散性对聚合物的力学性能及加工性能有重要影响，因此，可作为加工过程中各种工艺条件的选择依据。聚合物的分子量越大，则机械强度越大。然而，聚合物分子量增加后，分子间的作用力也增加，使聚合物的高温流动黏度增加，给加工成型带来困难。因此，聚合物的分子量不宜过大，应兼顾使用和加工两方面的要求。分子量分布对高分子材料的加工与使用也有显著的影响。对塑料而言，塑料分子量依据产品要求变动范围较大，但窄分布对加工和性能都有利，因为存在少量低分子量级分的分子能起内增塑的作用。对橡胶而言，平均分子量一般都很大，足以保证制品强度，分子量分布宽一些为宜，这样可改善流动性而有利于加工，但也不宜过宽，因为低分子量级分过多，橡胶混炼时易粘辊。塑料、薄膜和合成纤维平均分子量较小，分子量分布以窄为宜，这样对加工和性能都有利，若分布宽，小分子的组分含量高，对纺丝性能和机械强度都不利。

10.2 合成高分子防水材料概述

合成高分子防水材料是化学建材中的一大类，目前主要有合成高分子防水卷材、合成高分子防水涂料、合成高分子防水密封材料和合成高分子灌浆堵漏材料。自 20 世纪 50 年代开始应用沥青卷材以来，沥青类防水材料一直是我国建筑防水材料的主导产品，其中以 SBS 和 APP 等高分子改性的沥青防水材料得到了迅猛发展。合成高分子防水片材中 EPDM 和 PVC 应用较多，近年来又兴起了热塑性聚烯烃 TPO 防水片材。在建筑防水密封材料中，硅酮、聚氨酯及聚硫高分子密封膏已成为弹性密封材料的主导产品，其使用量逐年增加。21 世纪高分子防水材料将向环保、多功能、节能、施工便捷等绿色防水材料方向发展。

第 11 章　合成高分子防水卷材

11.1　合成高分子防水卷材概述

合成高分子防水卷材（或称片材）是以合成橡胶、合成树脂或二者的共混体为基料，加入适量化学助剂和填充剂等，采用挤出或压延等橡胶或塑料的加工工艺制成的可卷曲的片状防水材料。

11.1.1　合成高分子防水卷材的分类

合成高分子卷材按基料属性分为合成橡胶类、合成树脂类和橡塑共混类三类，根据加工工艺合成橡胶类防水卷材又分为硫化型和非硫化型；按卷材是否增强和复合等分为均质片、复合片、自粘片、异形片和点（条）粘片。

均质片（homogeneous sheet）是以高分子合成材料为主要材料，各部位截面结构一致的防水片材。复合片（composite sheet）是以高分子合成材料为主要材料，复合织物等保护或增强层，以改变其尺寸稳定性和力学特性，各部位截面结构一致的防水片材。自粘片（self-adhesive sheet）是在高分子片材表面复合一层自粘材料和隔离保护层，以改善或提高其与基层的粘接性能，各部位截面结构一致的防水片材。异型片（special-shaped sheet）是以高分子合成材料为主要材料，经特殊工艺加工成表面为连续凸凹壳体或特定几何形状的防（排）水片材。点（条）粘片（material with point（strip）adhesion sheet）是均质片材与织物等保护层多点（条）粘接在一起，粘接点（条）在规定区域内均匀分布，利用粘接点（条）的间距，使其具有切向排水功能的防水片材。

《高分子防水材料 第 1 部分：片材》GB 18173.1—2012 规定的高分子卷材的分类及代号如表 11-1 所示，卷材规格及尺寸如表 11-2 所示。

高分子防水卷材分类　　表 11-1

分类		代号	主要原材料
均质片	硫化橡胶类	JL1	三元乙丙橡胶
		JL2	橡塑共混
		JL3	氯丁橡胶、氯磺化聚乙烯、氯化聚乙烯等
	非硫化橡胶类	JF1	三元乙丙橡胶
		JF2	橡塑共混
		JF3	氯化聚乙烯
	树脂类	JS1	聚氯乙烯等
		JS2	乙烯醋酸乙烯共聚物、聚乙烯等
		JS3	乙烯醋酸乙烯共聚物与改性沥青共混等

续表

分类		代号	主要原材料
复合片	硫化橡胶类	FL	(三元乙丙、丁基、氯丁橡胶、氯磺化聚乙烯等)/织物
	非硫化橡胶类	FF	(氯化聚乙烯、三元乙丙、丁基、氯丁橡胶、氯磺化聚乙烯等)/织物
	树脂类	FS1	聚氯乙烯/织物
		FS2	(聚乙烯、乙烯醋酸乙烯共聚物等)/织物
自粘片	硫化橡胶类	ZJL1	三元乙丙/自粘料
		ZJL2	橡塑共混/自粘料
		ZJL3	(氯丁橡胶、氯磺化聚乙烯、氯化聚乙烯等)/自粘料
		ZFL	(三元乙丙、丁基、氯丁橡胶、氯磺化聚乙烯等)/织物/自粘料
	非硫化橡胶类	ZJF1	三元乙丙/自粘料
		ZJF2	橡塑共混/自粘料
		ZJF3	氯化聚乙烯/自粘料
		ZFF	(氯化聚乙烯、三元乙丙、丁基、氯丁橡胶、氯磺化聚乙烯等)/织物/自粘料
	树脂类	ZJS1	聚氯乙烯/自粘料
		ZJS2	(乙烯醋酸乙烯共聚物、聚乙烯等)/自粘料
		ZJS3	乙烯醋酸乙烯共聚物与改性沥青共混等/自粘料
		ZFS1	聚氯乙烯/织物/自粘料
		ZFS2	(聚乙烯、乙烯醋酸乙烯共聚物等)/织物/自粘料
异形片	树脂类 (防排水保护板)	YS	高密度聚乙烯,改性聚丙烯,高抗冲聚苯乙烯等
点(条) 粘片	树脂类	DS1/TS1	聚氯乙烯/织物
		DS2/TS2	(乙烯醋酸乙烯共聚物、聚乙烯等)/织物
		DS3/TS3	乙烯醋酸乙烯共聚物与改性沥青共混物等/织物

高分子卷材的规格尺寸　　**表 11-2**

项目	厚度(mm)	宽度(m)	长度(m)
橡胶类	1.0,1.2,1.5,1.8,2.0	1.0,1.1,1.2	≥20①
树脂类	>0.5	1.0,1.2,1.5,2.0,2.5,3.0,4.0,6.0	

注：①橡胶类片材在每卷 20 m 长度中允许有一处接头，且最小块长度应≥3 m，并应加长 15 cm 备作搭接；树脂类片材在每卷至少 20 m 长度内不允许有接头；自粘片材及异型片材每卷 10 m 长度内不允许有接头。

11.1.2　合成高分子防水卷材的特性

1）弹性好，拉伸强度高，抗裂性能优异，耐热性及低温柔性好

断裂伸长率在 200%～500%，可适应结构伸缩或开裂变形的需要；拉伸强度在 3～10MPa，抗撕裂强度在 20kN/m 以上，可满足卷材在搬运、施工和应用的实际需要；在 100℃以上卷材不会流淌和产生集中性气泡，－20℃（EPDM 卷材达－45℃）以下还具有柔性，对不同气候条件下建筑结构层的伸缩变形等具有较强的适应性。

2）抗腐蚀，耐老化，防水性能优异，使用寿命长，维修工作量小

耐酸、碱、盐等化学物质侵蚀性好，在地下、水中或其他潮湿环境能耐腐蚀和霉烂；具有较好的耐臭氧、耐紫外线、耐气候老化等性能，可保持长期防水性能。普通沥青类防水材料温度敏感性强、易老化、使用年限短，一般寿命在5年以上。而一般合成高分子防水卷材的耐用年限均在10年以上，如EPDM防水卷材的使用年限平均在30年以上，远高于传统沥青防水材料，这大大降低了建筑物防水维修的成本。

3）冷粘施工，环保安全

从工地防火及城市环境卫生的要求出发，很多城市已禁止明火施工和熬热沥青，而高分子防水卷材的黏结、机械固定、松铺压顶等施工方法均为冷作业，不仅改善了工人的施工条件和施工现场的管理，也减少了环境污染。

4）产品匀质性好，色泽艳丽，可单层防水，施工快捷，应用范围广

卷材采用工厂机械化生产，质量可靠；可通过加入颜料使卷材产品获得各种颜色，在防水的同时还具有良好装饰性；单层防水可减少屋顶荷载，减低施工成本；属于高档卷材产品，除用于防水等级要求较高、维修施工不便的建筑屋面和地下建筑工程防水外，亦可大量用于水利等其他土木工程行业。

5）粘接性能差，易产生接缝问题导致渗漏，热收缩和后期收缩均较大，价格较贵

高分子卷材的接缝有热风焊接和粘接法两种方法，粘接法因操作简单应用较多，但常因卷材接缝及卷材与无机建筑材料的粘结困难而出现接缝渗漏，工程中需与涂料等复合以增加防水可靠性。大多数合成高分子防水卷材的热收缩和后期收缩均较大，易使卷材产生较大内应力加速老化，或产生防水层被拉裂、搭接缝拉脱、翘边等缺陷。

选择符合卷材材质及性能要求，粘接性能良好的系列配套粘结剂是确保高分子卷材整体防水质量的关键之一。

11.1.3 合成高分子防水卷材的发展

在20世纪30～40年代欧美各国已开始将高分子防水卷材用于建筑防水，德国首先使用增塑聚氯乙烯和聚异丁烯作卷材，并颁布了国标，20世纪80年代又有了增强型和加弹性底层的新品种卷材，并提高了其性能。美国高分子防水卷材发展比较迅速，20世纪70年代中期高分子卷材只占平屋顶防水材料的1%，但80年代末已达30%以上。日本20世纪80年代高分子防水卷材占防水材料的比例已达到15%～20%。

我国高分子防水卷材研发始于20世纪70年代末80年代初。目前，我国高分子防水卷材生产技术及产品质量有了长足进步，但因其造价较高，应用及市场份额的增长速度并不快。目前，国内合成高分子防水卷材的主要品种包括三元乙丙橡胶（EPDM）防水卷材、聚氯乙烯（PVC）防水卷材、CPE与橡胶共混防水卷材、热塑性聚烯烃（TPO）防水卷材及丙纶或涤纶复合聚乙烯防水卷材等，其中EPDM防水卷材、PVC防水卷材和TPO防水卷材生产及应用量最大。

11.2 三元乙丙橡胶防水卷材

三元乙丙橡胶（EPDM）防水卷材是以三元乙丙橡胶为主体，掺入适量的丁基橡胶、

软化剂、补强剂、填充剂、硫化剂和硫化促进剂等辅料，经密炼、塑炼、过滤、拉片、挤出或压延成型、硫化等工序制成的可卷曲的高弹性片材。

三元乙丙橡胶防水卷材在 20 世纪 50 年代早期首次应用于屋面，在今天的卷材市场中仍占据着主导地位。美国是世界上 EPDM 防水卷材生产和应用量最多的国家，如美国芝加哥机场圆形屋顶的 EPDM 防水层于 20 世纪 50 年代安装，至今没有发现渗漏。20 世纪 70 年代 EPDM 防水卷材开始在地铁隧道中应用，其施工技术和体系逐步成熟和完善。

11.2.1　三元乙丙橡胶防水卷材的原材料及配方

1）三元乙丙橡胶

三元乙丙橡胶，是由乙烯、丙烯和非共轭二烯烃（1，4 己二烯、双环戊二烯或亚乙基降冰片烯）等三种单体共聚合成。其分子结构式如图 11-1 所示。

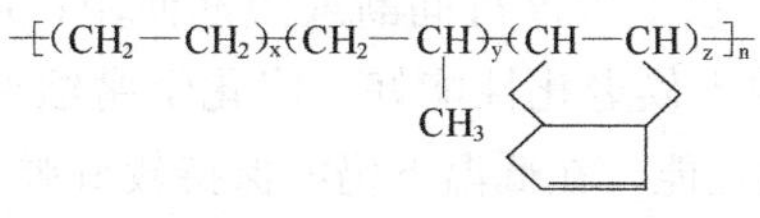

$-[(CH_2-CH_2)_x(CH_2-CH)_y(CH-CH)_z]_n-$

CH_3

双环戊二烯三元乙丙橡胶（DCPD-EPDM）

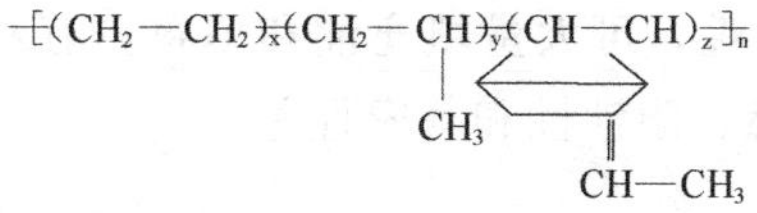

$-[(CH_2-CH_2)_x(CH_2-CH)_y(CH-CH)_z]_n-$

CH_3

$CH-CH_3$

亚乙基降冰片三元乙丙橡胶（ENB-EPDM）

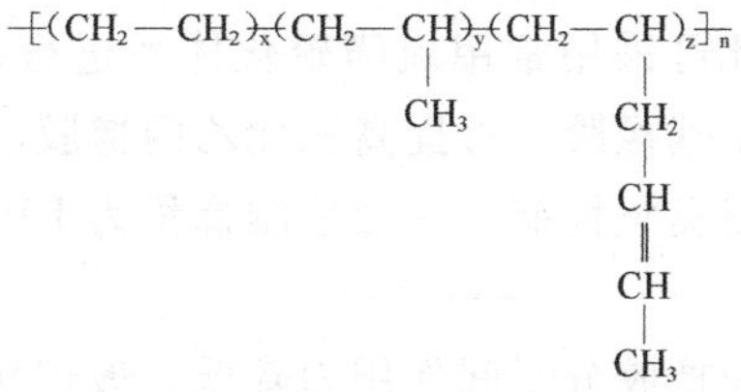

$-[(CH_2-CH_2)_x(CH_2-CH)_y(CH_2-CH)_z]_n-$

CH_3　CH_2

CH

CH

CH_3

1.4-已二烯三元乙丙橡胶（1.4-HD-EPDM）

图 11-1　三元乙丙橡胶的分子结构式

三元乙丙橡胶的组成、化学结构及单体单元的排列方式等决定了三元乙丙橡胶具有许多特有的性质。三元乙丙橡胶是一种无定型的非结晶橡胶，其分子主链上乙烯与丙烯单体单元呈无规则排列，失去了聚乙烯或聚丙烯结构的规整性，成为具有弹性的橡胶；虽引入了二烯烃类作第三单体，但由于二烯烃位于侧链上，主链与二元乙丙橡胶一样，是不含双键的完全饱和的直链型结构，故三元乙丙橡胶不但保持了二元乙丙橡胶的各种优良特性，又实现了用硫黄硫化的目的；内聚能低，因庞大侧基阻碍分子链运动，因而能在较宽的温度范围内保持分子链的柔性和弹性；其分子主链饱和，加之支链少，在受到光、热及化学腐蚀时，主链不易断裂，因此耐老化性能优异，但也导致了其本体粘结困难。

改变三元乙丙橡胶三单体的数量、乙烯丙烯比、分子量及其分布和硫化方法等可调整三元乙丙橡胶的特性。乙烯与丙烯的含量直接影响三元乙丙橡胶生胶和混炼胶性能、加工行为和硫化胶的物理机械性能。一般随乙烯含量增加，其生胶、混炼胶和硫化胶的拉伸强度提高，常温耐磨性改善；随增塑剂、补强剂及其他填料用量增加，胶料可塑性高，压出速度快，压出物表面光滑，半成品挺性和形状保持性好。当乙烯含量在20%～40%（物质的量）时，三元乙丙橡胶的玻璃化温度约为－60℃，其低温性能如低温压缩变形、低温弹性等均较好，但耐热性能较差。为避免形成乙烯嵌段链段，以保证其在三元乙丙橡胶分子中的无规分布，要求乙烯含量必须大于50%，但不能超过70%，超过时，玻璃化温度下降，耐寒性能下降，加工性能变差。通常乙烯含量在60%左右的三元乙丙橡胶的加工性能和硫化胶物理机械性能均较好。也可以采用几种不同含量的三元乙丙橡胶混用来改善其性能。

非共轭二烯烃的类型、用量和分布对硫化速度和硫化胶的物理机械性能均有直接影响。非共轭二烯烃含量高，硫化速度快，硫化胶的力学性能如定伸应力、生热、压缩永久变形等均有所改善，但焦烧时间缩短，耐热性能稍有下降。

三元乙丙橡胶具有优异的热稳定性和耐老化性能，是现有通用橡胶中最好的。可在120℃环境长期使用，在150℃以上温度可间断或短期使用；可长期在阳光、潮湿、寒冷的自然环境中使用，耐臭氧、耐天候老化性能好。耐化学腐蚀性好，耐化学药品和酸、碱性较强。具有较好的弹性和低温性能，在低温下仍能保持较好弹性，最低使用温度可达－50℃或更低。电绝缘性能优良，具有优异的耐水、耐热水和水蒸气性。密度约0.86g/cm^3，是所有橡胶中最小的，具有高填充性，可大量填充油和填料，有利于节约成本。但其硫化速度较慢，自粘和互黏性差，耐燃、耐油性和气密性差。

2）丁基橡胶

丁基橡胶简称IIR，是由异丁烯与少量异戊二烯或丁二烯共聚合成的高分子化合物。其结构中含有少量双键，因此可采用常用硫磺硫化体系进行硫化而制成交联结构弹性体。在三元乙丙中掺入一定量的丁基橡胶，可提高三元乙丙橡胶的粘结性能，但丁基橡胶掺量过大会影响三元乙丙橡胶的耐臭氧性能，一般控制掺量为EPDM：IIR＝7：3。

3）增塑剂

增塑剂又称软化剂，可使橡胶分子间作用力降低，玻璃化温度降低，可塑性、流动性增加，便于橡胶加工，同时还能改善硫化胶的某些物理性能，如降低硬度和定伸应力、赋予较高的弹性和较低的生热、提高耐寒性等。增塑剂主要包括石油系列、松焦油系列、脂肪油系列、合成酯类等。

4）补强剂

补强剂可提高硫化胶的耐磨性、撕裂强度、拉伸强度及定伸应力，从而改善橡胶制品的使用性能，延长使用寿命。补强剂主要包括炭黑、白炭黑，短纤维及有机树脂。

5）填充剂

使用填充剂的目的一是增大容积，降低成本；二是改进混炼胶性能，如调节可塑度、黏性、防止收缩、提高表面性能；三是改进硫化胶性能，如提高抗拉强度、抗撕裂强度和耐磨耗性，调节硬度和弹性率，改进耐热性、耐油性、耐候性和电性能等；四是发挥其他一些作用，如减少橡胶硫化时的发热收缩。常用的填充剂是陶土、滑石粉、碳酸钙等。

6）硫化剂

橡胶分子交联的过程在橡胶行业俗称为硫化。硫化剂的作用是使线型或轻度支链型的橡胶分子交联形成立体网状结构，从而提高橡胶的物理机械性能，如强度、弹性、老化性等。硫化剂的种类和用量应根据橡胶类型、加工工艺和产品性能要求选用。除传统硫磺外，还有有机化合物硫化剂、过氧化物硫化剂和树脂类硫化剂。

7）硫化促进剂

硫化促进剂简称促进剂。胶料中加入硫化促进剂，能缩短硫化时间，降低硫化温度，减少硫化剂用量并能改善硫化胶物性，如提高抗拉强度、定伸强度、耐磨性和硬度等，还可提高硫化胶的耐老化性，防止喷霜，扩大硫化胶的使用范围，制造出透明及各种色调的橡胶制品。早期使用的促进剂是无机化合物，主要是钙、镁、铅等金属氧化物，因其促进效率低，硫化胶性能差，逐渐被有机促进剂所取代，如苯胺、有机碱、噻唑类二硫代氨基甲酸盐类、胍类、秋兰姆类、黄原酸类和次磺酰胺类等。

某三元乙丙橡胶防水卷材的配方如表 11-3 所示。

某三元乙丙防水卷材的配方　　表 11-3

材料名称	用量(份)	材料名称	用量(份)
EPDM(EPDM/IIR)	100	炭黑	90～120
ZnO	5	填充剂	25～35
硫化剂	1	增塑剂	35～50
防老剂	1.5	促进剂	3
其他	1～2		

11.2.2　三元乙丙橡胶防水卷材的生产

三元乙丙橡胶防水卷材的生产工艺过程主要有胶料制备、卷材成型和硫化检验包装等，按卷材成型方法不同其生产工艺可分为挤出成型和压延成型。

挤出成型在塑料加工中称为挤塑，在橡胶加工中称压出。挤出成型设备一般为螺杆挤出成型机，其对胶料起到剪切、混炼和挤压的作用。装入料斗中的物料，借助转动螺杆进入加热的料筒中，因料筒传热、物料间的摩擦及物料与料筒及螺杆间的剪切摩擦热使物料塑化熔融变成黏性流体，然后被螺杆向前推送，在机械力（压力）作用下使其连续通过机头口模挤出、冷却后形成各种不同形状的制品。该工艺方法应用范围广、灵活机动性大，挤出的产品质地均匀、致密，容易变换规格；挤出机设备具有占地面积小、质量轻、机器简单易控、生产效率高、造价低、生产能力大等优点。卷材挤出成型生产工艺主要设备有：混炼用切胶机、密炼机、开炼机，精炼用滤胶机、开炼机，成型及硫化用挤出成型机、硫化罐等。

压延成型是已塑化的物料通过压延机两热滚筒之间，利用滚筒间的压力使其产生延展变形，厚度减薄，制成胶片或胶布半成品的方法。该工艺方法自动化程度高，对操作人员的技术水平要求高，要求压延胶片厚度和表面质量与规定指标间偏差范围要小，高速压延时不应出现胶料焦烧现象，但产品质量不稳定，卷材外观易出现不密实、起泡、褶皱、厚度不均匀等缺陷。卷材压延成型生产工艺主要设备有：压延机、单鼓硫化机、硫化罐、密炼机、滤胶机、切胶机、开炼机等。

目前高分子防水卷材生产常用挤出成型生产工艺。挤出成型生产按物料喂料方式分为热喂料和冷喂料；按卷材硫化方式分为连续硫化罐、二次硫化、多鼓硫化机硫化和直接蒸汽硫化等。目前我国常用冷喂料、挤出成型和连续硫化生产三元乙丙防水卷材的工艺流程如图 11-2 所示。

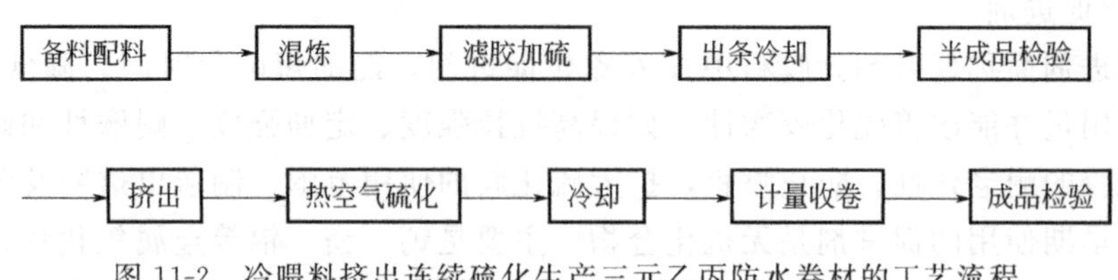

图 11-2 冷喂料挤出连续硫化生产三元乙丙防水卷材的工艺流程

1. 三元乙丙防水卷材的胶料制备

1）原材料准备和配制

生产三元乙丙橡胶防水卷材所用的原辅材料按形状分为粉料、液料、颗粒状料和块状料等。使用前要按照不同要求对材料进行处理。粉料和颗粒料易吸收空气中的水分导致其水分含量超标，所以对放置时间长或受潮的粉料和颗粒料要进行烘干处理，要求在 50～60℃烘房中烘 24h 左右。在冬季，液料操作油会因为温度较低而黏度过高，使配料和混炼变得困难，因此操作油要在 20～30℃的烘房中放置 24h 左右。体积重量较大的块状胶要先用切胶机切成小于 1.5kg 的小块。

原材料配制时，要严格按配方规定的品种、规格、数量分别称量，称好的原材料应盛放在清洁、无杂物的容器内。

2）塑炼

塑炼是使生胶由强韧的高弹性状态转变为柔软而富有可塑性状态的加工过程。塑炼设备有开炼机和密炼机。采用密炼机塑炼时，橡胶基料（生胶）在增塑剂、高温（120℃）和强有力的机械作用下，短时间内即可获得所需的可塑性，并使胶料工艺性能得以改善。塑炼后的生胶弹性减小、可塑性增大；混炼时配合剂易在胶料中混合分散均匀，压延挤出速度快，收缩率小，并改善胶料对骨架材料的渗透与结合作用；硫化时易流动充满模型。

随着塑炼程度的增加，会使硫化胶的物理机械性能受损，如强度、耐磨性和耐老化性降低，永久变形增加。塑炼程度越大，损害程度也越大。故生胶塑炼程度须根据胶料加工性能要求和硫化胶性能要求综合确定。

门尼黏度又称转动（门尼）黏度，用门尼黏度计测定，可基本反映合成橡胶的聚合度、分子量和分布范围宽窄以及橡胶加工性能的好坏。门尼黏度高胶料不易混炼均匀及挤出加工，其分子量高、分布范围宽；门尼黏度低胶料易粘辊，其分子量低、分布范围窄，门尼黏度过低则硫化后制品抗拉强度低。如果生胶初始门尼黏度较低，可满足加工性能要求，则不必塑炼，可直接混炼。三元乙丙橡胶属于合成橡胶，其分子量（门尼黏度）在合成过程中可被很好地控制，分子量大大低于其他合成橡胶，因此一般不需塑炼，只需按制品性能或加工要求，选择不同门尼黏度三元乙丙橡胶牌号直接混炼即可。三元乙丙橡胶的分子链饱和度较高，化学结构稳定，采用机械或化学塑炼方法对其分子链断链的效果不是很好。

三元乙丙橡胶若用开炼机进行混炼时，要先对胶料进行塑炼；若用密炼机混炼时可不用塑炼，可与密炼机混炼加工合并起来一次性完成，即在密炼机中先加入生胶高速混炼一定时间后，再加入炭黑等其他配合剂进行正式混炼。

开炼机塑炼三元乙丙橡胶采用薄通法较好，辊距控制在 1mm 以内，辊温以 40～60℃

为宜，薄通时间一般每料 30～40min，薄通遍数一般每料 10～15 遍。具体时间或遍数应以产品要求和门尼黏度、可塑度指标确定。

密炼机塑炼三元乙丙橡胶可采用高温短时间方法，以提高塑炼胶生产效率。排料温度一般达 150～170℃，时间约 2min。如果排料后再结合开炼机薄通数遍，塑炼效果会更好。

3）混炼

混炼是三元乙丙橡胶与配合剂混合的加工过程。混炼设备有双辊开放式炼胶机（开炼机）、密闭式炼胶机（密炼机）和连续式混炼机三种类型，开炼机和密炼机是常用的混炼设备。密炼机生产能力大，炼胶过程自动化程度、工作可靠度和生产效率高，操作安全，现场卫生条件良好，混炼质量高。目前三元乙丙橡胶普遍采用密炼机混炼，开炼机混炼只在小配方试验或小批量生产时才采用。

密炼机混炼不含硫化剂的母炼胶时，混炼周期为 3～5min，排料温度为 120～150℃；混炼含有硫化剂、促进剂的胶料时，混炼周期为 4～6min，排料温度不超过 100℃。

4）滤胶

橡胶原材料和胶料在混炼过程中可能带入杂质，这些杂质对防水卷材质量影响很大，因此混炼好的胶料要进行过滤，除掉其中的机械杂质。

滤胶通常在机头部装有几层金属滤网的滤胶机中进行。滤胶温度要适当，太高会影响后面的加硫工序。一般控制机身温度在 35～65℃（用冷却水控制），机头温度 50～70℃，滤出胶料温度不超过 140℃。

5）加硫

加硫直接影响到制品最终的物理性能。加硫要保证所有的硫化剂和促进剂混合到胶料中并且要分散均匀，如果在操作中有遗漏，会导致硫化制品物理性能达不到要求，造成产品不合格。加硫胶料的内部温度应小于 90℃。如果温度过高，胶料有可能焦烧。

6）薄通

薄通是混炼胶在开炼机的小辊距下通过后不包辊而直接落在接料盘上，等胶料全部通过辊后，再将胶料返回到辊的上方重新通过辊距，反复数次。这样做能使胶料中硫化剂和促进剂分散更加均匀。要求开炼机辊距控制在 0.5～1.0mm，薄通次数应为 3 次。

7）出条冷却停放

胶料加硫薄通后必须出条冷却，否则会在停放期间，因温度较高而发生焦烧和粘连问题。胶料用开炼机出条，通过放一定量隔离剂的冷却水槽，然后取出挂到晾胶架上晾干停放。停放过程中，配合剂会继续扩散，使其分散更均匀，同时使胶料与炭黑之间进一步生成结合橡胶，提高补强效果。停放期间应注意：保持胶库通风良好，胶料不能遇水、不能受阳光直射，室内温度控制在 15～30℃，湿度应小于 70%；存放时间不宜过长；胶条停放最短时间为 1d；发放胶料须遵守“先进先出”原则。

8）半成品质量检验

目测检查混炼胶，根据经验粗略判断分散程度。可将薄通后的胶片拉伸后用肉眼观察分散情况，或借助放大镜检查胶片断面黑色光泽的明暗及有无结聚粗粒子。在每个晾胶架上随机抽取一个样块，在实验室中检测如下项目：门尼黏度、焦烧时间、正硫化时间、转矩、半成品（实验室中硫化）的物理特性，如硬度、拉伸强度、扯断伸长率、永久变形及撕裂强度等，合格的才能进入下一道工序。

2. 三元乙丙防水卷材的挤出成型

1）挤出成型工艺设备

挤出成型装置由主机和辅机两大部分组成。

（1）主机：主机即螺旋挤出机。

①挤压系统：主要由机筒和螺杆组成，胶料通过挤压系统而塑化成均匀的粘流体，并在这一过程中所建立的压力下被螺杆连续地定压、定量、定温地挤出机头。

②传动系统：其作用是给螺杆提供所需的扭矩和转速。

③加热冷却系统：其功能是通过对料筒、螺杆和机头等进行加热和冷却，保证挤出成形过程在工艺要求的温度范围内完成。

④机头：它是制品成型的主要部件，通过挤压系统的胶料再通过它来获得一定的几何形状和尺寸。

（2）辅机

①定型装置：将从机头挤出的半成品形状定型稳定，并对其进行精整，从而得到更为精确的截面形状、尺寸和光亮的表面，通常采用冷却和加压（带循环水对辊）方法。

②冷却装置：由定型装置出来的半成品在此得到充分冷却（多用风），获得最终的形状和尺寸。

③牵引装置：均匀地牵引半成品，并控制半成品的截面尺寸，使挤压过程稳定进行。

④切割装置：将连续挤出的成品切成一定的长度或宽度。

⑤卷取装置：将成品卷绕成卷。

⑥挤出机的控制系统：由各种电器、仪表和执行机构组成。可控制挤出机的主机、辅机和其他各种执行机构按所需功率、速度和轨迹运行，以及检测、控制主辅机的温度、压力、流量，最终实现对整个挤出机组的自动控制和对产品质量的控制。

2）冷喂料挤出连续硫化成型工艺

（1）挤出：挤出由冷喂料挤出机和 L 型机头组成。冷喂料挤出是采用已冷却至室温的胶条直接喂料挤出。挤出工艺参数控制如下：

① 挤出温度：冷喂料挤出机及机头温度的设置与半成品胶料的门尼黏度有关，其温度设置为机身段 50～70℃，L 型机头 70～90℃，螺杆温度 30～40℃。胶料门尼黏度低，温度设置低，反之温度设置高些。

② 挤出速度：挤出机挤出速度据胶料硫化特性及硫化时间确定，一般控制在 1.5～3.5m/min。

③ 挤出压力：挤出机挤出压力和半成品的门尼黏度有关，一般控制在 20MPa 以下。

④ 产品厚度控制：L 型机头在生产前应根据产品厚度（1.0～2.0mm）选择口型垫块调整。生产过程厚度的均匀性应通过 L 型机头口型上的螺丝调整，使厚度偏差控制在－10%～＋15%范围之内。

（2）接取：接取是把 L 型机头中挤出的防水卷材通过接取机将其引入下一道工序，接取机的速度应比挤出机的挤出速度略快一些，使卷材保持一定的恒张力。

（3）切边：防水片材通过接取机后，通过两边的切边装置把卷材多余的部分裁切掉，使经过硫化后卷材的宽度控制在 1200mm。

（4）热空气硫化：冷喂料挤出连续硫化工艺是由冷喂料挤出与 18m 长的硫化罐组成。

挤出的胶片直接送入硫化罐，利用加热管间接加热空气进行硫化，该硫化方法能连续生产，产品质量好，劳动强度低，环保节能。硫化罐的加热方式有蒸汽加热和导热油加热。常用导热油加热效率高，传热效果好，温度分布均匀，温度波动小，且能源消耗少。硫化过程三元乙丙的硫化温度控制可通过油温阀调节，一般在160～180℃；在生产前根据产品厚度和胶料正硫化时间确定防水片材的硫化速度，一般应与挤出机的速度同步。

(5) 冷却：硫化后的防水卷材温度很高，可通过冷却机使卷材快速冷却至室温。

(6) 外观检验：经冷却的防水卷材通过外观质量检验，把外观有瑕疵、气泡、杂质、凹痕和孔洞等缺陷裁剪掉。

(7) 卷取包装：经外观质量检验后的防水卷材通过卷取机卷装成卷，然后用编织袋或塑料膜等包装。

(8) 成品质量检验：三元乙丙橡胶防水卷材的质量经检测应满足《高分子防水材料 第1部分 片材》GB18173.1—2012的要求。

11.2.3　三元乙丙橡胶防水卷材的性能

三元乙丙防水卷材的物理力学性能指标要求如表11-4所示。

三元乙丙橡胶（JL1）防水卷材的物理力学性能　　表11-4

项目			指标
拉伸强度(MPa)	常温(23℃)	≥	7.5
	高温(60℃)	≥	2.3
拉断伸长率(%)	常温（23℃）	≥	450
	低温(−20℃)	≥	200
撕裂强度(kN/m)		≥	25
不透水性(30min,0.3 MPa)			无渗漏
低温弯折(−40℃)			无裂纹
加热伸缩量(mm)	延伸	≤	2
	收缩	≤	4
热空气老化(80℃×168h)	拉伸强度保持率(%)	≥	80
	拉断伸长率保持率(%)	≥	70
耐碱性[饱和 $Ca(OH)_2$ 溶液 23℃×168h]	拉伸强度保持率(%)	≥	80
	拉断伸长率保持率(%)	≥	80
臭氧老化(40℃×168h)	伸长率40%,500pphm		无裂纹
人工气候老化	拉伸强度保持率(%)	≥	80
	拉断伸长率保持率(%)	≥	70
粘结剥离强度(片材与片材)	标准实验条件(N/mm)	≥	1.5
	浸水保持率(23℃×168h,%)	≥	70

三元乙丙橡胶防水卷材属于高档防水卷材，该卷材耐老化性能好，使用寿命长，一般情况下可达40年；弹性好，拉伸性能优异，能较好适应基层伸缩或开裂变形需要；耐高低温性能好，−48～−40℃不脆裂，80～120℃加热5h不起泡、不粘连，能在严寒或酷热

（150～200℃）环境中长期使用；电绝缘性及防水性能优异；有较强的耐溶剂性和耐酸碱性，也可广泛用于防腐领域；EPDM 密度小，卷材质量轻，可单层冷粘施工，操作简便，无污染，施工效率高。但卷材柔软性不足，在不平整复杂基层和异形表面铺设困难；与基层粘结和接缝粘结的技术要求高，粘结性能较差，如施工不当，常有卷材下窜水和接缝不善问题出现，因此应注意粘结剂的性能和配套；单位成本较高，但其综合经济效益显著。

三元乙丙橡胶防水卷材可用于工业与民用建筑屋面工程的单层外露防水；受振动、易变形建筑工程防水；也可与其他防水材料联合构成多道复合防水层，用于防水等级为Ⅰ、Ⅱ级的有刚性保护层或倒置式屋面及地下室、游泳池、储水池、隧道、桥梁、地铁、水库、堤坝等工程防水。

11.3 聚氯乙烯防水卷材

聚氯乙烯防水卷材是以聚氯乙烯树脂为主要原料，添加一定量增塑剂、填充剂、抗氧剂、紫外线吸收剂等辅助材料，采用挤出或压延生产工艺加工而成的可卷曲的片状防水材料。

20 世纪 60 年代初欧洲发明了聚氯乙烯防水卷材，经几十年的工程实践，在全球得到了广泛应用。

11.3.1 聚氯乙烯防水卷材的原材料

1）聚氯乙烯树脂

聚氯乙烯树脂是以氯乙烯单体制得的聚合物，英文名 Polyvinyl Chloride，缩写为 PVC，商品名称简称氯塑。PVC 是一种无定型结构的高分子热塑性聚合物，由包含大约 2000～4000 单体单元的链状大分子构成，其分子结构式如图 11-3 所示。每个链节都有氯原子，因 C-Cl 偶极影响，分子间作用力比聚乙烯大。现有 PVC 原材料的多种不同类型主要通过以同一构造单元为基础的大分子的链长来区分；n 是平均聚合度，一般为 350～8000。当 n 值低时，PVC 的拉伸强度和加工温度都高；反之，当 n 值高时，PVC 的拉伸强度和加工温度都低。

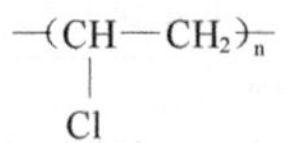

图 11-3　聚氯乙烯的分子结构式

PVC 树脂为白色或淡黄色的粉末状固体，结晶度不超过 10%，极性、硬度和刚度大，化学稳定性高，耐酸碱性好，不溶于水、汽油、酒精等，在醚、酮、酯、芳烃或卤烃等类溶剂中能溶胀或溶解；具有阻燃、耐化学药品性高、机械强度及电绝缘性良好的优点。但其耐冲击性差，加工流动性、耐候性不够理想；耐热性较差，软化点为 80℃，于 130℃开始分解变黑、变黄，180℃可流动；燃烧冒白烟，火焰呈黄绿色，有刺鼻气味，离火即自熄，燃烧过程中会释放出氯化氢和其他有毒气体，如二噁英；耐浓酸、浓碱能力稍差。

PVC 聚合物是用于工业、商业最具有实用性的热塑性产品。从它的基本形态看，其基本组成材料 PVC 树脂是一种相对硬性的材料，需加入其他化学助剂，如增塑剂、稳定剂、加工助剂、填料、色粉等，来获得最终需要的物理性能。

2）增塑剂

增塑剂的作用是调节 PVC 的软硬程度，提高其柔性及抗冲击性能，降低加工温度，但会降低强度。常用增塑剂有邻苯二甲酸酯类、脂肪族二元酸酯类、磷酸酯和环氧酯类等。

3）稳定剂

稳定剂的作用是改善聚氯乙烯的热稳定性，抑制热降解，提高耐热性。常用稳定剂有铅盐类、金属皂类和有机锡类，如二碱基亚磷酸铅（二盐），呈白色粉末状，可溶于盐酸，不溶于水和所有的有机溶剂，味甜有毒，耐候性较差。

4）加工改进剂

（1）润滑剂：润滑剂的作用是降低 PVC 热熔融时分子之间的内摩擦（内部润滑剂）和 PVC 与加工机械表面的外摩擦（外部润滑剂），改善熔体流动性，防止产生表面粗糙、流纹和缺乏光泽的现象。常用润滑剂有硬脂酸（HST）和聚乙烯蜡（PE-Wax）。

（2）加工助剂：加工助剂的作用是促进树脂熔融，改善熔体流变性、热变形性及制品表面光泽，防止“鲨鱼皮”等。加工助剂多采用 K-175（丙烯酸类）、ACR 类（甲基丙烯酸甲酯共聚物）。

5）填充剂

填充剂又称填料，其作用是节省原料，改善聚合物物理性能和加工性能，如机械强度，流动性等。填料多采用轻质碳酸钙、重质碳酸钙和活性碳酸钙。活性碳酸钙能改善 $CaCO_3$ 在 PVC 中的分散性。

6）颜料、着色剂

颜料、着色剂的作用是区分卷材功能（警示色）；美化卷材，提高商品价值；改善卷材性能，如耐候性等。颜料应具备如下特点：着色性、分散性好，耐酸、耐候性好，热稳定 180℃以上，耐迁移。PVC 卷材颜料分无机颜料如钛白粉、炭黑和有机颜料如酞菁、缩合双偶氮、异吲哚啉酮等。

（1）钛白粉：钛白粉（分子式 TiO_2）是着色剂和光屏蔽剂（紫外线稳定剂），有锐钛型、金红石型、板钛型三种类型。在白色颜料中钛白粉着色力最强，具有优良遮盖力和色牢度；金红石型的光亮度、着色力、遮盖力、抗粉化性能较锐钛型强，且耐候性、耐热性好，能屏蔽紫外线，不易变色，耐水，特别适用户外制品；锐钛型的白度和分散性较好，耐热和光稳定性较差，主要用于室内制品。

（2）炭黑：炭黑（分子式 C）是着色剂和紫外屏蔽吸收剂，主要有气黑、乙炔黑、灯黑、混气炭黑。

（3）彩色颜料：橙、绿、黄、红、蓝色，用于生产多种彩色卷材。

7）抗氧剂

抗氧剂又称防老剂，其作用是抵抗环境中的氧化作用，提高耐老化性能。常用的有酯类及其化合物。

另外，为改善 PVC 制品性能，还可加入抗静电剂、紫外线吸收剂、防霉剂、荧光增白剂等。某 PVC 卷材的生产配方如表 11-5 所示。

某 PVC 卷材的生产配方　　表 11-5

原料名称	PVC 树脂	增塑剂	稳定剂	填充剂	颜料
质量份数	100	35～40	3	40～50	1～2

11.3.2 聚氯乙烯防水卷材的生产

PVC 卷材生产工艺按成型方法有压延、挤出或展开涂布。压延工艺生产速度最快，适合大批量生产，生产成本较低，但卷材内应力大，卷材尺寸稳定性最差。涂布工艺使用微悬浮 PVC 乳液，生产速度相对较慢，但由于生产过程中卷材不受压挤力，故卷材无内应力。目前多采用挤出工艺，该工艺使用悬浮 PVC 干混料，生产速度快，卷材内应力小，卷材尺寸稳定性好。

聚氯乙烯防水卷材按是否有增强材料分为五种类型：无内增强和背衬材料的均质 PVC 卷材（H)、用织物如聚酯无纺布等复合在卷材下表面增强的带纤维背衬 PVC 卷材（L)、在卷材中间用聚酯或玻纤网格布增强的织物内增强 PVC 卷材（P)、在卷材中间用短切玻璃纤维或玻纤无纺布增强的玻璃纤维内增强 PVC 卷材（G）和在卷材中间用短切玻璃纤维或玻纤无纺布，并用织物如聚酯无纺布等复合在卷材下表面增强的玻璃纤维内增强带纤维背衬 PVC 卷材（GL)。某些高档产品可在卷材表面进行易洁涂层处理。

增强型且表面带有易洁涂层的 PVC 卷材挤出工艺生产流程如图 11-4 所示，其主要生产工序包括配料、混合、喂料、挤出，主要生产设备有高速搅拌机、低速冷搅拌机、计量螺杆加料机、双螺杆挤出机、机头、三辊压光机、牵引机、自动收卷机等。

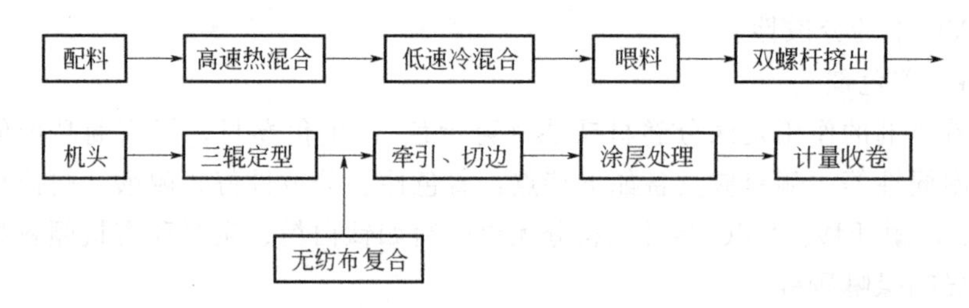

图 11-4　增强型且表面带易洁涂层的 PVC 卷材挤出工艺生产流程图

（1）配料：根据配方要求，在混配工序中计算机精确控制每种原材料的用量。

（2）混合：将按配方配好的 PVC 树脂和其他原料的混合料投放到高速搅拌机中，使料温逐渐升高至 120℃；排料至运转的冷搅拌机中，打开夹套冷却水，使物料在冷却搅拌机中逐渐冷却到 40℃。

（3）喂料：排料到预定的储料罐，再由储料罐喂入挤出线上部的挤出机喂料装置。

（4）挤出：经捏合、冷却后的物料通过挤出机喂料装置进入挤出机，通过双螺杆挤出机的加热、混炼、挤压而成为黏流态的物料。混料在 180℃左右温度下被熔化。黏流态的物料，经过装在双螺杆挤出机上的排气装置，除去物料中的空气及分解的气体，然后通过连接器进入机头。底层挤出机头将熔料挤出，并被展宽成一定宽度的薄膜，这层薄膜与加强筋一起在压辊机组中被压合成一体，形成卷材的底层；在第二台挤出机头，卷材表层以同样的方式制成，然后表层和已经附着了加强筋的底层一起经第二组压辊机组形成成品卷材。

(5) 表面涂层：成品卷材经涂层涂布器时，卷材表面上被均匀地涂布上一层涂层材料，经特制的干燥器后，涂层材料被固化，在卷材表面形成一层透明薄膜。

(6) 卷材经计量后收卷、包装。

11.3.3 聚氯乙烯防水卷材的性能

聚氯乙烯防水卷材产品公称长度为15m、20m 、25m，公称宽度为1.0m、2.0m，厚度为1.2mm、1.5mm、1.8mm、2.0mm。

聚氯乙烯防水卷材的物理力学性能应满足《聚氯乙烯（PVC）防水卷材》GB 12952—2011的要求，如表11-6所示。

聚氯乙烯防水卷材的物理力学性能指标　　表11-6

<table>
<tr><th rowspan="2">序号</th><th colspan="3" rowspan="2">项　目</th><th colspan="5">指标</th></tr>
<tr><th>H</th><th>L</th><th>P</th><th>G</th><th>GL</th></tr>
<tr><td>1</td><td colspan="2">中间胎基上面树脂层厚度(mm)</td><td>≥</td><td colspan="2">—</td><td colspan="3">0.40</td></tr>
<tr><td rowspan="4">2</td><td rowspan="4">拉伸性能</td><td>最大拉力(N)</td><td>≥</td><td>—</td><td>120</td><td>250</td><td>—</td><td>120</td></tr>
<tr><td>拉伸强度(MPa)</td><td>≥</td><td>10.0</td><td>—</td><td>—</td><td>10.0</td><td>—</td></tr>
<tr><td>最大拉力时延伸率(%)</td><td>≥</td><td>—</td><td>—</td><td>15</td><td>—</td><td>—</td></tr>
<tr><td>断裂伸长率(%)</td><td>≥</td><td>200</td><td>150</td><td>—</td><td>200</td><td>100</td></tr>
<tr><td>3</td><td colspan="2">热处理尺寸变化率(%)</td><td>≤</td><td>2.0</td><td>1.0</td><td>0.5</td><td>0.1</td><td>0.1</td></tr>
<tr><td>4</td><td colspan="3">低温弯折性</td><td colspan="5">−25℃无裂纹</td></tr>
<tr><td>5</td><td colspan="3">不透水性</td><td colspan="5">0.3MPa,2h不透水</td></tr>
<tr><td>6</td><td colspan="3">抗冲击性能</td><td colspan="5">0.5kg·m不渗水</td></tr>
<tr><td>7</td><td colspan="3">抗静态荷载[①]</td><td>—</td><td>—</td><td colspan="3">20kg不渗水</td></tr>
<tr><td>8</td><td colspan="3">接缝剥离强度(N/mm)</td><td colspan="2">4.0或卷材破坏</td><td colspan="3">3.0</td></tr>
<tr><td>9</td><td colspan="3">直角撕裂强度(N/mm)</td><td>50</td><td>—</td><td>—</td><td>50</td><td>—</td></tr>
<tr><td>10</td><td colspan="3">梯形撕裂强度(N)</td><td>—</td><td>150</td><td>250</td><td>—</td><td>220</td></tr>
<tr><td rowspan="2">11</td><td rowspan="2">吸水率(70℃,168h)(%)</td><td>浸水前</td><td>≤</td><td colspan="5">4.0</td></tr>
<tr><td>晾置后</td><td>≥</td><td colspan="5">−4.0</td></tr>
<tr><td rowspan="7">12</td><td rowspan="7">热老化(80℃)</td><td colspan="2">时间</td><td colspan="5">672</td></tr>
<tr><td colspan="2">外观</td><td colspan="5">无起泡、裂纹、分层、粘结和孔洞</td></tr>
<tr><td colspan="2">最大拉力保持率(%)</td><td>—</td><td>85</td><td>85</td><td>—</td><td>85</td></tr>
<tr><td colspan="2">拉伸强度保持率(%)</td><td>85</td><td>—</td><td>—</td><td>85</td><td>—</td></tr>
<tr><td colspan="2">最大拉力时伸长率保持率(%)</td><td>—</td><td>—</td><td>80</td><td>—</td><td>—</td></tr>
<tr><td colspan="2">断裂伸长率保持率(%)</td><td>80</td><td>80</td><td>—</td><td>80</td><td>80</td></tr>
<tr><td colspan="2">低温弯折性</td><td colspan="5">−20℃无裂纹</td></tr>
</table>

续表

序号	项目		指标				
			H	L	P	G	GL
13	耐化学性	外观	无起泡、裂纹、分层、粘结和孔洞				
		最大拉力保持率(%)	—	85	85	—	85
		拉伸强度保持率(%)	85	—	—	85	—
		最大拉力时伸长率保持率(%)	—	—	80	—	—
		断裂伸长率保持率(%)	80	80	—	80	80
		低温弯折性	−20℃,无裂纹				
14	人工气候加速老化[3]	时间(h)	1500[2]				
		外观	无起泡、裂纹、分层、粘结和孔洞				
		最大拉力保持率(%)	—	85	85	—	85
		拉伸强度保持率(%)	85	—	—	85	—
		最大拉力时伸长率保持率(%)	—	—	80	—	—
		断裂伸长率保持率(%)	80	80	—	80	80
		低温弯折性	−20℃无裂纹				

注:①抗静态荷载仅对压铺屋面的卷材要求。

②单层卷材屋面使用产品的人工气候加速老化时间为2500h。

③非外露使用的卷材不要求测定人工气候加速老化。

聚氯乙烯防水卷材耐化学侵蚀、耐老化、耐腐蚀性优良，抗菌、防霉、耐磨性优良；低温柔性和耐热性较好，在−20～90℃可正常使用；PVC分子主链无双键结构，因而耐臭氧性优良，使用寿命长，暴露屋面达30年，地下埋置可达50年；抗拉强度、抗撕裂强度高，伸长率良好，可适应频繁的结构变形；良好的水蒸气渗透性和耐穿刺性，耐风化，特别适用于地下工程、水利工程和种植屋面；抗紫外线性能较好，浅色表面可反射紫外线照射，吸热最少；卷材表面经特殊处理，使其不吸尘，易清洗，具有金属质感；可空铺冷施工也可机械固定，施工快捷，完成即可上人，无污染；卷材接缝除冷胶粘外，可采用焊接技术，接缝强度高，牢固可靠，焊缝耐久性与母材相同，提高了接缝防渗漏的可靠性，长期可焊性好，即使经多年风化，卷材仍可方便焊接，利于对建筑物的改造或维修；抗冲击、抗静电、耐火性好，具有离火自熄性，收缩率小；聚酯织物增强的卷材抗撕裂能力好，特别适用于机械固定屋面系统。但施工技术要求高，焊接温度需严格控制；卷材柔软不足，热收缩和后期收缩均较大，不宜在复杂、异型基层上使用；耐紫外线老化能力较差，随着增塑剂的迁移，卷材会逐步变硬变脆。

与三元乙丙橡胶防水卷材相比，聚氯乙烯防水卷材综合性能略差，但其价格便宜，容易粘结。可用于水利、水库、湖池、垃圾填埋场、隧道和粮库等的防水防渗；新建或返修工程外露或有保护层的屋面防水，特别是种植屋面；适于人防、地下室等基层较平整的地下工程防水。

11.4 热塑性聚烯烃防水卷材

将两种或两种以上的不同橡胶或橡胶与合成树脂，借助机械力的作用掺混成一体，用以制造各种橡胶制品，称为橡胶机械共混或橡胶的并用。橡胶共混物兼有各组分聚合物的性能，是一种有别于单一组分聚合物的新型橡胶材料，也称为橡胶合金。

橡胶共混的主要目的是改善现有橡胶性能上的不足。单一高分子材料存在的种种性能缺陷必然会在使用时受到限制，橡胶与合成树脂共混是实现橡胶改性的一条重要途径。合成树脂在性能上的优势是具有高强度、优异的耐热老化性和耐各种化学介质侵蚀性，这些恰恰是某些合成橡胶所缺少而又需要的。橡胶与少量的合成树脂共混，使橡胶的某些性能得到改善，从而可以提升橡胶的使用价值，拓宽其应用领域。利用橡胶与合成树脂机械共混生成具有热塑性弹性体特征的高分子合金材料称为共混型热塑性弹性体，这是目前对高分子卷材改性的主要方法之一。

热塑性聚烯烃防水卷材（简称 TPO 卷材）是以聚烯烃（乙烯和 a 烯烃的聚合物）为主要原料，加入抗氧剂、防老剂、软化剂等制成的可卷曲的高分子防水卷材。

TPO 卷材是一种热塑性弹性体防水材料，它在加热状态下呈塑性，可采取焊接法粘结，在使用温度下又呈橡胶状弹性，所以亦称其为聚烯烃类热塑性弹性体。TPO 防水卷材具有三元乙丙橡胶防水卷材的耐候性，又有像 PVC 防水卷材一样的可焊接性，防水效果可靠，发展至今已成为国内外高分子防水卷材市场上的新宠。1991 年欧洲人将 TPO 卷材用于屋面，90 年代末期进入美国市场，迅速占据美国防水卷材市场的 20%，成为市场占有率最高的防水卷材产品之一。2003 年一些欧美品牌进入中国市场，目前国内防水材料厂家也生产 TPO 卷材。

11.4.1　热塑性聚烯烃防水卷材的原材料

TPO 防水卷材的主要原材料包括聚烯烃、软化剂和多种添加剂等。TPO 卷材配方中可能既使用聚乙烯聚合物又使用了聚丙烯聚合物，也可能混入了其他烯烃类物质。目前 TPO 卷材生产用聚烯烃主要采用聚丙烯（PP）和聚乙烯（PE），改性剂或增柔剂通常为橡胶组分，可选用三元乙丙橡胶（EPDM）、丁腈橡胶（NBR）和丁基橡胶。我国 TPO 卷材生产目前多以 EPDM 与 PP 为主要原料，再与填料、添加剂一起共混使用。加入碳酸钙和钛白粉可使卷材上表面呈现白色，反光节能，也具有抗紫外线（UV）性能；加入氢氧化铝和氢氧化镁可阻燃；其他稳定剂、抗氧剂、耐 UV 剂可使防水卷材具有优良的耐用性和耐候性。为使 TPO 产品易于安装到屋顶上并承受屋面系统可能受到的各种外力，要求聚烯烃聚合物含量（包括共聚物）最少占 50%（质量）。某 TPO 卷材的生产配方如表 11-7所示。

某 TPO 卷材的生产配方　　　　**表 11-7**

原料名称	PVC 树脂	增塑剂	稳定剂	填充剂	颜料
质量份数	100	35～40	3	40～50	1～2

11.4.2　热塑性聚烯烃防水卷材的生产

TPO 防水卷材采用普通热塑性塑料加工设备进行挤压成型加工，具有加工简便、成本低、可连续生产及边角余料可回收利用等优点。意大利法拉格 TPO 防水卷材的生产工艺如图 11-5 所示。

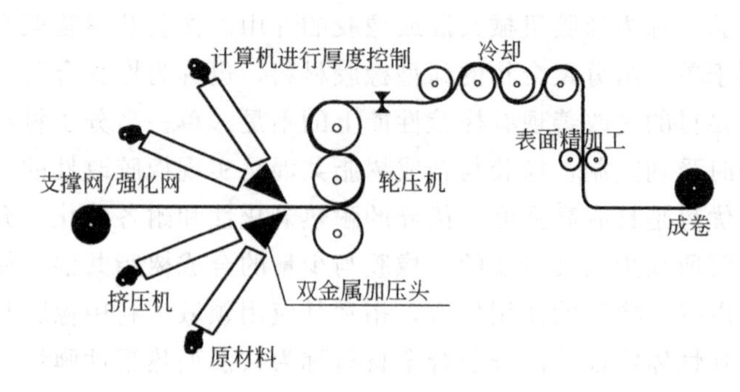

图 11-5　意大利法拉格 TPO 防水卷材的生产工艺

按胶料制备方法，TPO 防水卷材的生产主要有机械掺混法和动态全硫化法。机械掺混法是开发最早、技术最成熟的生产工艺，该法通过双螺杆挤出机将 EPDM 和 PP 进行掺混挤出，制造工艺简单，成本低。但由于橡胶组分含量低（质量分数约 20%～30%），耐热性、耐油性、耐高温永久变形性和弹性较其他方法差，应用受到限制，常用于汽车部件及家用电器等行业。动态硫化法是将橡胶相动态硫化获得硫化胶，该法生产的 TPO 防水卷材中，橡胶组分含量高达 60%～70%，制品的抗动态疲劳性能优异，耐磨性、耐臭氧及耐候性能良好，撕裂强度高，压缩变形及永久变形小，综合性能优于 EPDM 防水卷材，而且加工容易，生产成本低，应用领域广泛，有较强的竞争优势。

11.4.3　热塑性聚烯烃防水卷材的性能

TPO 防水卷材按产品的组成分为均质卷材（H）、带纤维背衬卷材（L）和织物内增强卷材（P）三种类型。产品公称长度为 15m、20m 、25m，公称宽度为 1.0m、2.0m，厚度为 1.2mm、1.5mm、1.8mm、2.0mm。

TPO 卷材物理力学性能应满足 GB 27789—2011《热塑性聚烯烃（TPO）防水卷材》的要求，如表 11-8 所示。

热塑性聚烯烃（TPO）防水卷材的物理力学性能指标　　**表 11-8**

序号	项目			指标		
				H	L	P
1	中间胎基上面树脂层厚度(mm)		≥			0.40
2	拉伸性能	最大拉力(N/cm)	≥	—	200	250
		拉伸强度(MPa)	≥	12.0	—	—
		最大拉力时伸长率(%)	≥	—	—	15
		断裂伸长率(%)	≥	500	250	—
3	热处理尺寸变化率(%)		≤	2.0	1.0	0.5
4	低温弯折性			−40℃无裂纹		
5	不透水性			0.3MPa,2h 不透水		
6	抗冲击性能			0.5kg・m 不渗水		
7	抗静态荷载①			—	—	20kg 不渗水

续表

序号	项目		指标		
			H	L	P
8	接缝剥离强度(N/mm) ≥		4.0或卷材破坏	3.0	
9	直角撕裂强度(N/mm) ≥		60	—	—
10	梯形撕裂强度(N) ≥		—	250	450
11	吸水率(70℃,168h)(%) ≤		4.0		
12	热老化(80℃)	时间	672		
		外观	无起泡、裂纹、分层、粘结和孔洞		
		最大拉力保持率(%)	—	90	90
		拉伸强度保持率(%)	90	—	—
		最大拉力时伸长率保持率(%)	—	—	90
		断裂伸长率保持率(%)	90	90	—
		低温弯折性	-40℃无裂纹		
13	耐化学性	外观	无起泡、裂纹、分层、粘结和孔洞		
		最大拉力保持率(%)	—	90	90
		拉伸强度保持率(%)	90	—	—
		最大拉力时伸长率保持率(%)	—	—	90
		断裂伸长率保持率(%)	90	90	—
		低温弯折性	-40℃无裂纹		
14	人工气候加速老化	时间(h)	1500②		
		外观	无起泡、裂纹、分层、粘结和孔洞		
		最大拉力保持率(%)	—	90	90
		拉伸强度保持率(%)	90	—	—
		最大拉力时伸长率保持率(%)	—	—	90
		断裂伸长率保持率(%)	90	90	—
		低温弯折性	-40℃无裂纹		

注：①抗静态荷载仅对压铺屋面的卷材要求。
②单层卷材屋面使用产品的人工气候加速老化时间为2500h。

TPO防水卷材耐老化、耐紫外线、耐臭氧；加聚酯纤维增强卷材具有高断裂强度和抗刺穿强度；偏重于亮色特别是白色的卷材表面光滑、耐污染，有很好的抵抗霉菌和藻类生长能力；白色卷材日光反射率高，可降低夏季中午屋面温度，具有显著的建筑节能效益；比EPDM防水卷材防穿刺性更好，可用于种植屋面；良好的耐高温和耐冲击性能，低温柔性好，在-30℃条件下仍有一定柔韧性；可焊性良好，可冷粘、热焊，也可机械施工，能在任何气候条件下进行施工；与PVC卷材比，TPO卷材配料中不含有增塑剂，不存在因增塑剂迁移而变脆，绿色环保，可完全回收。但卷材价格较高，施工焊接技术要求高；后期收缩较大，与复杂平面基层粘贴困难；加入聚酯纤维增强的卷材延伸率较低，无聚酯纤维胎体增强的卷材伸长率大但强度较低。

TPO卷材适于单层外露屋面、有保护层的屋面及钢结构屋面，尤其用于轻型钢结构屋面时，既能减轻屋面重量，又有极佳节能效果，还能防水防结露，是大型工业厂房、公用建筑等屋面的首选防水材料；易变形的建筑地下防水；地下室、蓄水池、体育场、地铁、水利、隧道的永久性防水防潮工程。

目前EPDM卷材及PVC卷材的销售正因TPO卷材而受到严重影响。与EPDM卷材比，TPO卷材比EPDM便宜30%，产品抗穿刺性更好，泛水可以焊接，接缝的耐久性和强度更好，可提供可持续的白色或浅色、符合节能之星等级的反射表面等，能克服EPDM产品始终面临的粘结困难问题。与PVC卷材相比，TPO卷材在耐候性、反射性和热焊接方面并无显著的优点，但TPO配方中没添加增塑剂，产品柔性保持率高，可提供更好的耐穿刺性、耐化学性及环境效益。

11.5 其他高分子卷材

11.5.1 聚乙烯丙纶防水卷材

聚乙烯丙纶防水卷材是以聚乙烯树脂为主防水层，同时在双表面复合丙纶长丝纤维无纺布作增强层，采用热融直压工艺一次复合成型的高分子防水卷材。

1988年6月，捷克斯洛伐克人在美国国际大坝会议上首次提出在聚乙烯膜两面覆聚丙烯无纺布的复合材料作坝体防水防渗，该类材料表面与喷射混凝土有良好的粘接性能，可防止混凝土滑坡。1989年聚乙烯丙纶防水卷材在我国问世，因其独特方便的施工方法、性价比较高等明显优势，在防水工程上的应用越来越多。

1. 聚乙烯丙纶防水卷材的基本构造

聚乙烯丙纶防水卷材为多层复合表面增强式结构，如图11-6所示。

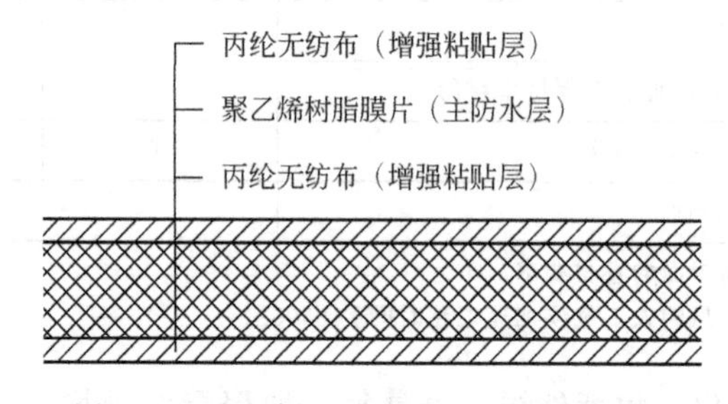

图11-6 聚乙烯丙纶防水卷材的基本构造

聚乙烯丙纶防水卷材主防水层聚乙烯芯层是由聚乙烯（LLDPE）树脂及助剂加工而成。表面增强层采用丙纶长丝热轧纺粘无纺布，其作用一是增加芯层的整体抗拉强度，使芯层厚度相对减少；二是增加芯层的表面粗糙程度，使芯层表面摩擦系数增大，提供可粘接的网状空隙结构；三是对芯层起到防护作用。卷材表面增强层无纺布结构有40%的厚度与不透水层聚乙烯树脂经加热融合在一起，保证表面层与不透水层结合牢固，其余60%厚度保证聚乙烯丙纶防水卷材主体层与结构粘合层的粘合牢固，确保卷材防水性能良好。

2. 聚乙烯丙纶防水卷材的生产

聚乙烯丙纶防水卷材主防水层聚乙烯芯层是采用抗穿刺性能良好的线形低密度聚乙烯（LLDPE）树脂及助剂加工而成。聚乙烯和丙纶对光老化和热老化特别敏感，用于屋面防水时，在聚乙烯原材料中应掺入一定量的抗氧化剂和屏蔽紫外线作用的添加剂，如加入稳定剂、助粘剂等改进卷材主防水层的柔性和粘结性，加入炭黑、抗氧剂等改进主防水层的抗老化性。

聚乙烯丙纶防水卷材的生产方法有热融直压一次复合成型法和二次加热复合成型法。

热融直压一次复合成型法是将聚乙烯及其他助剂通过加热、塑化后，用挤出机挤出成热融状膜片，然后利用辊压设备，将热融状膜片与丙纶无纺布进行复合一次成型。该法工艺完善、生产设备先进，生产的产品质量优，性能好，但设备价格贵。二次加热复合成型法是将已成型的塑料膜片夹在两层无纺布中间，经上下两面加热后使聚乙烯膜片表层熔融、再经一对热轧辊挤压与无纺布复合。该方法工艺粗糙、设备简陋，设备稳定性差，聚乙烯膜经二次加热能耗高，卷材易老化和变形，质量差，使用寿命变短。

芯材厚度对该卷材生产成本、卷材性能指标如延伸率、抗拉强度、不透水性、耐穿刺性及使用寿命等有很大影响。2004 年 3 月 18 日建设部（现为住房城乡建设部）发布《建设部推广应用和限制禁止使用技术》第 218 号公告针对该卷材明确指出：在建筑工程中限制和禁用采用二次加热复合成型工艺生产产品和聚乙烯膜芯层厚度在 0.5 mm 以下产品。

采用热融直压工艺一次复合成型的聚乙烯丙纶防水卷材生产工艺流程如图 11-7 所示。线性低密度聚乙烯树脂粒料主料和抗氧剂、光稳定剂、防老化剂和增塑剂等辅料加入混料机中充分混合，然后由真空吸料装置送入挤出机的螺杆料桶中，经过分区段加热、塑化、搅拌、压缩，使混合料充分塑化，后经减压过滤，由平口模具挤出成热融状的膜片，膜片直接进入二辊压光机中与无纺布复合、压光，冷却定型后，经切边、印字、标记、再冷却、计量长度、收卷、包装而形成产品。

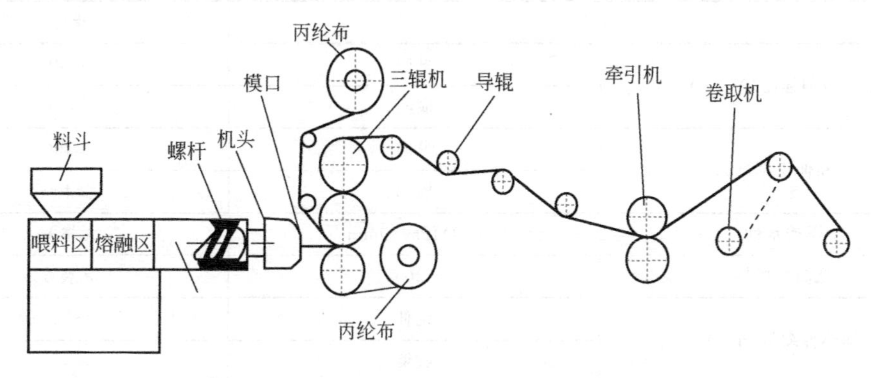

图 11-7　聚乙烯丙纶防水卷材生产工艺流程示意图

3. 聚乙烯丙纶防水卷材复合防水体系及特性

《聚乙烯丙纶卷材复合防水工程技术规程》CECS 199—2006 要求聚乙烯丙纶防水卷材与基层粘结采用满粘法施工，采用聚合物水泥防水胶粘材料做粘结材料，聚合物水泥防水胶粘材料性能要符合《聚乙烯丙纶卷材复合防水工程技术规程》的相关要求，施工固化后厚度≥1.2mm。聚乙烯丙纶卷材与聚合物水泥胶粘材料两者构成的复合防水体系如图 11-8

所示。由防护层、上层结构粘合层、卷材主体层、下层结构粘合层及基层组成。

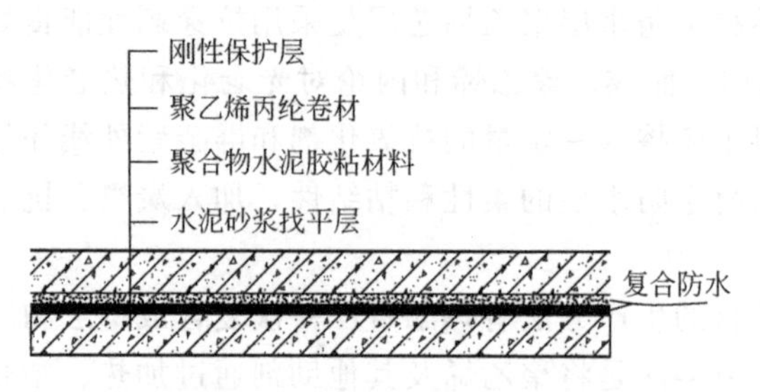

图 11-8 聚乙烯丙纶防水卷材复合防水体系

①防护层：土工工程中防护层通常为土或细砂垫层。防护层的主要作用是保护防水层主体，防止防水材料机械损伤、阻止水流及阻挡紫外线等。

②上、下粘合层：粘接主要为聚合物水泥胶结料。上粘合层主要承担防护层和卷材主体间的粘结及阻滞渗漏水流的作用；下粘合层则承担卷材主体与基层间的粘结，另外阻滞渗漏流水的横向运动，弥补基层的不足之处。

③卷材主体层：主要承担防水任务，阻止水的渗透，提供粘结结构的功能，还要具备防止热老化和臭氧老化的性能。

④基层：基层主要功能为防水基体，指工程与防水系统连接部分，为已用水泥材料找平的规则结构面或其他材料构件，一般多为现浇混凝土。

聚乙烯丙纶防水卷材规格为宽度≥1m，长度 100m，厚度 0.6mm、0.7mm、0.8mm；长度 50m，厚度 0.9mm、1.0mm、1.2mm、1.5mm，其物理力学性能指标如表 11-9 所示。

聚乙烯丙纶防水卷材物理力学性能 **表 11-9**

项目		指标
断裂拉伸强度(N/cm)	纵向	≥60
	横向	≥60
胶断伸长率(%)	纵向	≥400
	横向	≥400
不透水性	0.3MPa,30min	无渗漏
低温弯折性	−20℃	无裂纹
加热伸缩量(mm)	延伸	≤2
	收缩	≤4
撕裂强度(N)		≥20

聚乙烯丙纶防水卷材防水体系采用聚合物水泥浆做粘结剂，直接与构筑物粘接，解决了有机防水卷材不能很好与水泥材料直接粘合的缺陷；聚合物水泥胶结料与混凝土基层同属水泥基材料，两者相容性好，粘接紧密可靠，卷材表面网状结构与水泥结构的直接粘合使之具有优越的结构稳定性；卷材芯层阻止流水横向运输，表面丙纶无纺布既与主防水层热融粘合又与结构粘合层粘合，使防水结构切向不透水，而聚合物水泥胶结料也参与工程

防水与卷材共同组成一个复合防水体系，使其具有很强的抗渗透压能力，保证“滴水不漏”；接缝采用焊接搭接，没有对建筑物低含水率的苛刻要求，施工方便，安全环保；抗拉系数高，摩擦系数大、变形适应能力强，可用于温度变化较大的区域及多种特殊需要的建筑；具有良好的抗紫外线、抗臭氧能力，外用时不会损伤，老化慢，稳定性极好，使用寿命长。

聚乙烯丙纶防水卷材既可用于我国寒冷的大西北及东北地区，也可用于温热多雨的南方；可用于工业与民用建筑的屋面、地面、墙面、地下室、厕浴间、厨房、地沟等部位的防水、防潮、防渗工程；水利、地铁、隧道、市政、化工、冶金等行业的防水、防污染、防渗漏；特别适于防水要求较高和工期较紧的工程。建议空铺施工，焊接搭接；施工最佳温度5～25℃，施工温度过高或过低，聚合物水泥粘结材料中水分急干或上冻，会使水泥硬化反应受阻，影响粘接效果。

11.5.2　预铺防水卷材

1. 预铺防水卷材概述

预铺防水卷材是以塑料、沥青、橡胶为主体材料，一面有自粘胶，胶表面采用防粘或减粘材料保护层处理，与后浇混凝土粘结的防水卷材。

预铺防水卷材是在自粘防水卷材的基础上，将高分子防水卷材和自粘卷材复合形成的具有自粘功能的防水卷材。该卷材的基本构成如图11-9所示，由高分子片材、高分子自粘胶、紫外保护层/上人隔离层和表面隔离膜或隔离纸组成。

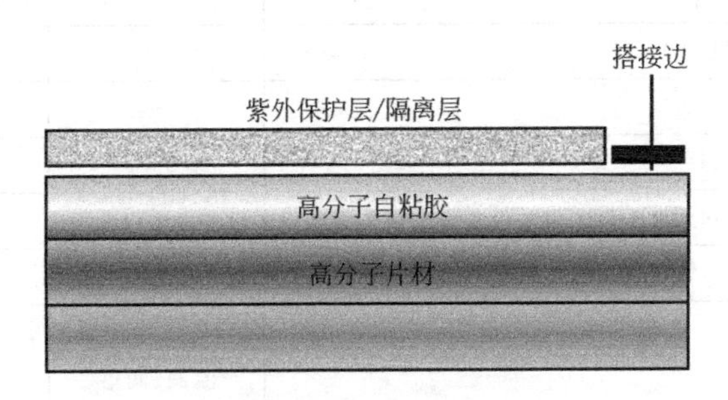

图11-9　预铺防水卷材基本构造图

预铺防水卷材采用预铺反粘法施工，即基层处理后空铺卷材（立面时增加机械固定），经表面处理后不粘的卷材胶粘层朝向施工人员，然后将液态混凝土直接浇筑在卷材上，待混凝土固化后，在卷材与混凝土之间形成连续牢固的粘结。

松铺、单面粘结、无保护层、不现场撒粉可直接上人施工是预铺卷材施工的基本准则。

（1）松铺、单面粘结：预铺反粘法施工的防水卷材最终要想与结构混凝土满粘，避免地基沉降对防水层完整性的破坏，就只能松铺施工，且只能在与结构混凝土接触的那个单面形成粘结。如卷材同时与混凝土垫层和结构混凝土粘结，一旦地基发生沉降，混凝土垫层很容易变形，双面粘结的防水卷材受到两边的粘结力限制，极易发生撕裂破坏。

（2）无保护层：为实现防水卷材与结构混凝土满粘的技术目标，预铺防水施工中不用也不能采用混凝土保护层。如果采用混凝土保护层，防水卷材只能与混凝土保护层满粘，而非结构混凝土，混凝土保护层与结构混凝土之间的冷施工缝成为渗漏隐患；同时，混凝土保护层厚度低，容易开裂，一旦防水层破坏，水会在结构混凝土表面流窜。

(3) 单层铺设：预铺防水卷材只需单层铺设与结构混凝土满粘，拐角处无需加强层，节约材料。

(4) 对基层要求低：基层处理无需底油或用热气烘干潮湿基层，只需简单表面处理，当混凝土基层达到可上人的强度（1 d）后，就可施工。

2. 预铺防水卷材的特性

预铺防水卷材按卷材主体材料分为塑料防水卷材（P）、沥青基聚酯胎防水卷材（PY）和橡胶防水卷材（R），卷材全厚度：P 类 1.2mm、1.5mm、1.7mm，PY 类 4.0mm，R 类 1.6mm、2.0mm。该卷材性能应符合《预铺防水卷材》GB/T 23457—2017 的要求，如表 11-10 所示。

预铺防水卷材物理力学性能 **表 11-10**

序号	项目			指标		
				P	PY	R
1	可溶物含量(g/m²)		≥	—	2900	—
2	拉伸性能	拉力(N/50mm)	≥	600	800	350
		拉伸强度(MPa)	≥	16	—	9
		膜断裂伸长率(%)	≥	400	—	300
		最大拉力时伸长率(%)	≥	—	40	—
		拉伸时现象		胶层与主体材料或胎基无分离		
3	钉杆撕裂强度(N)		≥	400	200	130
4	弹性回复率(%)		≥	—	—	80
5	抗穿刺强度(N)		≥	350	550	100
6	抗冲击性能(0.5kg·m)			无渗漏		
7	抗静态荷载			20kg,无渗漏		
8	耐热性			80℃,2h 无滑移、流淌、滴落	70℃,2h 无滑移、流淌、滴落	100℃,2h 无滑移、流淌、滴落
9	低温弯折性			主体材料−35℃,无裂纹	—	主体材料与胶层−35℃,无裂纹
10	低温柔性			胶层−25℃,无裂纹	−20℃,无裂纹	—
11	渗油性(张数)		≤	1	2	1
12	抗窜水性(水力梯度)			0.8MPa/35mm,4h 不渗水		
13	不透水性(0.3MPa,120min)			不透水		
14	与后浇混凝土剥离强度(N/mm)	无处理	≥	1.5	1.5	0.8,内聚破坏
		浸水处理	≥	1.0	1.0	0.5,内聚破坏
		泥沙污染表面	≥	1.0	1.0	0.5,内聚破坏
		紫外线处理	≥	1.0	1.0	0.5,内聚破坏
		热处理	≥	1.0	1.0	0.5,内聚破坏

续表

序号	项目			指标		
				P	PY	R
15	与后浇混凝土浸水后剥离强度(N/mm)			1.0	1.0	0.5,内聚破坏
16	卷材与卷材剥离强度(搭接边)[①](N/mm)	无处理	≥	0.8	0.8	0.6
		浸水处理	≥	0.8	0.8	0.6
17	卷材防粘处理部分剥离强度[②](N/mm)		≤	0.1或不粘和		
18	热老化(80℃,168h)	拉力保持率(%)	≥	90		80
		伸长率保持率(%)	≥	80		70
		低温弯折性		主体材料−32℃,无裂纹	—	主体材料与胶层−32℃,无裂纹
		低温柔性		胶层−23℃,无裂纹	−18℃,无裂纹	—
19	尺寸变化率(%)		≤	±1.5	±0.7	±1.5

注:①仅适用于卷材纵向长边采用自粘搭接的产品

②颗粒表面产品可直接表示为不粘和

抗窜水性是通过防水层与基层完全粘结，防止水压作用下水在粘结界面内流窜的性能。

预铺防水卷材集高分子防水卷材和自粘防水卷材优点于一身，抗穿刺、耐候、耐高低温等性能优异，断裂伸长强度和伸长率良好；采用现场单层预铺法施工，卷材能与后浇混凝土粘为一体，有效控制窜水，防水效果更可靠；搭接方式灵活，可采用冷自粘胶粘、焊接法及双面自粘胶带封口等方式；工法灵活，可采用空铺、机械固定等施工工法，卷材上可直接绑扎钢筋；潮湿基面可施工，施工不受天气影响，工期短；施工过程无需溶剂和燃料，安全、环保、节能。该卷材是针对地下室底板、外防内贴的地下室侧墙等地下防水难点设计，更适于地下或隧道防水工程，也可用于工业与民用建筑的屋面、地下室、桥梁、隧道、水库、人防、军事设施等防水、防渗、防潮工程，但不推荐用于建筑物出地面立墙或屋面防水。

第12章 合成高分子防水涂料

12.1 合成高分子防水涂料概述

合成高分子防水涂料是以合成橡胶或合成树脂为主成膜物质，加入其他辅助材料配制而成的防水涂膜材料。按涂料成膜机理合成高分子防水涂料可分为溶剂挥发型、水分挥发型和反应型三种类型。

溶剂挥发型合成高分子防水涂料是将主成膜物质的高分子材料溶解于有机溶剂中形成的溶液。施工后通过溶剂挥发，高分子聚合物分子链间距离不断缩小并相互链接而结膜。该类产品溶剂易挥发，防水涂料干燥快，结膜致密，防水效果好，生产工艺较简易，涂料贮存性较好。但易燃、易爆、有毒，生产、贮存及使用不安全；溶剂挥发污染环境，造价比同类水乳型涂料高；固含量较低，需多遍涂刷才能达到设计厚度；施工受气候条件的影响大。

水分挥发型（又称水乳型）合成高分子防水涂料是主要成膜物质的高分子材料以极微小的颗粒稳定悬浮在水中形成的乳液。施工后通过水分蒸发，高分子材料微粒经接近、相连而结膜。这类产品无毒、不燃，生产、贮运及使用较安全，不污染环境，操作简便，生产成本较低；对基面干燥度要求不高，可在无明水的潮湿基层施工，夏天有露水或雾天也可施工。但贮存期短，一般不超过半年；涂料干燥较慢，不宜在水分不易挥发环境中使用；为保证涂膜干燥，应控制每遍涂层厚度，故需多遍涂刷才能达设计要求厚度；涂料应在正温条件下贮存，施工环境温度应在5℃以上。

反应型合成高分子涂料没成膜前是线性结构的高分子预聚体，以液态或粘液态存放，施工时高分子预聚体与加入的固化组分或吸收空气中的水分发生化学反应，使分子线性结构交联成三维网状结构的聚合物而结膜。该涂料从液态到固态所发生的化学反应是不可逆、极稳定、本质性的转变。该类产品具有较高的拉伸强度和伸长率，弹性好，低温柔性好，高温不流淌；涂料溶剂含量很少，成膜过程基本无收缩，涂膜致密，可一次固化形成较厚涂膜；固化过程受环境影响小；既可单独作防水层又可作卷材粘结剂。但双组分涂料价格较高，需现场准确配料，搅拌均匀，施工较麻烦。

合成高分子防水涂料涂膜厚度为1.0～2.5mm，强度较高，延伸率大，柔韧性好，耐高、低温性能好，耐紫外线和耐酸、碱、盐老化能力强，使用寿命长，目前常用品种有聚氨酯（PU）防水涂料、聚丙烯酸酯防水涂料和硅橡胶防水涂料等。

12.2 聚氨酯防水涂料

聚氨酯防水涂料是由聚氨酯预聚体、羟基化合物及颜料、溶剂等其他助剂制成的以聚氨酯为主成膜物质的反应型防水涂料。施工时依靠聚氨酯预聚体中的异氰酸酯基（—NCO）与含活泼氢的多元醇、多元胺、水等羟基化合物发生化学反应而形成弹性聚氨酯防水膜层。

20 世纪 60 年代，美国最早使用聚氨酯涂膜防水。我国 20 世纪 70 年代初开始研制聚氨酯防水涂料，80 年代初应用，目前已成为我国重点推广的防水涂料品种之一。

12.2.1 聚氨酯的结构及特性

聚氨酯（PU）是聚氨基甲酸酯的简称，英文名 Polyurethane，是分子结构中含有许多重复的氨基甲酸酯基团（—NHCOO—）的一类聚合物，是由含异氰酸酯基（—NCO）的多异氰酸酯与含活泼氢的多元醇、多元胺、水等羟基化合物经逐步聚合反应制成的高分子化合物。

聚氨酯防水材料属于聚氨酯弹性体范畴，多为浇注型聚氨酯（CPU）。二异氰酸酯与二元醇缩聚反应所生成的聚氨酯结构式如图 12-1 所示。

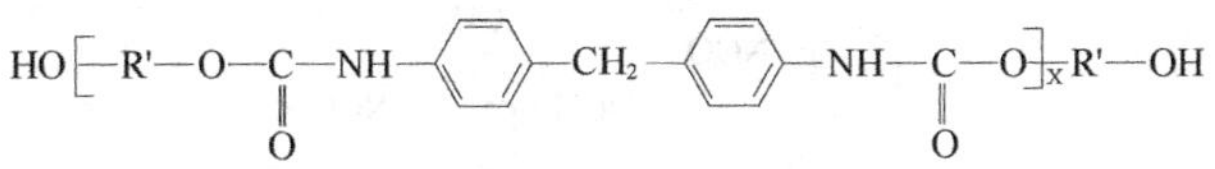

$$HO\left[-R'-O-\underset{\underset{O}{\|}}{C}-NH-C_6H_4-CH_2-C_6H_4-NH-\underset{\underset{O}{\|}}{C}-O\right]_x R'-OH$$

图 12-1 聚氨酯分子结构式

聚氨酯大分子主链是由 C、O、N 等元素以单键形式组成的杂链，其主链具有很好的柔韧性。分子主链是由玻璃化温度低于室温的柔性链段（低聚物多元醇，约占 50%～90%）和玻璃化温度高于室温的刚性链段（二异氰酸酯和小分子扩链剂，约占 10%～50%）嵌段而成的。硬链段的极性强，相互间引力大，硬链段和软链段在热力学上具有自发分离倾向，即不相容性。硬链段容易聚集一起，形成许多微区，分布于软段相中，这种现象叫微相分离，故聚氨酯具有很高的强度及一系列优异的性能。在聚氨酯分子结构中还有脲基—NHCONH—和缩二脲基—NHCONCONH—，因结构中含有类似酰氨基—NH-CO—和酯基—COOR 的基团，因此其化学和物理性能介于聚酰胺和聚酯之间。

聚氨酯既具有高硬度又具有高弹性，耐磨性优异，断裂伸长率高，可达 300%～600%；挥发性很低，电绝缘性优良，可用于电器件嵌埋；反应活性高，与其他树脂的相容性好，粘接性好；产品性能可根据需要调节，既可耐－40℃低温，也可制成耐高温；耐水解、耐油、耐溶剂、耐臭氧、耐海水、耐化学药品性好，但耐候性稍差，日光照射会变色发暗，物理性能会下降；聚酯型聚氨酯抗霉菌性差，易老化，高温耐水性不好。

12.2.2 聚氨酯防水涂料的原材料

一般生产聚氨酯防水涂料所用原材料为多异氰酸酯、多元醇、扩链剂、交联剂、填料、催化剂及溶剂等。制备聚氨酯防水涂料的主要基础原料是等于或大于二官能度的异氰酸酯和等于或大于二官能度的含活泼氢化合物。

1. 多异氰酸酯

在分子结构中含有两个或两个以上异氰酸酯基（－NCO）的化合物称为多异氰酸酯。按异氰酸酯中的有机性质可分为脂肪族多异氰酸酯、芳香族多异氰酸酯、脂环族多异氰酸酯等类别。芳香族多异氰酸酯如甲苯二异氰酸酯（TDI）、二苯基甲烷二异氰酸酯（MDI）、多苯基多亚甲基多异氰酸酯（PAPI）等；脂环族多异氰酸酯如甲基环己烷二异氰酸酯（HTDI）、二环已基甲烷二异氰酸酯（HMDI）等；脂肪族多异氰酸酯如六亚甲基二异氰酸酯（HDI）、苯二亚甲基二异氰酸酯（XDI）等。芳香族异氰酸酯 TDI 和 MDI，制得涂料耐候性不好，在户外暴晒易泛黄；脂肪族异氰酸酯 HDI 户外耐候性最好，暴晒后很少泛黄；脂环族异氰酸酯 HTDI 更接近脂肪族异氰酸酯，一般也不泛黄。

多异氰酸酯种类的选择除考虑制得预聚体性能外，还要考虑其来源、价格及毒性等诸多因素。目前我国生产聚氨酯防水涂料常用价格便宜、产量最大的 TDI 和 MDI。若生产可外露使用要求耐候性好的聚氨酯防水涂料时，可采用脂肪族异氰酸酯 HDI。

1）甲苯二异氰酸酯（TDI）

TDI 有 2，4-TDI 和 2，6-TDI 二种异构体，其名称及分子结构如图 12-2 所示。2，4-TDI 的反应活性比 2，6-TDI 大。

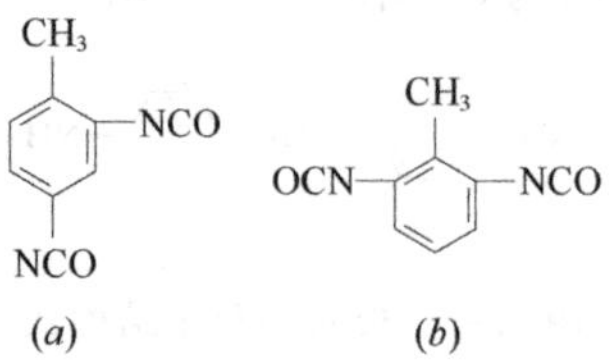

图 12-2　TDI 名称及分子结构式

（*a*）2，4-TDI；（*b*）2，6-TDI

TDI 的工业品通常是 2，4-TDI 和 2，6-TDI 的混合物。按照二者不同的比例可分为 TDI-100、TDI-80 和 TDI-65 三种规格。

TDI 在室温下为无色或微黄色透明液体，有强烈刺激性气味且毒性大，对皮肤、眼睛和呼吸道有强烈刺激作用，国家规定的卫生标准是空气中允许浓度为 0.2mg/m^3，因此操作时要注意防护和通风；易燃、易爆，发生火灾时可用雾状水或 CO_2 灭火；可溶于丙酮、四氯化碳、苯、氯苯、煤油、硝基苯；黏度和相对密度随温度上升而下降，且在室温下长期存放会有二聚体析出，氧、光、热对 TDI 的着色有促进作用，经紫外线照射变黄，故宜放在冷暗、通风、干燥的地方，贮存温度不超过 25℃；会与空气中水分反应，所以容器中充干燥氮气密封，制作的防水涂料固化慢，粘结力强。

2）二苯基甲烷二异氰酸酯（MDI）

MDI 的主要化学结构为 4，4′-MDI，此外它还有 2，4′-MDI 和 2，2′-MDI 两种异构体，其名称及分子结构分别如图 12-3 所示。

MDI 为白色或淡黄色片状固体，并趋于粘在一起，耐储存，产品挥发性较小，蒸汽压较低，对人体毒性相对较小，有利于工业安全防护，制备的预聚体反应速率慢，容易控制反应进程，其涂膜强度、耐磨性和弹性比 TDI 制备的聚氨酯涂料的好，且干燥快。但 MDI 易生成二聚体，室温下贮存不稳定，应在 15℃以下，最好在冷冻条件下（−5～5℃）贮运。

2. 多元醇

含活泼氢化合物主要采用含有两个以上端羟基的聚酯多元醇和聚醚多元醇，还有环氧树脂、蓖麻油、亚麻仁油等。多元醇聚合物在聚氨酯合成材料的合成配方中地位最重要，配方中其他组分用量均以其为基准，准确地选择多元醇聚合物对制备聚氨酯合成材料关系甚大。

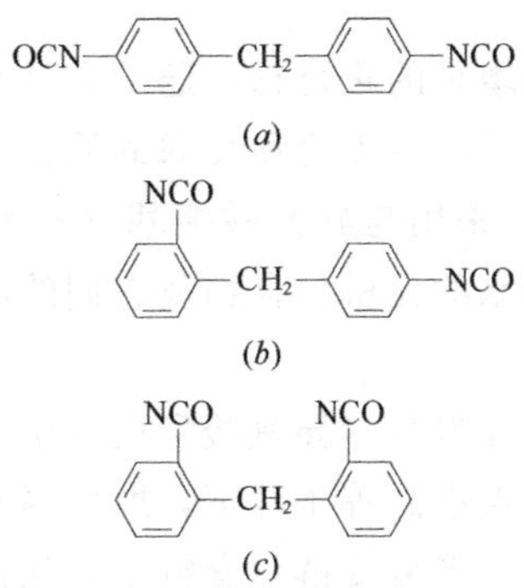

OCN—⟨苯环⟩—CH_2—⟨苯环⟩—NCO

(*a*)

NCO

⟨苯环⟩—CH_2—⟨苯环⟩—NCO

(*b*)

NCO　NCO

⟨苯环⟩—CH_2—⟨苯环⟩

(*c*)

图 12-3　MDI名称及分子结构

(*a*) 4，4′-MDI；(*b*) 2，4′-MDI；(*c*) 2，2′-MDI

1）聚醚多元醇

聚醚多元醇简称聚醚，其主链上含有醚键结构单元（—R—O—R′—），端基为羟基。聚醚多元醇的耐水性、耐化学腐蚀性及耐磨性较好，但因含有醚键，在紫外线照射下易氧化为过氧化物而降解老化，耐候性较差。生产聚氨酯防水材料常用聚氧化丙烯二元醇和聚氧化丙烯三元醇，二元聚醚的分子结构如图 12-4 所示。

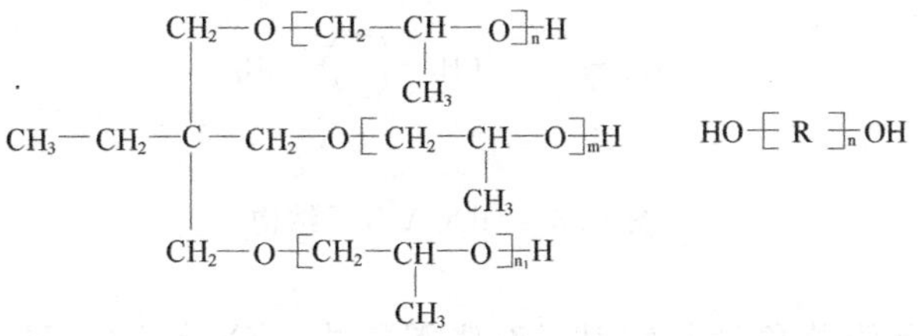

$$CH_2—O\left[CH_2—\underset{CH_3}{CH}—O\right]_nH$$

$$CH_3—CH_2—C—CH_2—O\left[CH_2—\underset{CH_3}{CH}—O\right]_mH \qquad HO\left[R\right]_nOH$$

$$CH_2—O\left[CH_2—\underset{CH_3}{CH}—O\right]_{n_1}H$$

图 12-4　二元聚醚分子结构式

聚醚分子量要求在 1500～5000，支化度为 2 和 3。使用分子量越小和支化度越高的聚醚，材料的硬度和强度越高；而使用分子量越大和支化度越低的聚醚，材料的硬度越低但弹性越高。通常总是将不同分子量和不同支化度的聚醚混合使用，以得到不同性能的聚氨酯防水涂料。聚醚型聚氨酯不含芳香族结构，形成的脂肪族氨酯键抗碱性强，有较好的柔韧性、耐水解性、弹性和耐低温性能，裂解温度高，热稳定性好，可外露使用。

2）聚酯多元醇

聚酯多元醇是具有一定支化度的低分子量饱和树脂，含有一定数量的伯羟基或仲羟基，通常是由二元羧酸与多元醇合成的端羟基聚酯，分子量 1000～3000，如己二酸系聚酯多元醇、醇酸系聚酯多元醇等。聚酯型聚氨酯（如煤焦油等）能形成芳香族氨酯键，其价格贵，有较好的耐磨、耐温及耐油性能，强度高，但耐霉性及耐水性差，抗碱性较差，裂解温度低（120℃），热稳定性较差，遇氨转化为脲，性脆，延性差，受紫外线照射易老化，不可外露使用（但并非适用地下工程）。因上述原因聚酯多元醇在聚氨酯防水材料中使用较少，主要有聚己二酸蓖麻油酯多元醇。

3. 扩链剂和交联剂

扩链剂是指能使分子链线型增长的化合物，通常是具有双官能基的低分子化合物或低聚物。交联剂是指能使直链状分子产生支化和交联的低分子化合物，其官能度通常都大于2。聚氨酯用的扩链剂和交联剂可采用与异氰酸酯基（—NCO）反应的聚醚、蓖麻油、含芳香烃的焦油类物质或带有结晶水的无机化合物及它们的混合物，主要是二元胺、多元醇和醇胺三类。

对聚氨酯而言，二元胺或二元醇与二异氰酸酯反应生成取代脲或氨基甲酸酯起扩链作用。但在二异氰酸酯过量及反应温度高等条件下，取代脲基或氨基甲酸酯中的活泼氢可以进一步与过量的二异氰酸酯反应，形成支链和交链键，从而起着交联剂的作用。因此是只起扩链剂作用还是既起扩链剂作用又起交联剂作用，要视具体情况而定。

1）二元胺

在聚氨酯工业生产中，一般使用的二元胺类扩链剂都是芳香族的，脂肪族二元胺碱性大、活性高，与异氰酸酯反应十分激烈，固化速度太快，难以控制，在生产中很少使用。芳香族二元胺的活性比较适中，并能赋予弹性体良好的物理力学性能。芳香胺的品种很多，其中大量使用的是3，3′-二氯-4，4′-二氨基二苯甲烷（MOCA），其分子结构如图12-5所示。在MOCA分子中，由于在氨基邻位上存在的氯原子吸电子作用和位阻功能，使基的反应活性适当降低，可适应聚氨酯的凝胶工艺，又赋予材料优异的机械性能。

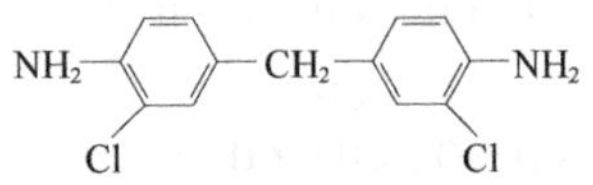

图12-5　MOCA分子结构

MOCA为白色到浅黄色针状结晶，有吸湿能力，分子式 $C_{13}H_{12}N_2C_{12}$，熔点100～109℃，含氯量26%，易溶于丙酮、乙醇、甲苯、苯及加热的聚醚多元醇中，长时间加热或遇高温会氧化颜色变深，故加热温度不要超过135℃，其分子结构刚性很强并具有对称性，可提高防水涂膜的强度，有足够施工时间，价格低。但MOCA有B级毒性，疑为致癌物，有刺激性，操作时要有劳动防护，环境要通风。

3，5-二氨-4-氯苯甲酸异丁醇酯是取代MOCA的无毒型二胺扩链剂，该扩链剂熔点和反应活性稍低，易于加工操作，但其熔融后呈褐色，仅适于制备深色制品。

2）多元醇

多元醇类扩链剂和交联剂主要有二元醇类的乙二醇、丙二醇、1，4-丁二醇等，三元醇类的丙三醇、三羟甲基丙烷（TMP）等。乙二醇、1，4-丁二醇是最常用的醇类扩链剂。为制得不同等级硬度的产品，也可将甘油、三羟甲基丙烷作为交联剂与扩链剂一起混合使用。

（1）1，4-丁二醇：1，4-丁二醇简称BDO，其在聚氨酯弹性体中作为扩链剂用得较多，可调节聚氨酯结构中的软硬度。BDO为无色油状液体，极易吸水，可溶于乙醇、丙酮以及聚醚和聚酯多元醇中，水分含量过高时可用氧化钙或分子筛等干燥剂进行脱水，经减压蒸馏后水分含量可低于0.1%，其分子式为：$HO(CH_2)_4OH$

（2）三羟甲基丙烷：三羟甲基丙烷简称TMP，是常用的三元醇扩链剂，TMP中的羟基为伯羟基，因此其反应活性比甘油大。TMP 为白色片状结晶，基本无毒，极易吸收水分，易溶于水、乙醇、丙酮、环己酮及二甲基酰胺，微溶于四氯化碳、乙醚、氯仿，不溶于脂肪烃、芳香烃。其分子式为：

$$\begin{array}{c} \qquad\qquad\quad CH_2-OH \\ \qquad\qquad\quad | \\ CH_3-CH_2-C-CH_2-OH \\ \qquad\qquad\quad | \\ \qquad\qquad\quad CH_2-OH \end{array}$$

4. 其他助剂

为改善涂料性能，在聚氨酯防水涂料生产时，还要加入溶剂、填料、防老剂、紫外线吸收剂、流平剂、消泡剂、增稠剂、增塑剂、偶联剂等其他助剂。

1）溶剂

聚氨酯防水涂料属于几乎无溶剂型或高固含量涂料。聚氨酯选用溶剂时要注意：溶剂中不能含与异氰酸酯基反应的物质，如水、醇、酸、碱等；溶剂对异氰酸酯化学反应速度的影响；溶剂的沸点及挥发速度；溶剂表面张力的影响；溶剂的溶解参数、极性、稀释效果、毒性及价格。

不能使用醇和醇醚类等极性溶剂，溶剂极性越大，异氰酸酯与烃基反应速度越慢，否则会导致涂料变质；溶剂中不能含水，否则使涂料发生凝胶、产生小泡和针孔。

聚氨酯材料所采用的溶剂以酯类溶剂为主，其次为酮类和芳烃类溶剂。工程中多用各种溶剂按比例混用，最常见的混合溶剂（按质量比）有醋酸丁酯：环己酮：二甲苯＝1：1：1、5：2：3 或 2：1：2；醋酸丁酯：二甲苯＝1：1、7：3 或 6：4；醋酸丁酯：环己酮＝1：1；环己酮：二甲苯＝1：1。

2）填料

添加适量填料可改善异氰酸酯或半预聚物的黏度，以适应施工要求；改进聚氨酯的物理力学性能，如提高强度、硬度、耐磨性，减小固化收缩率和热膨胀系数，增强对热破坏的稳定性等。应注意：填料不应对异氰酸酯的反应有不良影响，使用前必须进行脱水处理。

聚氨酯防水材料常用填料有滑石粉、轻质碳酸钙粉、重质碳酸钙粉、石棉粉、云母粉、炭黑等。填料分活性和惰性，活性如 851 涂料中的煤焦油，惰性如滑石粉分散好、增强，粉煤灰降成本，炭黑抗紫外线、防老化，硅酸镁、硅灰石粉和轻质碳酸钙消泡等。生产沥青类聚氨酯涂料时加入的石油沥青为惰性填料，可改善涂料流平性和低温施工性能，具有对其他颜料和填料的粘结性、成膜性。加入氧化钙或氢氧化钙可吸收反应产生的二氧化碳，消除涂料中的气泡。

3）防老剂和紫外光吸收剂

聚氨酯材料的老化主要是热氧化、光老化及水解引起的，因此须添加抗氧剂、光稳定剂及水解稳定剂等予以改进。聚氨酯常用的抗氧化剂有：2，6-二叔丁基-4-甲基苯酚（抗氧剂 264）、四（4-羟基-3，5-叔丁基苯基丙酸）季戊四醇酯（抗氧剂 1010）和 3，5-二叔丁基-4-羟基苯丙酸十八酯（抗氧剂 1076）等。

普通聚氨酯在紫外线作用下制品会泛黄、力学性能下降。紫外光吸收剂能够吸收紫外光，并将所吸收的能量转化为无害的能量，以便有效地消除或削弱紫外光对涂膜的破坏作用，而对涂膜性能没有影响。聚氨酯用的紫外光吸收剂主要有2-（2′-羟基-3′和5′-二叔丁基苯基）-5-氯代苯并三唑（UV-327）等。

抗氧剂1010与紫外线吸收剂UV-327并用，添加量为0.1%～0.5%，可获得显著的耐老化效果。聚酯型聚氨酯在潮湿环境下，特别是在热水或酸性介质下使用时，必须添加水解稳定剂。常用水解稳定剂为含碳化二亚胺基的化合物，如德国的Stabaxol-1和Stabaxol-P。

4）流平剂

能改善涂料流平性的助剂称为流平剂，其主要功能是改善底材润湿性，增加流动性，消除针孔、缩孔、刷痕和橘皮等表面缺陷，得到一种致密、光滑、平整的涂膜。

常用流平剂主要有：醋丁纤维素类流平剂、聚丙烯酸酯类流平剂和有机硅类流平剂。

5）消泡剂

能防止产生泡沫的物质称为消泡剂。醇类、脂肪酸及酯类、酰胺、磷酸酯、金属皂、有机硅等都可作消泡剂。聚氨酯涂料多采用有机硅类消泡剂，其用量通常为涂料固含量的0.1%～0.5%。

6）增稠剂

能够提高涂料黏度，减少流动，又不引起触变的物质称为增稠剂。其使用目的是防止施工流挂，同时可防止涂料分层，提高涂料贮存稳定性。常见增稠剂有纤维素类、有机膨润土、微粉化二氧化硅和丙烯酸聚合物等。

7）增塑剂

增塑剂能降低涂料黏度、延长可浇注时间、增加产品柔韧性和伸长率、降低硬度和成本，但用量过多会使强度等性能下降。聚氨酯防水材料常用增塑剂有苯甲酸酯、磷酸酯、芳族和脂族单羧酸酯等类型。从互溶性看，苯甲酸酯类适合聚醚型聚氨酯体系，单羧酸酯类适合于聚酯型聚氨酯体系。苯甲酸酯类增塑剂主要有邻苯二甲酸二辛酯（DOP）、邻苯二甲酸二丙二醇酯等。使用前增塑剂需经脱水处理，使其含水率≤0.03%。

8）偶联剂

为改善聚氨酯粘合剂对基材的粘接性，提高粘接强度和耐湿热性，可在其胶液或底涂料中加入0.5%～2%的有机硅或钛酸酯类偶联剂，常用的有机硅偶联剂有r-氨丙基三乙氧基硅烷（KH-550）和环氧丙氧基丙基三甲氧硅烷（KH-560）等。

9）颜料

颜料可配制彩色聚氨酯涂料，常用颜料有白（钛白粉、氧化锌）、红（氧化铁红、钼铬红）、黄（氧化铁黄、镉黄）、绿（氧化铬黄、酞菁绿）、黑（氧化铁黑、炭黑）和蓝（酞菁蓝、群青等）。

12.2.3 聚氨酯防水涂料的化学反应机理及其影响因素

1. 聚氨酯防水涂料的化学反应机理

聚氨酯防水涂料的聚氨酯预聚体一般是以过量的多异氰酸酯化合物与多羟基聚酯或聚醚进行反应，生成末端带有异氰酸酯基的高分子化合物，这是聚氨酯防水涂料的主剂。预聚体中的异氰酸酯基是很容易与带活性氢的化合物（如乙醇、胺、多元醇、水等）反应，但与不含活性氢的化合物较难反应。

1）异氰酸酯与醇的反应

异氰酸酯与醇反应生成氨基甲酸酯是合成聚氨酯的最基本化学反应式（12-1）。

$$R\text{—}NCO + R'OH \longrightarrow R\text{—}NH\overset{\overset{O}{\|}}{C}O\text{—}R' \qquad (12\text{-}1)$$

（氨基甲酸酯）

在无催化剂时，上述反应需在 70～120℃完成。在异氰酸酯显著过量情况下，该反应可在 70～90℃进行。上述反应所生成的氨基甲酸酯活性小，室温下几乎不与异氰酸酯反应，但在 120～140℃或催化剂（如强碱）作用下能和过量的异氰酸酯进一步反应生成脲基甲酸酯式（12-2）。因此，一般聚氨酯防水涂料的合成温度均在 100℃以下，以防止生成脲基甲酸酯支化而凝胶。

$$R\text{—}NCO + R\text{—}NH\overset{\overset{O}{\|}}{C}O\text{—}R' \longrightarrow R\text{—}N\overset{\overset{O}{\|}}{C}O\text{—}R' \text{, where N bears } \text{—}C(=O)\text{—}NH\text{—}R \qquad (12\text{-}2)$$

（脲基甲酸酯）

2）异氰酸酯与胺的反应

氨基与异氰酸酯基的反应活性比其他活泼氢化合物高，约为水的 20 倍，它们迅速反应生成取代脲式（12-3）。

$$R\text{—}NCO + R'NH_2 \xrightarrow{\text{快}} RNH\text{—}\overset{\overset{O}{\|}}{C}\text{—}NH\text{—}R' \qquad (12\text{-}3)$$

（取代脲）

3）异氰酸酯与水的反应

异氰酸酯与水反应，先缓慢生成不稳定的氨基甲酸，然后很快分解生成胺和 CO_2。所生成的胺能与异氰酸酯快速反应生成取代脲。其反应式为：

$$R\text{—}NCO + H_2O \xrightarrow{\text{慢}} R\text{—}NHCOOH \xrightarrow{\text{快}} R\text{—}NH_2 + CO_2\uparrow$$

$$R\text{—}NH_2 + R\text{—}NCO \xrightarrow{\text{快}} NHR\text{—}\overset{\overset{O}{\|}}{C}\text{—}NHR$$

由于 RNH_2 与 RNCO 的反应比水快，故上述反应可写成式（12-4）：

$$2R\text{—}NCO + H_2O \longrightarrow RNH\overset{\overset{O}{\|}}{C}NHR + CO_2\uparrow \qquad (12\text{-}4)$$

由上述反应可知，少量的水会消耗大量二异氰酸酯，并产生大量气体，利用此反应可用来制备聚氨酯泡沫塑料。上述反应会使异氰酸酯及其预聚物的—NCO 含量降低，引起设计计量的严重失准，造成产品性能下降；会使黏度增大，贮存期缩短，甚至使预聚物凝胶；产生的大量气泡对非泡聚氨酯制品有害，还会使容器胀罐。因此，聚氨酯涂料生产时应采用加热真空脱水或烘干等措施，严格控制原料中含水量（低于 0.05%）；生产所用容器及设备应干燥；在异氰酸酯和预聚物的合成及贮存过程中用干燥的 N_2 保护，隔绝潮气，密封存放。

2. 影响聚氨酯化学反应活性的主要因素

1）多异氰酸酯的结构

不同多异氰酸酯的反应活性：芳香族＞酯环族＞脂肪族，常用多异氰酸酯反应活性为MDI＞TDI＞XDI＞HDI。

二异氰酸酯中两个－NCO基的反应活性是不同的，如2，4-TDI中4位－NCO基活性比2位－NCO基大得多，故2，4-TDI反应50%后，反应速度会显著降低，这有利于生成游离二异氰酸酯比较少的端异氰酸酯基预聚物；当反应温度达到100℃时，邻位和对位－NCO基的反应速度比就不到3倍了，故合成2，4-TDI预聚物时，反应温度选择至关重要。

二异氰酸酯异构体的反应活性也是不同的。如2，4-TDI的反应活性比2，6-TDI的活性大得多。这是由于2，6-TDI中两个—NCO都受到甲基位阻的结果。

2）含活泼氢化合物的种类

活泼氢化合物与异氰酸酯的反应活性顺序如下：脂肪族伯胺＞芳香族伯胺＞伯醇＞水＞仲醇＞叔醇＞酚＞羧酸＞取代脲＞酰胺＞氨基甲酸酯。

当多种活泼氢化合物同时与异氰酸酯反应时，会呈现出显著的协同效应，如MOCA与聚丙二醇并用时，不论有无催化剂，其与异氰酸酯的反应活性都比单独使用时大得多，这对聚氨酯防水材料的制备很重要。

3）催化剂

催化剂能降低反应活化能，加快反应速率，缩短反应时间，降低反应温度，控制副反应，使反应按预期的方向和速度进行。聚氨酯防水材料通常采用芳香族异氰酸酯，如TDI、MDI和PAPI，故其催化剂多选用叔胺和有机金属化合物。叔胺多用于制备聚氨酯泡沫制品，乙酸苯汞、辛酸铅等非锡有机金属化合物多用于制备非泡聚氨酯制品，但有机汞和铅的毒性大，采用时应注意。叔胺与有机锡等有机金属化合物并用，会使催化作用成倍增加，一般叔胺用量0.1%～1%，有机锡用量0.01%～1%。注意聚氨酯预聚体生产时为防止暴聚有时还要加入酒石酸或柠檬酸来控制聚合速度。

4）溶剂

溶剂对－NCO基反应速度的影响一般是随溶剂的极性和溶剂与醇形成氢键能力的增加而下降。在溶剂型聚氨酯产品制备中，采用芳烃类溶剂如甲苯、二甲苯等比在酯类、酮类溶剂中反应快。

5）温度

随温度升高，异氰酸酯与活泼氢化合物的反应速率增加；当反应温度在140℃附近时，各种反应的速率常数接近相等；但温度再升高，则生成的氨基甲酸酯、脲基甲酸酯及缩二脲会分解。不同反应温度生成物的结构不同。因此，合成预聚体和半预聚体时，需要控制反应温度范围为50～90℃。

12.2.4 聚氨酯防水涂料的生产

1. 聚氨酯防水涂料的生产设备

聚氨酯防水涂料的生产设备有夹套反应釜、搅拌釜、贮槽、泵、研磨分散设备（胶体磨、三辊机、砂磨机）、磅秤及叉车等。反应釜有不锈钢和搪瓷，以不锈钢、双热双冷、涂有不粘涂料者最佳。

2. 聚氨酯防水涂料的生产工艺

我国聚氨酯防水涂料按组分分为单组分（S）和多组分（M）两种。以下以双组分聚醚类聚氨酯为例介绍聚氨酯防水涂料的生产，其生产工艺流程如图12-6所示。该涂料采用两步法制备：先使过量的二异氰酸酯与多元醇反应，生成端—NCO基的低分子聚氨酯预聚体（A组分），然后再与二元胺或多元醇等固化剂（B组分）反应形成聚氨酯制品。

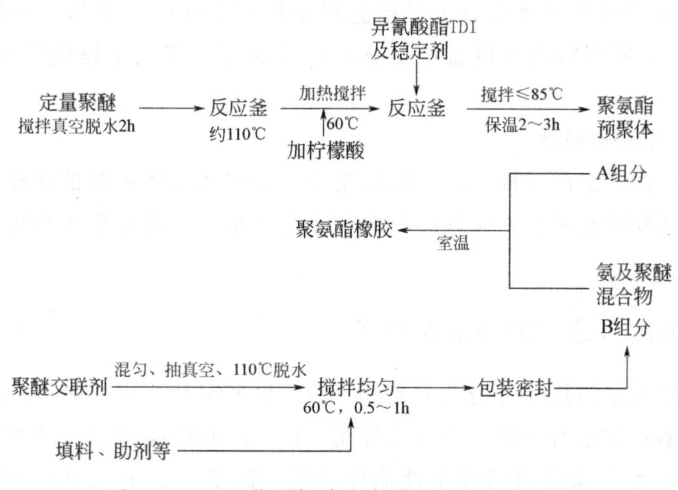

图12-6　双组分聚氨酯防水涂料生产工艺流程

先将定量聚醚在加热状态下抽真空脱水，然后加入定量的异氰酸酯，在一定的温度下反应数小时，即制得末端含有异氰酸酯基的聚氨酯预聚体。室温下将预聚体与定量的氨及聚醚混合物反应，即生成具有一定机械力学性能的聚氨酯橡胶。

3. 聚氨酯防水涂料的生产控制

1）异氰酸酯指数的选择

异氰酸酯指数是配料时多异氰酸酯当量离子（—NCO）的物质的量与多元醇当量离子（—OH）的物质的量之比值，即—NCO基与—OH基的物质的量之比，用—NCO/—OH表示，它会影响预聚物相对分子质量、—NCO%的大小及固化物的性能。异氰酸酯的—NCO基质量分数（—NCO%）是指100g异氰酸酯中所含—NCO基的质量（g），单位%。

随着NCO/OH的减少，预聚物的相对分子量增大，而—NCO%减少。当NCO/OH＝1时，预聚体分子量最大；NCO/OH＝2时，预聚体分子量最小，而—NCO%增加；NCO/OH＞2时，产物为端异氰酸酯预聚体和异氰酸酯的混合物（称为半预聚物）。适当提高NCO/OH，可降低体系黏度，便于操作；但NCO/OH过高，会使涂膜发脆，易裂，伸长率降低。制备聚氨酯预聚体时的异氰酸酯指数取2左右，一般NCO/OH＝2.1～2.3。为获得合理的抗拉强度和延伸率，双组分聚氨酯防水涂料预聚体中—NCO%在2%～5%。

2）聚合温度选择

聚合温度过高，易发生支化和交联反应，使预聚物黏度增大，异氰酸酯含量偏低；温度太低，使预聚体反应时间过长，增加能耗。一般聚合温度控制为75～85℃。早期反应快，必要时要冷却，后期为维持反应速度，要适当加热。聚合温度越高，聚合反应时间就缩短。如聚合温度从30℃上升到50℃，聚合时间由290min降到120min。

3）原料含水率控制

原料中的水分会与异氰酸酯发生如下反应：

$$2R-NCO+H_2O \longrightarrow RNHCONHR(\text{取代脲})+CO_2$$

上述反应使异氰酸酯及其预聚物的—NCO含量降低，体系NCO/OH下降，且生成交联产物，使体系黏度增大，预聚物凝胶，储期缩短；产生的气泡易使容器胀罐。为此，生产中要求采用加热真空脱水或烘干等措施严格控制多元醇、溶剂、填料等原料的含水率（低于0.05%）；所用容器及设备应干燥；产品储存要充入干燥氮气保护，隔绝潮气，密封存放。

4）聚醚多元醇的酸碱性

必须维持聚合物一定的酸性。酸、碱性杂质在合成预聚体中起催化作用，酸性环境有利于扩链，产生低黏度预聚体；碱性环境有利于交联反应，使预聚体黏度升高，甚至发生凝胶，不利储存。

12.2.5 聚氨酯防水涂料的分类及特性

我国聚氨酯防水涂料按组分分为单组分（S）和多组分（M）两种；按基本性能分为Ⅰ型、Ⅱ型和Ⅲ型；按是否暴露使用分为外露（E）和非外露（N）；按有害物质限量分为A类和B类。聚氨酯防水涂料的基本性能应满足GB/T 19250—2013《聚氨酯防水涂料》的要求，如表12-1所示。

聚氨酯防水涂料的基本性能 **表12-1**

序号	项目			技术指标		
				Ⅰ	Ⅱ	Ⅲ
1	固体含量(%)	≥	单组分	85.0		
			多组分	92.0		
2	表干时间(h)	≤		12		
3	实干时间(h)	≤		24		
4	流平性①			20mm时，无明显齿痕		
5	拉伸强度(MPa)	≥		2.00	6.00	12.0
6	断裂伸长率(%)	≥		500	450	250
7	撕裂强度(N/mm)	≥		15	30	40
8	低温弯折性			−35℃，无裂纹		
9	不透水性			0.3MPa，120min，不渗水		
10	加热伸缩率(%)			−4.0～+1.0		
11	粘接强度(MPa)	≥		1.0		
12	吸水率(%)	≤		5.0		
13	定伸时老化		加热老化	无裂纹及变形		
			人工气候老化②	无裂纹及变形		

续表

序号	项目		技术指标		
			Ⅰ	Ⅱ	Ⅲ
14	热处理(80℃,168h)	拉伸强度保持率(%)	80～150		
		断裂伸长率(%) ≥	450	400	200
		低温弯折性	−30℃,无裂纹		
15	碱处理[0.1%NaOH+饱和 $Ca(OH)_2$ 溶液,168h]	拉伸强度保持率(%)	80～150		
		断裂伸长率(%) ≥	450	400	200
		低温弯折性	−30℃,无裂纹		
16	酸处理(2% H_2SO_4 溶液,168h)	拉伸强度保持率(%)	80～150		
		断裂伸长率(%) ≥	450	400	200
		低温弯折性	−30℃,无裂纹		
17	人工气候老化[②](1000h)	拉伸强度保持率(%)	80～150		
		断裂伸长率(%) ≥	450	400	200
		低温弯折性	−30℃,无裂纹		
18	燃烧性能[②]		B2-E,(点火 15s,燃烧 20s,Fs≤150mm,无燃烧滴落物引燃滤纸)		

注：①该项性能不适合单组分和喷涂施工产品，流平性时间也可根据工程要求和施工环境由供需双方商定并在订货合同和产品包装上明示。
②仅外露产品要求测定。

聚氨酯防水涂料几乎不含溶剂，成膜固化前为无定型黏稠状液态物质，适合任何形状复杂的基层施工；通过化学反应成膜，体积收缩小，易于厚涂覆，涂膜无接缝，整体性强；涂膜具有橡胶弹性，延伸性好，拉伸强度和撕裂强度较高，对基层伸缩和裂缝的适应性强；耐油、耐磨、耐臭氧、耐海水及一定耐碱性能，使用寿命长；对金属、水泥、玻璃、橡塑等基面均具有优良粘结性，可直接在原防水层基础上修补；温度适应性强，涂层在−30℃无裂缝，80℃不流淌，能满足高温厂房和特殊工程需要。但其售价较高，有一定可燃性和毒性；涂膜厚度难以均匀一致，对基层平整度要求较高；多组分涂料需在施工现场准确称量配合、搅拌均匀，单组分涂料的固化速度易受基面潮湿程度、空气温度及涂覆厚度的影响；抗紫外线老化能力较差，在聚氨酯涂膜防水层上应设置保护层。

聚氨酯防水涂料适用于建筑物各种非外露屋面防水工程，地下建筑防水工程，厨房、浴室、卫生间防水工程，水池、游泳池迎水面防漏，地下管道防水、防腐蚀等。建议Ⅰ型产品用于工业民用建筑，Ⅱ型产品用于桥梁等非直接通行部位，Ⅲ型产品用于桥梁、上人屋面、停车场等外露通行部位。储存运输时，不同类产品应分别存放，禁止接近火源，避免日晒雨淋，注意通风，储存温度 5～40℃，储期至少为 6 个月。

12.2.6 常用聚氨酯防水涂料

1. 双组分聚氨酯防水涂料

双组分聚氨酯防水涂料是由 A 组分主剂（预聚体）和 B 组分固化剂组成，A 组分主剂一般是以过量的异氰酸酯化合物与多羟基聚酯多元醇或聚醚多元醇按 NCO/OH＝2.1～

2.3 比例制成的聚氨酯预聚体；B 组分固化剂是在醇类或胺类化合物的组分内添加催化剂、填料、助剂等，经充分搅拌后配制而成。目前我国聚氨酯防水涂料多以双组分形式使用为主。

双组分聚氨酯防水涂料依据填料组分中是否添加焦油（如煤焦油等）的情况，可分为焦油型聚氨酯防水涂料和非焦油型聚氨酯防水涂料两大类型。焦油型聚氨酯防水涂料因其组分具有污染性，对环境影响较大，现已列入淘汰品种。非焦油聚氨酯防水涂料根据其所用填料及颜料情况，又分为纯聚氨酯防水涂料、沥青聚氨酯防水涂料、炭黑聚氨酯防水涂料和彩色聚氨酯防水涂料等。

各类双组分聚氨酯防水涂料的甲组分即聚氨酯预聚体基本相同，预聚体中游离-NOC 含量控制在 3%～4%，其差别在乙组分，如表 12-2 所示。

各类双组分聚氨酯防水涂料的特性　　表 12-2

品种	乙组分	特性
焦油型(851)	煤焦油(含活泼氢)	价格低，抗水性好，质量不稳定，不环保，已淘汰
石油沥青型(991)	石油沥青(不含活泼氢)	憎水、防水性较好，可减少填料沉降，可不加稀释剂，流平性好，低温施工性好，成本低，但沥青只起填料作用，不参与化学反应，品种选择受限，涂膜固化慢
脂肪烃型（聚醚型或称纯聚氨酯型）	混合聚醚多元醇（或芳香多元胺）	成膜基料透明无色，可制成彩色涂料，弹性好，撕裂强度较大，反应速度易控，抗碱性、耐热性、耐老化性好，可外露使用，但黏度较大，难施工

在固化剂组分内掺入除炭黑以外的无色填料、改性剂和颜料即可制得彩色聚氨酯涂料。某双组分聚醚型聚氨酯防水涂料的配方如表 12-3 所示。

某双组分聚醚型聚氨酯防水涂料的配方　　表 12-3

甲组分(预聚体)		乙组分（固化剂）	
成分	质量份数	成分	质量份数
聚醚-TDI 聚氨酯预聚体（游离-NOC 含量在 3.7%）	100	聚醚(羟值 35mg/KOH/g)	10
		炭黑（碘吸收量 25mg/g，油吸收量 26ml/100g）	60
		轻质碳酸钙	40

注：甲料、乙料按 1∶1 比例混合。

双组分聚氨酯防水涂料生产简单，固化涂膜性能好。但施工较麻烦，易因配比不准和搅拌不匀出现涂膜起泡、鼓包、发黏及粘结力差等质量缺陷；加入的溶剂及固化剂（如 MOCA）不够环保；甲、乙组分要单独保存，甲组分易吸湿，封装要严密。

北京市 2003 年规定：双组分聚氨酯防水涂料不得用于建筑内部厕浴间、地下室、地下沟渠、竖井、深坑以及通风不利的工作面。

2. 单组分聚氨酯防水涂料

单组分聚氨酯防水涂料属于单包装的湿气固化型产品，产品中是异氰酸酯（TDI）与聚醚多元醇反应生成的端基为—NCO 的聚氨酯预聚物。预聚物在施工现场涂覆后与空气中的湿气反应而固化结膜。

某单组分聚醚型聚氨酯防水涂料的配方如表12-4所示。该配方使用超细干燥填料和液体触变剂，可提高单组分聚氨酯防水涂料的储存稳定性。

某单组分聚醚型聚氨酯防水涂料的配方　　**表12-4**

成分	质量份数	成分	质量份数
聚氧化丙烯二醇(N220)	330	催化剂(锡类)	2.0
聚氧化丙烯三醇(N330)	37	填料	240
TDI(80/20)	166.7	消泡剂	4.0
触变剂(硅类)	3.5		

将混合聚醚和催化剂加入反应釜中，预热至50℃，先加入TDI，保持反应温度70℃左右，反应1.5h后制得预聚体。再加入填料（烘干）、助剂等，搅拌均匀后出料包装。

单组分聚氨酯防水涂料生产简单，使用方便，预聚体制备与双组分的预聚体相似，只是为了施工后便于固化，降低了—NCO含量，即将乙组分中的部分聚醚先加入甲组分；涂料外观为乳白色黏稠液，预聚体黏度适中，无需有机溶剂稀释，涂料固含量高，能在潮湿基面及相对湿度90%以内的条件下施工；不含疑为致癌的物质莫卡（固化剂），也不含焦油、沥青、溶剂和重金属，游离TDI含量极低，环保，施工方便，是聚氨酯防水涂料的发展方向。但包装成本高，储存稳定性要求高，储期6个月；容易因空气湿度不够而造成固化时间较长、延误工期，因此不能厚涂；或因湿度较大，湿气（H_2O）先与异氰酸酯基（—NCO）反应生成氨基预聚体和CO_2气体，预聚体再与—NCO反应生成脲基聚合物，固化较快使产生的CO_2气体来不及逸出导致材料发泡膨胀，即涂膜表面和截面有针孔、气泡，且光泽度及强度降低。因此单组分聚氨酯防水涂料多作防水修补用。

3. 水固化聚氨酯防水涂料

针对单组分潮气固化聚氨酯防水涂料存在固化时间长、不能厚涂的缺点，王庆安等提出了水固化思路。水固化聚氨酯防水涂料为聚氨酯预聚体，施工时加入一定量（20%～30%）的水混合均匀，则游离状态的水和以—NCO为端基的多异氰酸酯预聚体发生反应，生成脲键而固化形成致密聚氨酯弹性膜层。水起到了扩链即固化作用，生成的CO_2气体可通过气体吸收剂吸收。

水固化聚氨酯防水涂料可利用空间或基层湿度，可用于潮湿（无明水）基层，粘结力强（粘接强度0.8MPa），工期短；涂料固含量高（≥94%），几乎不含溶剂，避免了有机固化剂如MOCA，较环保；涂膜固化速度快（表干≤4h，实干≤12h），涂料用量少，成膜较厚，每道涂覆可达1mm；低温可加热水或加催化剂来保证固化时间，可在－5℃以上施工；价格适中，性价比高；体积收缩小，有一定强度（≥1.65MPa），延伸性能好（≥350%），低温柔度好（－25～30℃）；可单独作为一层涂膜层，也可兼作卷材粘结层，或作密封、堵漏、补强，防腐保温。但包装密闭性要求高，储存期短，冬期施工困难。

目前水性聚氨酯防水涂料许多关键问题还需进一步研究。如加水方式、加水量、在力学性能方面还存在较大差距，同时在耐水解性方面也有不足。

未来聚氨酯防水涂料的主要研究方向是：

①降低聚氨酯的生产成本。沥青型聚氨酯防水涂料性能优越，价格较低，受到用户的

青睐，故改性沥青聚氨酯仍是科研的主攻方向。

②发展水性化、粉末化、高固化、低 VOC 含量的环保型聚氨酯防水涂料。

③使用纳米材料和晶须类材料。如加入纳米碳酸钙，可使涂料黏度降低，拉伸强度、断裂伸长率和储存稳定性增加；添加具有较强紫外线吸收能力的纳米 TiO_2、ZnO 等无机粒子；利用 TiO_2 纳米粒子的光催化特性将有害物质氧化、降解，也可达到环保目的。加氧化锌晶须提高弹性涂膜强度、抗变形能力和断裂强度。

④使用蒙脱石。蒙脱石是一种具有层状硅酸盐结构的天然黏土，有机单体或聚合物进入蒙脱土层间，获得插层纳米复合材料，可提高物理力学性质、热性质和气密性。如加入占预聚物含量 0.52%的蒙脱土的双组分聚氨酯防水涂料断裂伸长率由 443%提高到 501%，拉伸强度由 3.05MPa 提高到 3.40MPa，吸水率由 4.69%降到 1.71%。

⑤使用粉煤灰。在双组分聚氨酯防水涂料中加入 30%～40%细度 40μm 的粉煤灰，可改变涂料的流变性能和物理力学性能。

12.2.7 硬泡聚氨酯防水保温材料

硬泡聚氨酯防水保温材料是以异氰酸酯和多元醇为主要原料，在发泡剂、催化剂、阻燃剂等多种助剂作用下，经反应形成的硬质泡沫体。现场施工时，通过专用高压喷涂设备喷涂在基层上，经反应固化而形成致密、无接缝的硬泡聚氨酯膜层。

硬泡聚氨酯防水保温材料是一种实现建筑保温防水一体化的新型节能建筑材料，其聚氨酯硬泡体导热系数为 0.022～0.024W/（m·K），是目前保温材料中导热系数最低的（相当于挤塑板的一半），目前主要用于建筑物外墙保温，屋面防水保温一体化，冷库保温隔热、管道保温材料、建筑墙板、冷藏车及冷库隔热等。

1. 喷涂硬泡聚氨酯的配方特点

喷涂硬泡聚氨酯的配方一般分成 A、B 两部分，A 部分为含异氰酸酯基的二元或多元有机异氰酸酯，B 部分为含活泼氢的聚醚多元醇或聚酯多元醇和发泡助剂等，A、B 两部分在现场混合，边施工边发泡。喷涂硬泡聚氨酯的配方设计要点如下：

①多元醇：选用分子量为 400～800、官能度为 3～8 的聚醚型多元醇，具体品种为（3～8）羟基聚氧化丙烯醚，也可用多种聚醚搭配使用，一般以其 100 份为基准。

②异氰酸酯：可选用 TDI、MDI 及 PAPI 三类，用量为多元醇聚醚的 1.3～1.5 倍。

③发泡剂：以外加物理发泡剂为主，有二氯乙烷、异戊烷等，一般为 40 份左右。另外可加入少量水。

④催化剂：胺类和锡类并用，有 N，N-二甲基环己胺、三亚乙基二胺等胺类及二月桂酸二丁基锡催化剂，一般为 0.5～5 份。

⑤泡沫稳定剂：常用硅油及硅酮类，如有机硅、丙二酮等，用量为 0.5～1.5 份。

改变异氰酸酯类化合物和多元醇的化学特性、结构、分子大小和配比可得到不同性质的聚氨酯泡沫体。在聚醚或异氰酸键上引入卤素、磷、锑等阻燃元素或添加二氯乙基磷酸酯等阻燃剂可得到阻燃硬泡配方。针对低于 15℃低温环境下硬泡聚氨酯喷涂不能施工的限制问题，南京初牛科技有限公司郑生力制备了一种非热敏催化剂，可使硬泡聚氨酯在环境温度 11℃下不仅能施工，而且性能完全满足标准要求，从而解决了施工现场随环境温度降低需增加催化剂用量和硬泡体质量不合格的问题。

2. 喷涂硬泡聚氨酯的保温防水机理

《硬泡聚氨酯保温防水工程技术规范》GB 50404—2007 规定现场喷涂硬泡聚氨酯按材料物理性能可分为Ⅰ、Ⅱ、Ⅲ三种类型，其物理性能要求如表 12-5 所示。Ⅰ型具有优异保温性能，用作屋面和外墙保温层；Ⅱ型除优异保温性能外，还具有一定防水功能，与抗裂聚合物水泥砂浆复合使用，用作屋面复合保温防水层；Ⅲ型除优异保温性能外，还具有较好防水性能，是一种保温防水功能一体化材料，用作屋面保温防水层。

现场喷涂硬泡聚氨酯的物理性能　　**表 12-5**

项目	性能要求			试验方法
	Ⅰ	Ⅱ	Ⅲ	
密度(kg/m³)	≥35	≥45	≥55	GB/T 6343
导热系数(W/(m·K))	≤0.024	≤0.024	≤0.024	GB 3399
压缩性能(形变 10%)(kPa)	≥150	≥200	≥300	GB/T 8813
不透水性(无结皮)0.2MPa,30min	—	不透水	不透水	规范附录 A
尺寸稳定性(70℃,48h)(%)	≤1.5	≤1.5	≤1.0	GB/T 881
闭孔率(%)	≥90	≥92	≥95	GB/T 10799
吸水率(%)	≤3	≤2	≤1	GB 8810

1）保温机理

聚氨酯硬泡体是由聚氨酯构成众多闭口微孔骨架，气孔内为导热系数很低的发泡剂蒸汽的泡沫体，其闭孔率高、容重小、导热系数低，隔热保温性能好。聚氨酯硬泡体的导热系数主要由充填气体的导热系数来决定。采用无氟发泡剂形成的均匀致密闭口孔内充满了导热系数极低的发泡剂蒸汽，当密度在 35～40kg/m³ 时，其导热系数仅为 0.018～0.027W/（m·K）。聚氨酯硬泡体表面致密憎水，耐水、抗冻和耐腐蚀好，避免了材料因受潮受冻而使保温性能下降。

2）防水机理

硬泡聚氨酯属于高分子塑料，具有憎水性，其自身吸水率极低（吸水率≤1%），闭孔率高达 95%以上，具有较低的水蒸气渗透性和优良的不透水性；聚氨酯硬泡体为连续致密、无接缝的完整不透水层，具备一定防水功能，在屋面系统中可代替一道防水层使用；硬泡体具有一定弹性，延伸率达 10%以上，能适应屋面基层变形，避免开裂渗漏；硬泡聚氨酯与混凝土、金属、木材、砖石、砌块等多种基面均有良好粘结力。现场高压喷涂发泡固化技术使发泡体能渗入主体结构缝隙起到密封作用，其与基层面粘结强度大于硬泡体本身的撕裂强度，硬泡层底面能与屋面基层牢固粘结，顶面能与材料性质相匹配的保护层紧密结合，屋面整体性好，无分层现象，可避免屋面水沿层间缝隙渗透。

3. 喷涂硬泡聚氨酯在建筑上的应用

喷涂硬泡聚氨酯适用于各种不同气候条件工业与民用建筑屋面和外墙的保温防水工程，其保温隔热效果可满足我国建筑节能标准要求；尤其适用于高层和有风地区建筑外墙及屋面的保温防水一体化工程；也可与其他防水材料复合，适于防水等级为Ⅰ～Ⅳ级、各种材质（混凝土、金属、木材等）及基层形状（平、斜、大跨度金属网架结构、异型）屋面及外墙的防水保温工程，特别适合低建筑荷载要求、异型复杂、施工周期要求短的屋面和旧屋面维修翻建等工程。

施工环境温度过低和空气相对湿度过大均会影响发泡反应，尤其是环境温度对聚氨酯发泡影响很大。环境温度高可加快反应速度，泡沫发泡充分，泡沫表层和芯部密度接近；环境温度低，部分反应热会散发到环境中，不但使泡沫成型变慢，收缩率增大，也增加了泡沫材料用量。施工时喷涂发泡机将原料混合后以雾化状态喷出，风速过大将会吹走雾化颗粒和反应热量，不但使产品表面变脆，难以形成均匀壳体，而且泡沫四处飞扬，将造成原料损耗和环境污染。喷涂硬泡聚氨酯施工时要求环境温度≥10℃，以15～30℃为宜，风力≤3级，风速在5m/s以下，空气相对湿度宜小于85%。气温过低或雨、雪、雾天气不能进行喷涂，当施工中途下雨、下雪时要采取覆盖措施，风速大于3级时应采取挡风措施。

硬泡聚氨酯不耐紫外线，在阳光长期照射下易粉化影响寿命，因此其表面要设保护层。非上人屋面喷涂Ⅲ型硬泡聚氨酯做保温防水层时，应在其表面涂刷耐紫外线的防护涂料；喷涂Ⅱ型硬泡聚氨酯时，应在其上刮涂3～5mm厚抗裂聚合物水泥砂浆，构成复合保温防水层。抗裂聚合物水泥砂浆层兼有防水和保护层作用，其内部网络结构能承受一定的弹性变形，若受到外力作用碎裂时，因砂浆层厚度较小也不易形成尖锐棱角而破坏结皮层。上人屋面用细石混凝土或块体材料作保护层。因硬泡体表面凹凸不平，硬泡体和细石混凝土的膨胀收缩应力不同，因此在两者间要设置隔离材料。严禁在硬泡体上直接浇筑混凝土做保护层。如某写字楼工程在40mm厚硬泡聚氨酯保温防水层上直接浇筑40mm厚C20混凝土保护层，在混凝土浇筑过程中破坏了结皮层而出现屋面严重渗漏。如沈阳军区某营房改造在屋面喷涂30mm厚硬泡聚氨酯保温防水层，并在其上抹20mm厚水泥砂浆保护层。经5年检验无渗漏，防水节能保温效果显著。

12.3 喷涂聚脲防水涂料

12.3.1 喷涂聚脲防水涂料概述

喷涂聚脲防水涂料（Spray Polyurea Waterproofing Coating）是指以异氰酸酯类化合物为甲组分，胺类化合物为乙组分，采用喷涂施工工艺使两组分混合、反应生成弹性体膜层的防水涂料。

喷涂聚脲防水涂料乙组分是端氨基树脂和氨基扩链剂组成的胺类化合物时，通常称为喷涂（纯）聚脲防水涂料；乙组分是端羟基树脂和氨基扩链剂组成的含有胺类的化合物时，通常称为喷涂聚氨酯（脲）防水涂料。

喷涂聚氨酯材料最早在美国、西欧开始应用。我国1997年4月引进美国Gusmer公司专用设备，研制出喷涂聚脲材料系列产品。

12.3.2 聚脲防水涂料化学基础

1. 聚脲与聚氨酯的分子结构异同

聚氨酯是由端异氰酸酯（—NCO）化合物与多羟基化合物经过化学反应，形成具有氨酯键（—NHCOO—，又称氨基甲酸酯）的高分子材料。上述反应需一定温度，并需要催化剂，其所形成的高分子材料固化成膜后，高分子链上含有多种化学键，如碳碳键（—C—C—）、醚键（—O—）、酯键（—COO—）、氨酯键（—NHCOO—），也含有少量脲键（—NHCONH—）等。

聚脲是由含端多异氰酸酯（—NCO—）化合物与端多元胺（包括树脂和扩链剂）化合物反应所形成的具有脲键（—NHCONH—）的高分子材料。上述反应无需催化剂，也不需加热即可迅速反应，其固化后高分子链中含有碳碳键（—C—C—）、醚键（—O—）、脲键（—NHCONH—）、酯键（—COO—）、氨酯键（—NHCOO—）等。

聚氨酯和聚脲两者固化成膜后，分子链中所含的化学键种类是相同的或相似的。无论是聚氨酯还是聚脲，必须先制成含端基为异氰酸酯的预聚体或半预聚体。也有人将聚脲称为一种特殊的聚氨酯或高力学性能的聚氨酯。

尽管聚氨酯和聚脲固化成膜后，所含化学键的种类相同或相似，但聚氨酯橡胶膜中对其物理性能起关键作用的官能团为氨酯键，而聚脲固化后对其性能起关键作用的官能团为脲键。在聚氨酯和聚脲中都会有氨酯键和脲键，但由于在聚氨酯固化后的橡胶膜中，氨酯键数量大大超过脲键，其性能主要由氨酯键所决定；而聚脲固化后的橡胶膜中脲键的数量超过氨酯键数量，其性能主要由脲键所决定，脲键强度大大超过氨酯键强度，并且脲键很稳定。

2. 聚脲防水涂料的化学反应机理

由于脲的生成反应与聚氨酯化学反应机理类似，物理现象也近似，而且两者的应用领域又密切联系，因此习惯上把含有聚脲结构的聚氨酯，甚至是全部含有聚脲结构的聚合物都归类于聚氨酯化学领域。

聚脲化学式以异氰酸酯的化学反应为基础，包括异氰酸酯与羟基化合物（预聚体的合成）及氨基化合物的反应生成氨基甲酸酯基、脲基等化合物。这两种反应均属于氢转移的逐步加成聚合反应，是有活泼氢化合物的亲核中心攻击异氰酸酯的正碳离子而引起。

1）半预聚体合成

采用预先合成预聚物的方法有助于喷涂弹性体总体性能的提高。喷涂聚脲弹性体的配方多种多样，产品的应用也十分广泛，但其合成工艺过程一般使用一步半法。一步半法也叫半预聚物法或半预聚体法。半预聚体是端异氰酸酯预聚体与异氰酸酯的混合物，也就是将二异氰酸酯和低聚物多元醇或氨基聚醚反应合成半预聚物。在聚脲化学中，甲组分中异氰酸酯的NCO含量对区分预聚体和半预聚体有着重要的影响。预聚体的NCO含量一般在12%以下；而半预聚体的NCO含量一般在12%～25%之间。在喷涂聚脲弹性体中，甲组分一般采用的是半预聚体，使用半预聚物法的优点是：对空气中水分的敏感性低；生成的弹性体力学性能好；生成—NCO封端的含氨基甲酸酯基团的预聚物和二异氰酸酯的混合物，以改善原料体系的相容性，且有利于控制反应物的黏度、反应活性、反应放热和聚合物的机构，其黏度较低，反应活性适中。在合成半预聚物的过程中，有以下几种反应并存：

（1）芳香族异氰酸酯同端羟基聚醚的反应

芳香族异氰酸酯同端羟基聚醚的反应生成以氨基甲酸酯为特征结构的、—NCO基封端的聚氨酯半预聚物。其反应实质是异氰酸酯与含羟基化合物的反应，反应机理如式（12-5）：

$$R'\text{—OH} + nR\text{—NCO} \longrightarrow R\underbrace{\boxed{\text{—NH—}\overset{\overset{\displaystyle O}{\|}}{C}\text{—O—}}}_{\text{氨基甲酸酯基}}R' + (n-2)R\text{—NCO} \tag{12-5}$$

常用的羟基化合物有聚氧化丙烯醚多元醇、聚四氢呋喃多元醇、聚 ε-己内酯多元醇、端羟基聚丁二烯等。其中最常用的是聚氧化丙烯多元醇，它的原材料来源广泛，价格低廉，合成的半预聚物黏度低，是喷涂聚脲弹性体（SUPA）技术应用最广的一种原材料，可满足一般防水、防腐、耐磨等领域的要求。

异氰酸酯反应生成的氨基甲酸酯基团可继续与异氰酸酯基进行反应，生成脲基甲酸酯，缩二脲型交联结构。但发生反应必须给予一定能量，异氰酸酯与氨基甲酸酯的反应活性比异氰酸酯与脲基的反应低，当在无催化剂存在的环境中，常温几乎不反应，一般反应需在 120～140℃之间才能得到较为满意的反应速率，在通常的反应条件下，所得最终产物为脲基甲酸酯。异氰酸酯与脲基化合物的反应，在没有催化物的条件下，一般需要 100℃或者更高温度下才能反应，反应所得产物为缩二脲。

（2）脂肪族异氰酸酯与端氨基聚醚的反应

由于芳香族异氰酸酯同端氨基聚醚的反应活性很高，半预聚物合成只能在很低的温度下进行，并且对端氨基聚醚的加入方式和分散措施也要求很高，得到的预聚物黏度大、贮藏稳定性差，故常利用脂肪族异氰酸酯如 IPDI、TMXDI 等与端氨基聚醚的反应合成半预聚物。其反应机理如式（12-6）：

$$nR{-}NCO+R{-}NH_2 \longrightarrow R{-}NH{-}\underset{\underset{O}{\|}}{C}{-}NH{-}R+(n-2)R{-}NCO \quad (12\text{-}6)$$

（3）异氰酸酯同端氨（或羟）基聚醚等原料中微量水分的反应

聚醚、聚酯等多元醇具有吸湿性，所以其中难免都含有微量水分存在，故在异氰酸酯与多元醇反应的同时，往往会伴随着异氰酸酯与水的反应，见反应式 12-4。水可产生两种作用：一是生成脲基使预聚物黏度增大；二是以脲基为支化点还能进一步与异氰酸酯反应，形成缩二脲交联而使预聚物的贮存稳定性降低甚至凝胶。由此可见，如果对聚醚、聚酯等多元醇以及其他原料中的微量水分不加控制的话，势必会出现半预聚物黏度过大，造成供料困难，混合效果变差等不良后果。为了确保预聚物质量，必须严格控制低聚物聚醚多元醇或聚酯中的水分含量，必要时要进行脱水处理，保证所用聚合物多元醇或聚酯的水分含量低于 0.05%。

（4）异氰酸酯的自聚反应

异氰酸酯会发生自加聚反应，生成各种自聚物，包括二聚体、三聚体及各种多聚体，其中最重要的是二聚反应和三聚反应。目前，异氰酸酯二聚体的生成反应一般只有在芳香族异氰酸酯范围中，但对三聚体，在芳香族异氰酸酯和脂肪族异氰酸酯都可以经过反应获得。

$$2R{-}N{=}C{=}O \longrightarrow R{-}N\begin{array}{c}\overset{\overset{O}{\|}}{C}\\ \diagup\quad\diagdown \\ \diagdown\quad\diagup \\ \underset{\underset{O}{\|}}{C}\end{array}N{-}R$$

二聚环化反应

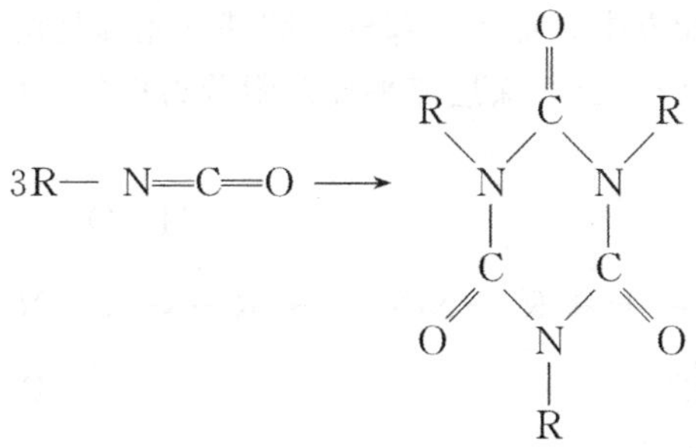

$$3R-N{=}C{=}O \longrightarrow \begin{array}{ccccc} & & O & & \\ & & \| & & \\ R & & C & & R \\ & \diagdown & & \diagup\ \diagdown & \diagup \\ & N & & & N \\ & | & & & | \\ & C & & & C \\ \diagup\!\!\diagup & & \diagdown\ \diagup & & \diagdown\!\!\diagdown \\ O & & N & & O \\ & & | & & \\ & & R & & \end{array}$$

三聚环化反应　　(12-7)

MDI 是聚脲技术中最常用的异氰酸酯，即使在低温条件下也能发生缓慢自聚，生成二聚体（脲二酮）。二聚体不稳定，在加热条件下又可分解成原来的异氰酸酯化合物。这就是 MDI 最好在－5～5℃贮运，并在保质期内尽快使用完毕。在合成半预聚物时，必须在较低的温度下进行，综合考虑生产效率及产品质量，合成温度一般控制在 60～80℃。

在三聚催化剂的作用下，芳香族异氰酸酯和脂肪族异氰酸酯都可以产生三聚化反应，生成三聚体（异氰脲酸酯），三聚反应是不可逆的反应。

在有机磷催化剂及加热条件下，异氰酸酯可发生自身缩聚反应，生成含碳化二亚氨基（—N＝C＝N—）的化合物，该反应是异氰酸酯三聚及二聚反应以外的另一种自聚反应。碳化二亚胺结构具有高度不饱和的双键，其化学性质活泼，能与水进行加成反应生成脲。

2）聚脲材料的生成反应

聚脲材料的特征反应是半预聚物同氨基聚醚与液体胺类扩链剂的反应，在高温时，还有半预聚物同脲基的副反应。

（1）半预聚物与氨基聚醚及胺类扩链剂的反应

聚脲材料的特征反应是半预聚物（异氰酸酯组分）与氨基聚醚及胺类扩链剂反应生成脲基，见式（12-8）。由于氨基聚醚活性很高以及 N 原子的碱性，反应不需要催化剂就可在极短时间内固化。因此喷涂聚脲弹性体可在极苛刻条件下施工，甚至很低温度下（如－20℃）。

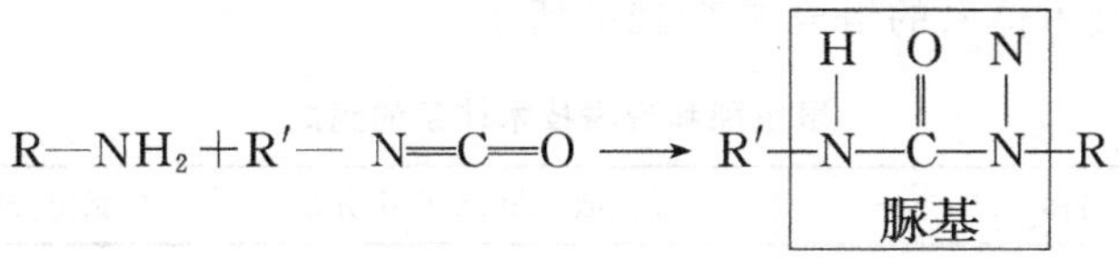

$$R-NH_2+R'-N{=}C{=}O \longrightarrow R'-\underbrace{\overset{H}{\underset{}{N}}-\overset{O}{\overset{\|}{C}}-\overset{N}{\underset{}{N}}}_{\text{脲基}}-R \qquad (12\text{-}8)$$

从分子结构分析，喷涂聚脲弹性体（Spray Polyurea Elastomer，简称 SPUA）材料中的脲基呈现以 C＝O 基团为中心的几何对称结构，比聚氨酯材料的氨基甲酸酯基稳定，所以聚脲材料的耐老化、耐化学机制、耐磨、耐核辐射和耐高温等综合性能优于聚氨酯。

聚脲生产中常选用端氨基聚醚及伯氨基扩链剂与半预聚物反应，基于如下原因：其一，氨基化合物与异氰酸酯反应的速度比羟基快，可缩短反应时间；其二，由氨基化合物与异氰酸酯反应生成的聚脲，其极性要比羟基与异氰酸酯反应生成的氨基甲酸酯强得多。端氨基聚醚可分为芳香族和脂肪族两类。脂肪族端氨基聚醚以其更低的黏度和更高的活性，更适合 SPUA 工艺。

芳香族异氰酸酯与常规的氨基聚醚、液体胺类扩链剂反应速度极快，通常凝胶时间小于 3～5s，因而存在对底材湿润能力弱、附着力低、层间结合不理想、涂层内应力大等一系列缺点。如果在 SPUA 配方中，加入一部分仲胺基（尤其是位阻型）扩链剂或仲胺基聚醚，可把凝胶时间延长至 30～60s，涂层流平性及附着力更好，同时减少了涂层的内应力，其反应见式（12-9）。

$$R'-\underset{\displaystyle R''}{\underset{|}{N}}-H+R-NCO\longrightarrow R-\overset{\displaystyle H}{\overset{|}{N}}-\overset{\displaystyle O}{\overset{\|}{C}}-\underset{\displaystyle R''}{\underset{|}{N}}-R' \tag{12-9}$$

（2）半预聚物的交联反应

为满足使用要求，SPUA 材料常常在大分子之间形成适度的化学交联，来提高材料的撕裂强度、耐介质性能及压缩强度，降低压缩变形率，改善施工性能等。化学交联一般可采用如下办法获得：官能度大于 2 的多异氰酸酯合成的半预聚物；官能度大于 2 的氨基聚醚与半预聚物反应；过量的异氰酸酯与脲基反应生成缩二脲交联。

（3）半预聚物同脲的副反应

适合于喷涂作业体系中的异氰酸酯指数一般控制在 1.05～1.10，这将有利于减少各种微量水分对材料性能的影响，如果异氰酸酯指数超过 1.1，则多余的异氰酸酯会和空气中的水分反应，生成低分子量的胺和二氧化碳，漆膜多气泡，拉伸强度降低，极易开裂，严重时则引起层间剥离。

半预聚物与氨基聚醚及胺类扩链剂反应生成脲基，在 100℃以上，异氰酸酯与脲基就有适中的反应速率，生成缩二脲支链或交联。缩二脲基团的生成，对弹性体的耐热性能、低温柔韧性及力学强度等会带来不利影响。

12.3.3 喷涂聚脲防水涂料的生产

1. 喷涂聚脲防水涂料的原材料

采用异氰酸酯与氨基化合物中的活泼氢反应制得的聚脲涂料，其特征是在配方组分中使用了端氨基聚醚作氨基化合物，这是聚脲涂料和聚氨酯涂料两大技术体系区别的关键所在。聚氨酯、聚脲技术体系的组成如表 12-6 所示。

聚氨酯和聚脲技术体系的组成 **表 12-6**

技术体系名称			异氰酸酯组分(甲组分)	树脂组分(胺类化合物、乙组分)
聚氨酯			异氰酸酯化合物、端羟基化合物	端羟基树脂、端羟基扩链剂、催化剂、颜料、填料、助剂
聚脲	聚氨酯(脲)		异氰酸酯化合物、端氨基或端羟基化合物	端羟基树脂、端氨基树脂、端氨基扩链剂、催化剂、颜料、填料、助剂
	(纯)聚脲	广义上的(纯)聚脲	异氰酸酯化合物、端氨基或端羟基化合物	端氨基树脂、端氨基扩链剂、颜料、填料、助剂
		狭义上的(纯)聚脲	异氰酸酯化合物、端氨基化合物	

聚脲涂料的原液一般采用双组分包装，甲组分是端氨基或端羟基化合物与异氰酸酯反应制得的预聚体或半预聚体，乙组分是由端氨基聚醚及其他助剂的混合物组成的树脂成分。

喷涂聚脲防水涂料所用主要原料为多异氰酸酯和有机多元醇化合物，为改善涂料黏度、阻燃、抗静电、外观色彩、附着力等性能还可添加溶剂、颜料等其他助剂。

（1）多异氰酸酯

异氰酸酯是聚脲弹性体的主要原料之一，甲组分采用的多异氰酸酯既可以是芳香族的，也可以是脂肪族的。通常为二苯基甲烷二异氰酸酯（MDI），也可采用多苯基甲烷多异氰酸酯（PAPI）、六亚甲基二异氰酸酯（HDI）等，但以MDI为基础的材料具有更好的力学性能。为减少异氰酸酯挥发对施工者、环境的影响和考虑到异氰酸酯反应活性，应多采用性能好、挥发性低、毒性小的二苯甲烷-4，4′-二异氰酸酯（MDI）及其衍生物。

（2）聚合物多元醇

为便于喷涂施工，喷涂聚脲甲组分中的聚合物多元醇多选用液体聚醚多元醇，而不选用固体或半固体的聚酯多元醇、聚四氢呋喃聚醚等原料。从耐水角度考虑，在选用液体聚醚多元醇时，一般选用环氧丙烷封端，而不选择环氧乙烷封端。除此之外还要控制所用聚合物多元醇的水分含量。聚脲防水涂料所用的端氨基聚醚与聚氨酯技术体系中所采用的聚醚多元醇类似，支化度一般为二或三，分子量在400～5000之间。支化度越低，分子量越大，材料的弹性也就越大，反之，则材料的硬度和强度也就越大。通常多采用几种端氨基聚醚配合使用。

（3）扩链剂

乙组分主要是氨基化合物包括端氨基聚醚和液体胺类扩链剂。端氨基扩链剂的引入可在一定程度上阻止异氰酸酯与水、湿气的反应，使材料力学性能得到改善。选择适当的扩链剂可控制反应活性和凝胶时间。由于聚脲反应速率极快，因此涂喷聚脲涂料在配方组分中不使用催化剂，常用胺基扩链剂是芳香族或脂环族的二元胺，如二乙基甲苯二胺（DETDA）和二甲硫基甲苯二胺（DMTDA）。DETDA反应速度快、初始强度高、保色性好，适于浅色产品生产，但预聚物反应过快，难以满足施工要求，故常与位阻型伯胺类扩链剂混用。如N，N-二烷基甲基二胺可增加位阻效应，降低聚脲体系过高的反应活性，延长凝胶时间，提高附着力和表面状态。DMTDA反应慢，有刺激性气味不宜室内使用，但室外易泛黄，不能用于保色性要求高场合。

（4）助剂

在生产SPUA材料时，需添加多种助剂来改善其工艺性能和贮存稳定性，提高产品质量，扩大应用范围。为保证体系具有适当低的黏度以便于喷涂，故对填料的使用较谨慎，而颜料、助剂（如消泡剂、流平剂及防老剂等）则可根据需要适量加入。加入吸水剂能够有效地吸收原材料中的微量水分，防止喷涂时发泡。新型多功能二恶唑烷液体吸水剂稳定性较好，遇水解离成羟基或者仲胺基功能交联剂，参与异氰酸酯的快速反应，防止涂膜气泡和针孔现象发生，且其黏度不高，可作为一种活性吸水剂，降低组分的黏度，并且不会像增塑剂一样在降低黏度的同时，还会随着时间延长发生迁移现象而影响涂膜的层间附着力，其与多元醇有良好的相容性，在不同多元醇体系中对涂膜综合性能有所提高。

2. 喷涂聚脲防水涂料的配方设计

游离异氰酸酯单体起到稀释剂的作用，可使预聚物的黏度明显降低。所以在设计喷涂聚脲配方时应选择反应性适中，黏度较低，固化产物物理性能好，适合喷涂作业的半预聚物。一般半预聚物中—NCO含量为12%～25%，异氰酸酯基与羟基之当量比NCO/OH

控制在0.9～0.95，但特殊情况也有采用NCO/OH＝1或稍高一点，这需根据试验确定。当NCO/OH＞1时，产品中残留游离的NCO难以除去，使产品不稳定，贮存期短；当NCO/OH＜1时，或远少于1时，产品中残留羟基过多，涂膜耐水性和干燥性较差；当NCO/OH接近于1时，产品性能全面提高。

某喷涂聚氨酯（脲）涂料的配方如表12-7所示。此配方选用有机锡催化剂加快聚醚多元醇与异氰酸酯的反应，制得聚氨酯（脲）弹性体的异氰酸酯指数为1.17，拉伸强度14.71MPa，伸长率340%，撕裂强度66N/m。

某喷涂聚氨酯（脲）涂料的配方 **表12-7**

甲组分		乙组分	
原材料名称	质量份数	原材料名称	质量份数
MDI预聚物（—NCO为14.2%）	100	聚醚多元醇	45～60
		反应性扩链剂	15～30
		位阻性扩链剂	8～14
		有机锡催化剂	0.2～0.5
		其他助剂	8～15

3. 喷涂聚脲防水涂料的生产工艺

首先经高温真空脱水的聚醚多元醇与异氰酸酯在反应釜混合加热聚合生成半预聚体，半预聚体再和异氰酸酯及助剂搅拌混合成为甲组分。乙组分是由端氨基聚醚、颜料、混合胺类扩链剂、填料、助剂搅拌混合而成。

因MDI具有很强自聚倾向，故甲组分合成温度控制在60～80℃。在通常工艺条件下，氨基甲酸酯和—NCO是很难反应的，但在高温或催化剂（如强碱）存在的条件下会发生反应，生成脲基甲酸酯支链或交联。考虑上述反应放热所引起的升温，故控制合成过程温度不超过100℃。

随反应进行，预聚物体系中的羟基和异氰酸酯基含量逐渐减少，而氨基甲酸酯浓度则从零逐渐增加，在预聚反应完成后，羟基含量应为零；若达到终点时，继续延长反应时间则会导致异氰酸酯的副反应发生，故预聚时间控制为约2h。

12.3.4 喷涂聚脲防水涂料的特性及应用

喷涂聚脲防水涂料按组成分为喷涂（纯）聚脲防水涂料（代号JNC）和喷涂聚氨酯（脲）防水涂料（代号JNJ）；按物理力学性能分为Ⅰ型和Ⅱ型。喷涂聚脲防水涂料基本性能应满足《喷涂聚脲防水涂料》GB/T 23446—2009的要求，如表12-8所示，其耐久性能应符合表12-9的要求。

喷涂聚脲防水涂料的基本性能 **表12-8**

序号	项目		技术指标	
			Ⅰ	Ⅱ
1	固含量(%)	≥	96	98
2	凝胶时间(s)	≤	45	

续表

序号	项目			技术指标	
				Ⅰ	Ⅱ
3	表干时间(s)		≤	120	
4	拉伸强度(MPa)		≥	10.0	16.0
5	断裂伸长率(%)		≥	300	450
6	撕裂强度(N/mm)		≥	40	50
7	低温弯折性(℃)		≤	−35	−40
8	不透水性			0.4MPa,2h 不透水	
9	加热伸缩率(%)	伸长	≤	1.0	
		收缩	≤	1.0	
10	粘接强度		≥	2.0	2.5
11	吸水率(%)		≤	5.0	

喷涂聚脲材料的耐久性能　　表 12-9

序号	项目			技术指标	
				Ⅰ	Ⅱ
1	定伸时老化	加热老化		无裂纹及变形	
		人工气候老化		无裂纹及变形	
2	热处理	拉伸强度保持率(%)		80～150	
		断裂伸长率(%)	≥	250	400
		低温弯折性(℃)	≤	−30	−35
3	碱处理	拉伸强度保持率(%)		80～150	
		断裂伸长率(%)	≥	250	400
		低温弯折性(℃)	≤	−30	−35
4	酸处理	拉伸强度保持率(%)		80～150	
		断裂伸长率(%)	≥	250	400
		低温弯折性(℃)	≤	−30	−35
5	盐处理	拉伸强度保持率(%)		80～150	
		断裂伸长率(%)	≥	250	400
		低温弯折性(℃)	≤	−30	−35
6	人工气候老化	拉伸强度保持率(%)		80～150	
		断裂伸长率(%)	≥	250	400
		低温弯折性(℃)	≤	−30	−35

喷涂聚脲防水涂料使用成套设备施工，快速固化，可在任意形状表面喷涂成型，无流挂现象，施工效率高；可按 1∶1 体积比一次喷涂可达设计厚度（0.5mm 到数毫米），数秒凝胶，30s 左右触干，1h 即可进行上层施工；固含量达 100%，不含催化剂和有机溶剂，几乎不含挥发性有机物（VOC），对环境友好，无毒环保；具有优异耐高低温性能，对水分、湿

度不敏感，可在-30～150℃长期使用，并承受350℃短时热冲击，在极寒冷和极炎热地方、风雨季节均可正常施工和长期应用；涂膜致密、美观，对金属和非金属底材具有极强附着力（超过自身强度），对环境气候和基层适应性强，应用范围广；耐老化，耐稀酸、盐等腐蚀，抗冻、耐磨、不透水性好，拉伸强度（8～22MPa）及断裂伸长率高（1000%），耐久性好，户外使用年限>30年；配方体系任意可调，既可制成彩色涂料，也可加入纤维增强，可得到从软橡皮（邵A硬度30）到硬质弹性体（邵D硬度65）的不同性能材料。

喷涂聚脲防水涂料因其优异的理化性能、工艺性能和环保性能等，在建筑、能源、交通、化工、机械、电子、环保及体育领域的防水、防腐及表面装饰方面得到了广泛应用。主要用于高档建筑屋面、地下及外墙防水、渗漏治理及裂缝修补的建筑防水工程；运动场上可防止大量出汗和下雨的防滑湿工程；化工储罐衬里、污水处理池、电镀槽、输油管、海洋结构防腐等工业防腐和防水。最适合水中及海工防水、高档建筑、隧道、涵洞、游泳池及工期要求紧的防水工程。

如青岛海洋化工研究院展览室处于地下4m，夏季地面会出现严重渗水。在地下室地面喷涂1.5mm厚聚脲材料后，防渗效果极佳，且工程施工速度快，处理100m^{2}面积仅需30min，1h内即投入使用。青岛佳联化工的SPUA-102聚脲防水涂料因良好的品牌优势和质量稳定性在南水北调及外滩隧道改建等工程中也取得了优异的防水效果。毛主席纪念堂地下室顶板的防水翻修工程采用的是广弘双海公司喷涂聚脲材料，在清理掉原有防水层后首先喷涂一遍聚脲防水材料，之后喷涂一遍30mm厚的硬泡聚氨酯保温材料，最后再喷涂一遍聚脲防水材料，使之达到防水保温一体化的功能。国家大剧院工程人工湖采用澳大利亚高强度现喷聚脲防水技术，防水面积达2万多平方米。

12.4 聚合物乳液防水涂料

12.4.1 聚合物乳液防水涂料概述

聚合物乳液防水涂料是以各类聚合物乳液（如硅橡胶乳液、丙烯酸酯乳液、乙烯-醋酸乙烯酯乳液等）为主要原料，加入防老化剂、稳定剂、填料、色料等各种助剂，以水为分散介质，经混合研磨而成的单组分水乳型防水涂料。

弹性涂料最早在欧美开始研究，Bryn-aetai于1964年申报了美国专利。1982年意大利Settef S. P. A公司的Teviso发明了高弹性丙烯酸乳液涂料，并申报了美国专利。20世纪80年代初日本也出现了如昭和54-7439、昭和54-138025等弹性涂料的专利报道。我国20世纪90年代开始生产VAE乳液防水涂料，但因性能差，应用较少。随着国外高性能丙烯酸乳液的引入促使了这类涂料的发展。目前，国内聚合物乳液建筑防水涂料多以弹性聚丙烯酸酯乳液为主，但与国外产品比质量上还有差距，用途主要限于与其他防水材料复合防水，起增强和辅助防水功能。随着乳液聚合新技术如互穿网络聚合技术、核壳乳液聚合技术等不断出现，聚合物乳液防水涂料将朝着高性能、多功能、开拓新的应用范围的方向发展，如采用有机硅及纳米技术改善涂料性能、铝粉乳液屋面反射涂料等。

12.4.2 聚合物乳液防水涂料的生产

聚合物乳液防水涂料生产的主要原料为聚合物乳液。聚合物乳液是涂料的主要成膜物质，提供涂料一系列优良的性能。对聚合物乳液性能的基本要求是：机械稳定性好，对颜料、填料的粘结力强；聚合度控制严格，乳液粒径分布较窄，残余单体含量低；涂膜吸水率低、耐水性好。不同种类的聚合物乳液其产品性能有差异，目前国内防水涂料生产厂都是外购乳液，常用聚合物乳液有硅橡胶乳液、聚丙烯酸酯乳液和乙烯-醋酸乙烯酯乳液等。

为改善涂料性能，生产聚合物乳液防水涂料还需加入填料、颜料及各种助剂。填料如重钙、滑石粉等主要是降低成本，改善涂料性能（如耐老化性）；颜料主要赋予涂料装饰性，助剂主要有防老化剂、稳定剂、消泡剂、分散剂、增稠剂、增塑剂、防霉剂等。

生产聚合物乳液防水涂料的主要设备有：混合分散设备（如高速盘式、桨叶、双轴分散机)、研磨分散设备（如砂磨机、胶体磨、辊式磨)、液体输送泵、除去机械杂质的过滤设备（如过滤箩、振动筛）及包装设备。聚合物乳液防水涂料的生产工艺流程如图 12-7 所示。

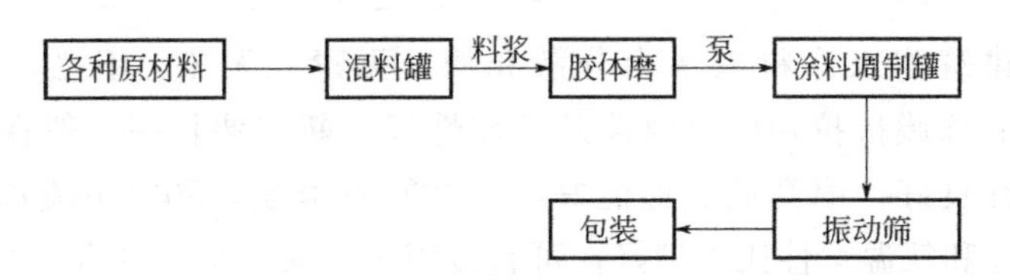

图 12-7 聚合物乳液防水涂料生产流程图

12.4.3 聚合物乳液防水涂料的特性及应用

聚合物乳液建筑防水涂料按物理性能分为Ⅰ型和Ⅱ型两种，Ⅰ类产品不得用于外露场合。聚合物乳液防水涂料的物理力学性能应满足《聚合物乳液建筑防水涂料》JC/T 864—2008 的要求，如表 12-10 所示。本标准适用于各类以聚合物乳液主要原料，加入其他添加剂制得的单组分水乳型防水涂料，产品可在非长期浸水环境下的建筑防水工程中使用。若用于地下及其他建筑防水工程，其技术性能还应符合相关技术规定。

聚合物乳液防水涂料物理力学性能指标 **表 12-10**

序号	项目			性能指标	
				Ⅰ型	Ⅱ型
1	固含量(%)		≥	65	
2	断裂延伸率(%)		≥	300	
3	拉伸强度(MPa)		≥	1.0	1.5
4	低温柔性(ϕ10mm 棒)			−10℃无裂纹	−20℃无裂纹
5	不透水性(0.3MPa,30min)			不透水	
6	干燥时间	表干时间(h)	≤	4	
		实干时间(h)	≤	8	
7	处理后的断裂伸长率(%)	加热处理	≥	200	
		碱处理	≥		
		酸处理	≥		
		人工气候老化处理①	≥	—	200

续表

序号	项目			性能指标	
				Ⅰ型	Ⅱ型
8	处理后的拉伸强度保持率(%)	加热处理	≥	80	
		碱处理	≥	60	
		酸处理	≥	40	
		人工气候老化处理①	≥	—	80～150
9	加热伸缩率(%)	伸长	≤	1.0	
		缩短	≤	1.0	

注：①仅用于外露使用产品。

聚合物乳液建筑防水涂料以水为分散介质，无毒、无味、不燃，向大气排放极少VOC，环保安全；涂膜抗拉强度、弹性及延伸性好，断裂伸长率一般在300～600%，抗裂性好；耐酸碱性良好，耐高低温性能好，－30℃不脆裂，80℃不流淌；耐老化性能优良，Ⅱ型拉伸强度和低温柔性比Ⅰ型好，可直接用于屋面等暴露场合，当施工至一定厚度时，寿命可达10年以上；冷施工，操作简便，可在潮湿基面直接施作；与基层粘结力强，涂膜层具有一定透气性，防水效果可靠；比溶剂型涂料成本低，每吨约减少一千元以上；产品色彩鲜艳，兼备装饰和节能功能，白色屋面可反射太阳光，降低屋顶温度，彩色涂料可美化环境。但涂料中含较多气泡，易使涂层产生不平整等缺陷，部分牌号丙烯酸乳液防水涂料固化后的涂膜吸水率较大，涂膜未干透就覆盖，有可能产生返乳现象，影响耐水性，在长期浸水环境中使用时应作长期浸水试验。

聚合物乳液建筑防水涂料已被广泛用于屋面、厨卫间、地下室、水池等防水工程，其最合适使用范围是处于干、湿交替环境部位的工程，如外墙、厕浴间、屋面工程半地下室背水面等非长期浸水环境下的建筑防水工程。

聚合物乳液防水涂料应贮存于清洁、干燥、密闭的塑料桶或内衬塑料袋的铁桶中。存放时应通风、干燥、防止日光直接照射，贮存温度不低于0℃，贮存期至少为六个月。

12.4.4 常用聚合物乳液涂料

1. 聚丙烯酸酯防水涂料

聚丙烯酸酯防水涂料是以纯丙烯酸树脂或苯乙烯与丙烯酸酯共聚物、硅橡胶与丙烯酸酯共聚物的高分子乳液为基料，加入适量的助剂、颜料、填料等配制而成的单组分水乳型防水涂料。

聚丙烯酸酯防水涂料按成膜物质分纯丙型、苯丙型、硅丙型等，其主成膜物质为丙烯酸树脂。聚丙烯酸酯的结构如图12-8所示，其中R为烷基。生产聚丙烯酸酯防水涂料应选橡胶型聚丙烯酸酯。聚丙烯酸酯树脂无色透明，保色性好，光照不泛黄，耐冻耐候，光泽和硬度高。

丙烯酸树脂的合成单体有丙烯酸甲酯、丙烯酸乙酯、丙烯酸丁酯，其合成单体的结构如图12-9所示。

加热带有乳化剂的水溶液，然后滴入各种丙烯酸酯单体，加热反应数小时，即制得

$$-\!\!\left[CH_2-\underset{\displaystyle COOR}{\underset{|}{CH}} \right]\!\!-_n$$

图 12-8　聚丙烯酸酯的结构

$$\underset{(a)}{CH_2-\underset{\displaystyle COOCH_3}{\underset{|}{CH}}} \qquad \underset{(b)}{CH_2-\underset{\displaystyle COOCH_2CH_3}{\underset{|}{CH}}} \qquad \underset{(c)}{CH_2-\underset{\displaystyle COO(CH_2)_3CH_3}{\underset{|}{CH}}}$$

图 12-9　丙烯酸树脂的合成单体结构

(*a*) 丙烯酸甲酯；(*b*) 丙烯酸乙酯；(*c*) 丙烯酸丁酯

聚丙烯酸酯高分子乳液。聚丙烯酸酯防水涂料自身颜色为白色，可加入各种颜色配成彩色防水涂料，所选用颜料一般为耐候、耐碱、耐晒、不褪色的氧化铁系列颜料。填料可选用碳酸钙、滑石粉、云母或石英等矿物微粉。颜填料加入量控制在 25%～30%。加入 5%～10%邻苯二甲酸二丁酯作增塑剂，可改善涂料柔韧性；加入 1%～3%丙二醇、乙二醇等做成膜助剂，在冬季可适量多加具有抗冻性的乙二醇；氨水可用来调 pH 值；消泡剂可采用有机硅类，加入量在 0.5%～1%。某聚丙烯酸酯防水涂料的配方如表 12-11所示。

某聚丙烯酸酯防水涂料的配方　　表 12-11

成分	配方 1	配方 2	配方 3
丙烯酸酯乳液	50～70	100	25～45
增塑剂(分)		10～20	8～14
增稠剂(分)		0.5	适量
改性剂(分)		10～20	
分散剂(分)	1～2	1～3	2～4
消泡剂(分)		0.5～1	0.2～0.6
防霉剂	适量		适量
成膜助剂(分)		2～5	
钛白粉	10～20		
填料	40～60	200～300	20～40
水(分)	10～20		

聚丙烯酸酯防水涂料的特性如表 12-12 所示。该涂料目前主要有丙烯酸外墙防水装饰涂料、丙烯酸屋面防水涂料和丙烯酸厨卫间防水涂料等系列弹性涂料，可用于现浇混凝土屋面、外墙的防水防潮，如屋面防水卷材面层、墙体防水防潮装饰层；地下室、卫生间、厨房间防水防潮；旧建筑屋面翻新补漏维修工程，但用于屋面隔热防水，需 2cm 左右厚，价格较高。

聚丙烯酸酯高分子乳液涂料的特性　　表 12-12

优点	缺点
①无毒、无味、不燃、无溶剂污染； ②具有一定的透气性，不透水性强，耐高低温性好(−30～80℃)，储存稳定，断裂延伸性好(可达250%)，粘接性好，较优异的耐候性、耐热老化、耐紫外老化和酸碱老化性能(耐腐蚀，耐候性优于聚氨酯)，使用寿命10～15年； ③刮涂2～3遍，膜厚可达2mm； ④可在各种复杂基层及潮湿基面施工，冷施工且施工维修方便； ⑤可制成多种颜色，保色及涂膜丰满，兼具防水及装饰效果； ⑥可做橡胶沥青类黑色防水层的保护层	①施工中对基层平整度要求较高； ②气温低于5℃不宜施工； ③成本较高，固含量低，单位面积涂料使用量较大。 ④在水中浸泡后溶涨率较大，厚度和质量增加率较多，不宜长期在水中浸泡的工程

加入有机硅、氟等单体进行乳液共聚合可提高涂膜耐水性、耐候性、抗紫外老化性能等。80年代中期，水性聚氨酯与水性丙烯酸酯接枝共聚获得成功，该方法得到的水性聚合物乳液比物理掺混的性能要好，改善了乳液稳定性和耐水性。国内已生产出有机硅、氟或环氧共聚改性的水性丙烯酸酯类共聚物乳液，并已成功用于建筑物的高级水性装饰涂料，但在屋面防水涂料中尚未见应用。国内外除了在共聚改性上做了大量研究，还围绕水性丙烯酸酯乳液的聚合技术开展了研究，如核壳乳液聚合、无皂乳液聚合、有机无机复合乳液聚合、基团转移聚合（GTP）、互穿网络聚合（LIPN）、微乳液聚合等新技术已在国内外树脂及乳液生产中得到了广泛应用，使产品性能有了很大改善。

2. 硅橡胶防水涂料

硅橡胶防水涂料是以硅橡胶乳液为主成膜物质，配以无机填料及各种助剂配制而成的单组分水乳型防水涂料。

1）硅橡胶的结构及特点

硅橡胶是由硅氧烷与其他有机硅单体共聚而形成的含有

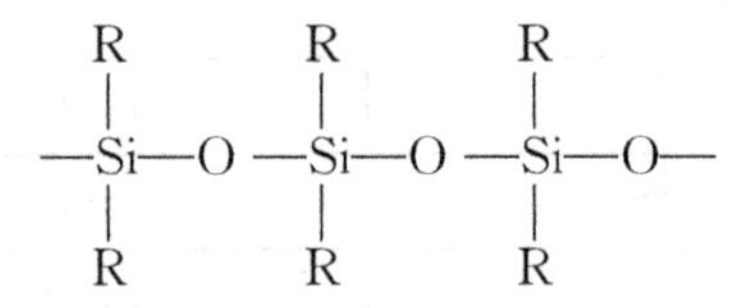

主链且在Si原子上接有有机碳侧链的聚合物。硅橡胶是一种兼具无机和有机性质的高分子弹性体，其主链高度饱和，由于无机主链Si-O的键能比一般的C-C键能高，因而具有优异的耐高温性和低温柔性，其工作温度范围宽广（−100～350℃）；耐热氧老化、耐候性和耐臭氧老化性优异；硅橡胶主链上烷基侧链使其具有一定憎水性，电绝缘性好；由于有机硅分子间的作用力很弱，分子链柔韧性好。但机械强度较低，耐酸碱化学性差，一般通过加入其他高分子聚合物如丙烯酸酯、聚氨酯等改性后使用；不能用硫磺硫化，需用过氧化物进行交联。

2）硅橡胶涂料的生产

生产硅橡胶乳液的主要原料如图12-10所示。

硅橡胶由双官能团的氯硅烷经水解缩聚或开环聚合可制得高分子量聚硅氧烷，线性的聚硅氧烷通过加入过氧化物或者采用催化剂在室温硫化可生成网状的硅橡胶分子，硅橡胶结构式及反应过程如图12-11所示。

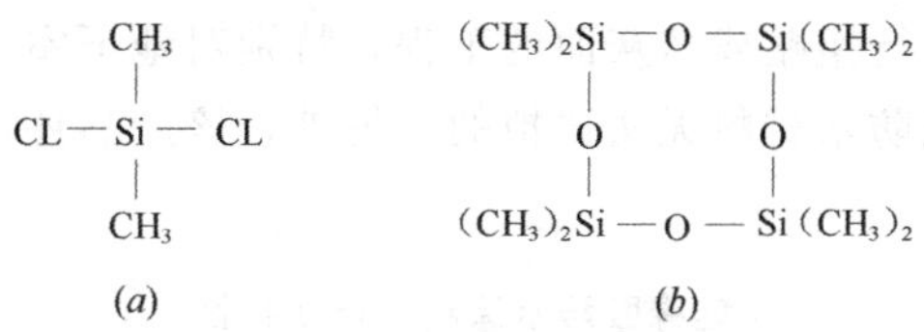

(a)
$$CH_3$$
$$CL-Si-CL$$
$$CH_3$$

(b)
$$(CH_3)_2Si-O-Si(CH_3)_2$$
$$O \qquad O$$
$$(CH_3)_2Si-O-Si(CH_3)_2$$

图 12-10　硅橡胶乳液的主要原料

（*a*）二甲基二氯硅烷；（*b*）甲基硅烷

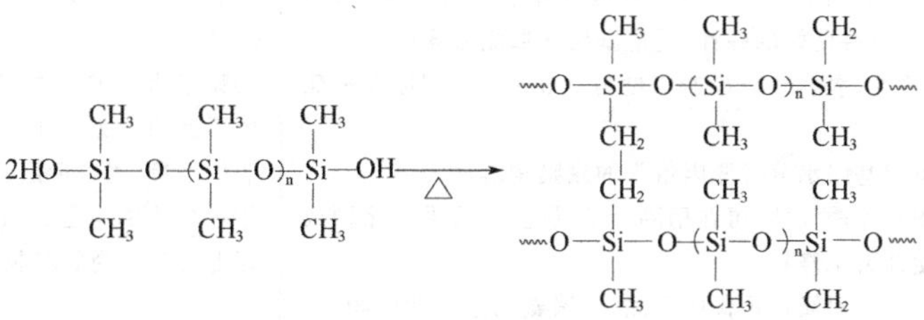

$$2HO-\underset{CH_3}{\overset{CH_3}{Si}}-O-(\underset{CH_3}{\overset{CH_3}{Si}}-O)_n-\underset{CH_3}{\overset{CH_3}{Si}}-OH \xrightarrow[\triangle]{}$$

$$\sim O-\underset{CH_2}{\overset{CH_3}{Si}}-O-(\underset{CH_3}{\overset{CH_3}{Si}}-O)_n-\underset{CH_3}{\overset{CH_2}{Si}}-O\sim$$
$$\sim O-\underset{CH_3}{\overset{CH_2}{Si}}-O-(\underset{CH_3}{\overset{CH_3}{Si}}-O)_n-\underset{CH_2}{\overset{CH_3}{Si}}-O\sim$$

图 12-11　硅橡胶的结构式及反应过程

硅橡胶防水涂料的基料是硅橡胶乳液。硅橡胶乳液是由反应性硅橡胶生胶、交联剂、催化剂在一定条件下按一定配比混合而成。其乳液具有颗粒小、相对分子量大等特点，硅橡胶乳液失水后在常温进行交联反应，形成网状结构的硅橡胶薄膜。

加入粉状填料可增加涂膜厚度，提高涂膜强度，保持涂膜尺寸稳定性，降低成本，选择合适的填料还可提高防水性能。要求粉状填料在硅橡胶乳液中有良好稳定性、颗粒细腻。如用10%～40%二氧化硅如白炭黑、高温烟灰等对硅橡胶增强，抗拉强度可提高 40 倍。为提高涂料的柔韧性，降低高分子材料的玻璃化温度，要选择合适的增塑剂；涂料中的气泡会使涂膜表面产生针孔和凹坑，降低涂膜防水性能，因此要加 0.05%～1%的消泡剂。另外还可加入分散剂、增稠剂、防霉剂等助剂，提高涂料综合性能。某硅橡胶防水涂料的配方如表 12-13 所示。

硅橡胶防水涂料的配方　　表 12-13

材料	硅橡胶乳液	颜、填料	各种助剂	水
质量比，kg	500	400	50	50

3）硅橡胶防水涂料的特性

1988 年年底，我国冶金部建筑研究总院研制出乳液型硅橡胶防水涂料，作为解决地下工程、输水和水构筑物、屋面工程、卫生间等防水、防渗漏的理想材料，其防水效果已得到防水界公认。硅橡胶防水涂料的特性如表 12-14 所示。该涂料吸取了涂膜防水和渗透性防水材料的优点，具有优良的防水性、渗透性、成膜性、弹性、粘结性、耐水性、耐湿热和耐低温性（−30℃）。因含有大量的极性基团而具有能渗入基层表面，且使之与水泥砂浆、混凝土基体、木材、陶瓷、玻璃等建筑材料有很好的粘结性，这对于地下工程的防水层与结构层牢固地粘接成一体能共同承受外力作用，抵抗有压力的地下水渗入，尤为重要。经实践证明，当该涂料涂到砂浆及混凝土基体上时，能渗透 0.3mm，并牢牢抓合，特别适合涂刷后外表面进行镶贴或抹灰面的工程，特别对地下室、洗浴室、厕所渗漏修补具有独到之处，这是其他防水材料无法比拟的。另外，该产品还可解决铝合金阳台、窗户雨罩防水、防晒问题。

硅橡胶防水涂料的技术特性　　表 12-14

优点	缺点
①以水为分散介质，无毒、无味、不燃，安全可靠； ②胶膜对紫外线辐射、臭氧、水分抵抗能力很高，延伸率达 800%～1200%，在 150℃高温下强制老化一个月，其延伸率仍大于 500%，在 −40℃以下的低温下仍保持良好的弹性，适应基层变形能力强； ③对基面有一定的渗透性（水蒸气），渗透深度为 0.3mm，可配成各种颜色，装饰兼防水； ④黏结强度高，可避免因基层水分等原因带来的涂膜剥落； ⑤具有良好的防水、憎水和透气性，可在稍潮湿基层施工，可采用涂刷或喷涂或滚涂，施工方便并易于修补； ⑥属涂膜材料中耐高低温，耐候性最优的产品，与聚氨酯涂料性能相当，但价格低得多	①对基层平整度要求较高。施工温度要在 0℃以上。 ②膜层达要求厚度需多道涂刷，尤其在通风不良的情况下，施工时间较长。 ③价格贵，固含量低。 ④对粉状填料选择性较强，使其在建筑工程上的应用受到限制

与聚氨酯类防水涂料比，硅橡胶防水涂料除扯断强度略低外，其他性能均较高。硅橡胶防水涂料的断裂伸长和直角撕裂强度超过一般防水涂料的 1 倍；抗渗压力则为其他防水涂料的 15 倍，是国家暂定标准的 7.5 倍，抗裂性超过国家暂定标准 20 多倍，甚至可在 −60℃对折不裂，这是其他任何防水材料所难于达到的；粘结强度也超过国家标准近 2 倍。

硅橡胶防水涂料具有优良的综合性能，对一般建筑使用硅橡胶防水涂料后，其防水性能将会有很高的保险系数，其施工简单，无毒无害，冷施工，深受操作工人欢迎。硅橡胶防水涂料可用于非封闭式屋面、厕浴间、地下室、游泳池、人防工程、贮水池、仓库、桥梁工程等防水、防渗、防潮、隔汽等工程，其寿命可达 20 年。

硅橡胶防水涂料用密封桶包装，贮存温度不应低于 0℃，贮存期为六个月以上。

第 13 章　合成高分子防水密封材料

13.1　合成高分子防水密封材料概述

建筑密封材料是指能承受接缝位移以达到气密、水密目的而嵌入建筑接缝中的材料。合成高分子防水密封材料（以下简称高分子密封材料）是以合成高分子（橡胶、树脂）为基料，加入适量的助剂、填料和着色剂等，经特定生产工艺加工制成的密封材料。

13.1.1　合成高分子防水密封材料的分类

合成高分子防水密封材料按材料外观形状分为定型密封材料与不定型密封材料。定型密封材料包括密封条、密封带、密封垫、止水带等，如建筑上常用的橡胶止水带、塑料止水带、钢板腻子止水带及遇水膨胀橡胶止水条等；不定型密封材料俗称密封膏或密封胶，包括硅酮密封胶、聚硫密封胶、聚氨酯密封胶、丙烯酸酯密封胶、丁基密封胶、改性沥青密封膏等。不定型密封材料按其组分可分为多组分、双组分和单组分型。其中多组分、双组分的密封材料是在施工现场将其搅拌均匀，利用其混合后的化学反应达到硬化目的。单组分型密封材料施工时依靠密封材料与空气中的水分发生化学反应或干燥作用达到硬化目的。

13.1.2　合成高分子防水密封材料的发展

1943 年，美国 Thio kol 公司成功合成了液状聚硫橡胶 LP-2（Liguicpolysul Fice），用于战斗机机翼内燃料箱的密封。同年，美国的 Dow Corning（道康宁）公司开始生产硅酮树脂，1944 年，G E（通用电气）公司开始生产硅酮橡胶。1947～1950 年，聚硫类密封材料成功用于纽约联合国大厦外墙，开创了弹性密封材料用于现代幕墙结构建筑物的先河。20 世纪 60 年代初，美国各公司纷纷致力于硅酮类密封材料开发，并在实际应用中取得了良好防水效果。20 世纪 70 年代，美国又开始研制聚氨酯类密封材料，并很快得到了广泛应用，其市场占有量与硅酮类密封材料相当。1978 年，日本对硅酮类密封材料进行了改性研究，解决了硅酮类密封胶用于天然石材和硅酸盐类制品时对基体的污染性，独创了改性硅酮类密封材料产品。以上三类高档密封材料性能优良，但价格较高。而传统油性、沥青基密封膏虽价格低廉，性能却难以满足要求。因此性能、价格居中档的丙烯酸酯类和丁基橡胶类密封材料得以发展。目前防水密封材料已形成了硅酮、聚硫、聚氨酯三大系列高档密封材料，丙烯酸酯、丁基橡胶等中档密封材料及传统油性、沥青基低档密封材料的格局。

与改性沥青密封材料相比，高分子密封材料具有优越的高低温性能、弹性和耐久性，主要用于中空玻璃、建筑结构接缝、卷材搭接、玻璃幕墙接缝及金属彩板等密封防水。随着建筑技术的进步，建筑结构预制化、高层化和大型框架挂板的应用，对建筑接缝用密封材料的耐日晒、雨淋、地震等变形性能也提出了新的要求，促使高分子密封材料需求市场迅速扩大，特别是硅酮、聚氨酯、聚硫等各类密封膏及遇水膨胀型止水带等高中档弹性密封材料得到了快速发展。如南水北调水利工程渠道衬砌接缝渗漏对密封材料的无害性、耐冲刷性和长期耐水性等性能提出更高的要求；开发兼有耐高低温、高位移能力、介电性能优良的光伏屋面专用密封材料将成为研究热点；用于门窗接缝断热，兼有填缝、粘结、密封、隔热等多种效果的新型聚氨酯泡沫填缝剂节能材料已被列入住建部推广应用技术目录。

13.1.3 合成高分子密封材料的主要特征

1. 线性黏弹性

高分子密封材料在不同条件下可处在不同的力学状态，其本质是分子运动状态不同。当高分子密封材料在某种条件下处于高弹态时，其分子运动特点是链段无规自由热运动状态。当受外力如拉伸作用时，通过链段运动对外力作用响应，发生了宏观形变；当外力除去后，通过链段回缩发生可逆的弹性形变使形变恢复。不同的密封材料的形变能力是不同的。橡胶类高分子密封材料如聚硫橡胶（适度交联）、硅橡胶、丁苯橡胶、乙丙橡胶等的玻璃化温度 T_g 远低于室温，其在很宽的温度范围均可处在高弹态，具有很高的弹性形变能力，可伸长数倍甚至十倍以上，这种弹性称为高弹性，这种可逆形变称为高弹形变。由热力学角度将高弹形变分为平衡态高弹形变和非平衡态高弹形变。平衡态高弹形变是高弹形变的发展和回复始终与外界条件相平衡，即瞬时、平衡、可逆的高弹形变，这是理想高弹性。实际上高弹形变的发展与回复始终滞后于外界条件的变化，是一种非平衡态高弹形变，即高弹形变与时间、作用力的速度等有关。

材料在外力的作用下要产生相应的响应-应变。理想弹性固体服从虎克定律，应力与应变成正比，应力恒定时，应变是一个常数，撤掉外力后，应变立即恢复到零。理想黏性液体服从牛顿定律，应力正比于应变速率，在恒定外力作用下，应变值随时间延续而线性增加，撤掉外力后，应变不再回复，即产生永久形变，这是两种极端的情况，实际材料的力学行为大都偏离这两个定律。

高分子密封材料宏观的力学响应是分子运动的反映，主要受温度和外力作用时间的影响。在外力作用下高分子密封材料发生的应变既有弹性材料可回复的弹性形变，又有黏性材料不可回复的永久形变，而可回复弹性形变又分为依赖于时间的高弹形变和瞬时回复的普弹形变，这种兼有黏性和弹性的性质称为黏弹性。如果这种黏弹性用服从虎克定律的线性弹性行为和服从牛顿定律的线性黏性行为的组合来描述，就称为线性黏弹性。线性黏弹性是高分子密封材料最重要的物理特性。

2. 力学松弛

高分子密封材料在力的作用下力学性质随时间而变化的现象，称为力学松弛。力的作用方式不同时，力学松弛的表现形式不同。以下主要分析密封材料的静态黏弹性。静态黏弹性指在恒定应力或恒定应变作用下的力学松弛，最基本的表现形式是蠕变现象和应力松弛。

(1) 蠕变现象

蠕变现象是在一定温度和远低于该材料断裂强度的恒定外力作用下，材料的形变随时间增加而逐渐增大的现象。外力可以是拉伸、压缩或剪切，相应的应变为伸长率、压缩率或切应变。若除掉外力，形变随时间变化而减小，称为蠕变恢复。蠕变大小反映了材料尺寸的稳定性和长期负载能力。

高聚物的蠕变行为与其结构、分子量、结晶、交联程度、温度和外力等因素有关。刚性链段多，聚合物蠕变较小；分子量越大，抗蠕变性越好；交联可减少聚合物蠕变；结晶聚合物的蠕变能力较小，具体与其结晶度有关。实际上，各类高分子密封材料的蠕变现象差异很大，在选材和应用时应特别关注密封材料的尺寸稳定性问题。

(2) 应力松弛

应力松弛是指在恒定温度下，短时间内快速施加外力，使高分子密封材料产生一定形变，维持这一应变不变所需的应力随时间增长而逐渐衰减的现象。日常生活中有很多应力松弛的例子，如刚做的新衣服松紧带很紧，穿一段时间后逐渐变松；将一条未交联的橡胶带拉至一定长度固定不变，随时间变长，橡胶带的回弹力会逐渐变小。不同高分子密封材料的应力松弛差异也很大。在恒定温度和维持应变不变的情况下，线性高聚物的应力松弛衰减到零，而交联高聚物的应力松弛到与应变相平衡的应力值。

高分子密封材料的密封效果会随时间增长而逐渐降低，甚至完全失去密封作用，这正是发生应力松弛现象的结果。密封材料在选材和应用时，对应力松弛这一黏弹性能的要求也不同，如橡胶密封材料要求应力松弛愈小愈好。影响应力松弛的主要因素是温度和交联，交联是克服应力松弛的重要措施。

13.2　合成高分子防水密封胶

13.2.1　聚氨酯密封胶

聚氨酯密封胶是以含有异氰酸酯基（—NCO）的基料和含有活性氢化合物的硫化剂及催化剂、填料等组成的常温硫化型不定型弹性密封材料。聚氨酯密封材料固化前为细腻、均匀、可挤注的胶状或黏稠液，不得含有气泡。

1. 聚氨酯密封胶的分类

聚氨酯密封胶按产品包装形式分单组分（Ⅰ）和多组分（Ⅱ）两个品种；按产品流动性分非下垂型（N）和自流平型（L）两个类型，N型填嵌垂直面接缝时不产生下垂，固化前不会因自重而发生偏移、流动，适于垂直面、天花板等，L型填嵌水平面接缝时，可自然流动形成平整表面，多用于水平方向或较难施工环境的嵌缝密封。按产品位移能力分为25、20两个级别。位移能力是填入接缝的密封胶适应接缝位移并保持有效密封的变形量。次级别按产品拉伸模量分高模量（HM）和低模量（LM）两个次级别。拉伸模量是达到相应伸长率时的应力。

单组分聚氨酯密封胶为湿气固化型，在室温状态下，含有异氰酸酯基（—NCO＜2%）的聚氨酯预聚体（主剂）与空气中或被黏物体表面的水发生作用，使预聚体扩链，分子线性增长，形成聚氨酯甲酸酯弹性体。单组分聚氨酯密封胶施工方便，质量稳定，用途广泛。但生产成本高，固化慢，受外部环境影响大，高温环境下可能产生气泡和裂纹。

多组分型聚氨酯密封胶为反应固化型，通过聚氨酯预聚体主剂（含 2%～5%—NCO）和固化剂（活性氢化物、填料、催化剂等助剂）反应形成聚氨酯甲酸酯弹性体。多组分聚氨酯密封胶固化快，成本低，储期长，性能可调，但施工麻烦，性能差异大。

2. 聚氨酯密封胶的特性及应用

聚氨酯密封胶的物理力学性能应满足《聚氨酯建筑密封胶》JC/T 482—2003 的要求，如表 13-1 所示。

聚氨酯密封胶的物理力学性能　　表 13-1

试验项目			技术指标		
			20HM	25LM	20LM
密度(g/cm^3)			规定值±0.1		
流动性	下垂度(N 型)mm	≤	3		
	流平性(L 型)		光滑平整		
表干时间(h)		≤	24		
挤出性①(mL/min)		≥	80		
适用期②(h)		≥	1		
弹性恢复率(%)		≥	70		
定伸粘结性			无破坏		
浸水后定伸粘结性			无破坏		
冷拉—热压后的粘结性			无破坏		
质量损失率(%)		≤	7		
拉伸模量(MPa)	23℃		>0.4 或>0.6		≤0.4 或≤0.6
	−20℃				

注：①此项仅适用于单组分产品。
②此项仅适用于多组分产品，允许采用供需双方商定的其他指标值。

挤出性是用挤枪施工时挤出密封材料的难易程度。适用期又称可使用时间，是多组分密封胶混合之后或单组分密封胶打开密封容器之后，在规定的温度下可嵌入接缝的时间。表干时间又称失粘时间，是密封胶表面失去黏性，使灰尘不再黏附其上的时间。定伸粘结性是密封胶在给定伸长状态下，与给定基材的粘接性能。弹性恢复率是密封胶在去除引起变形的外力后，完全或部分恢复原来形状和尺寸的性能。

聚氨酯密封胶室温下通过空气中的湿气或交联剂固化，有高、低各种模量，耐磨、抗撕裂，价格适中；具有良好的弹性、粘结性和延伸性，接缝位移能力可达±25%；耐水、透气率低；耐候性较好，耐溶剂、耐油、耐生物老化，使用年限 15～20 年，可用于除结构粘接外的所有场合。但不能长期受热，浅色配方耐紫外线能力较差，不宜长期曝晒环境；使用环境湿气过大或遇水，会使密封胶固化时产生气泡而影响密封质量。

聚氨酯密封胶可用于混凝土预制件等建材连接及施工缝的填充密封，如装配式屋面板、楼板、墙板、阳台、门窗框、卫生间等部位的嵌缝密封；给水排水管道、游泳池、引水渠、储水池及公路、机场跑道、桥梁、地铁隧道及其他地下隧道连接处的嵌缝密封；混凝土、陶质、PVC等材质的雨污水管道、地下煤气管道的连接密封；电缆、电线的柔性接头、电子元器件的密封、减震、防尘；冷藏车、冷库保温及低温容器的粘接密封等隔热保温。

聚氨酯密封胶单组分采用铝塑复合包装或纸管金属内衬包装，多组分采用筒装，应在通风、阴凉、干燥处储存，储期≥6个月，储存温度≤27℃。

13.2.2　聚硫密封胶

聚硫密封胶是以液态聚硫橡胶为基料，配以增粘树脂、硫化剂（金属过氧化物）、促进剂、补强剂等制成的常温硫化型不定型弹性密封材料。

1943年，美国乔柯尔公司首先研制成功液态聚硫橡胶，最初用于飞机密封，因其优异的耐候性、耐久性及粘接性，被广泛用于中空玻璃、建筑接缝和交通工程。我国20世纪70年代开始研制聚硫密封胶，并用于建筑嵌缝防水密封工程，效果很好。

1. 聚硫橡胶的结构与特性

聚硫密封胶的原料因使用目的和用途而异，其中主剂为聚硫橡胶。聚硫橡胶是一种含有硫原子的特种合成橡胶的总称，是由饱和的碳氢键及硫硫键结合而成，是每个重复单元具有两到四个硫原子的直链高分子化合物，其分子结构式为 —［RS_x］—，式中x为硫的数目，一般为2～4，R为亚烷基氧基。

聚硫橡胶是脂肪烃、醚类等二卤衍生物或它们的混合物和碱金属、碱土金属等多硫化物的缩聚物，通常由硫化钠和二氯乙烷或硫化钠与二氯化物缩聚而成。

二卤衍生物（如二氯乙烷、二氯乙醚等）与碱金属、碱土金属的多硫化物（如四硫化钠、五硫化钙等）在惰性介质中（如水、醇或丙酮的水溶液等）和分散剂（碱土金属的氧化物、氢氧化物和碳酸盐如氢氧化镁等）存在下，于60℃左右经搅拌缩聚等而制得聚硫橡胶。

根据所用原料、配比和工艺条件不同，制备的聚硫橡胶有固体胶、液体胶、胶乳（水分散体）和聚硫硫化剂四种类型，固体胶含硫量37%～82%，液体胶含硫量为37%，其中液体胶占总产量的80%以上。

聚硫橡胶是呈黄绿色、浅褐色或深褐色的坚韧块状、粉状或黏稠状液体，密度1.32～1.41g/cm^3，玻璃化温度−42～−45℃；由于饱和分子主链上含有硫原子，具有良好的耐油、耐非极性溶剂和耐老化性，在二硫化碳中稍溶胀，不因氧、臭氧和日光等作用而发生变化，透气性小。因拉伸强度和伸长率较低，需加入炭黑补强；因其耐油性强，需用胍类、噻唑类、秋兰姆类等促进剂做软化剂，用氧化铅、氧化锌做硫化剂。可与其他橡胶并用。缺点是耐热性、粘着性较差，有臭味，主要用于制造各种耐油橡胶制品。

制备聚硫密封胶主要采用相对分子质量为1000～7500之间的、黏度为1～60Pa·s之间的液态聚硫橡胶。一般制备液体聚硫橡胶的方法是将已经缩合制得的高分子量聚合物，通过硫醇的调节作用，降低其平均分子量，成为流动的液体。

液态聚硫橡胶的分子末端可带有羧基、羟基、卤素和胺等封端基团，而适于制造密封胶的液态聚硫橡胶是以羧基封端、以含有二硫链的非线型低分子量聚合物，通常是亚乙基缩甲醛的二硫聚合物，其结构式为$\text{-}[C_2H_4OCH_2OC_2H_4S_2]_n\text{-}$。通常液态聚硫橡胶的支化侧基交联度为0.5%～1%；交联度越低，密封胶的模量越低。液体聚硫橡胶的n值较小，既具有合成橡胶的性能又有某些塑料的特性；能溶解于苯、甲苯酚、氯苯、二氯乙烯、环己烷邻苯二甲酸二乙酯、醛酸二丁酯、二噁烷等溶剂，部分溶于甲乙酮、四氯化碳、硝基烷等，不溶于醇和醚；具有优良的耐油、耐溶剂、耐氧、耐臭氧、耐光和耐候性；对气体和蒸汽不渗透，常温下不发生氧化，不易变色，收缩率小；对金属和非金属材料均有良好的粘合性，并具有良好的低温屈挠性能。

2. 聚硫密封胶的分类

聚硫密封胶按产品包装组分分为多组分反应固化型和单组分湿气固化型（含潜固化剂）两种。建筑接缝用双组分聚硫建筑密封胶，按产品流动性分为非下垂型（N）和自流平型（L）两种类型；按产品位移能力分为25、20两个级别，按产品拉伸模量分为高模量（HM）和低模量（LM）两个次级别。

单组分聚硫密封胶是把基材、特殊硫化剂、促进剂等预先混合后装入密封容器内，使用时空气中的水分使硫化剂受到催化从而使密封胶交联固化。单组分聚硫密封胶施工简单，免除了配料、装胶等繁杂工序，但其质量难控制，且硫化速度慢，物理机械性能也有局限，应用较少。多组分聚硫密封胶把基材、硫化剂及促进剂分别包装，使用前再混合，通常有双组分、三组分、四组分等。常用双组分室温固化型聚硫密封胶是聚硫橡胶、增塑剂、补强剂、增粘剂、着色剂等为一个组分，硫化剂和硫化调节剂为另一组分，施工时两组分按比例混合均匀，最终固化成橡胶状弹性体。

3. 聚硫密封胶的化学反应机理及配方

液态聚硫橡胶只有在固化剂作用下才能制成密封胶。液态聚硫橡胶中的活泼硫醇端基通过与活性氧化物（如 PbO_2）等固化剂（或称交联剂）发生化学反应而使液态多硫聚合物转变成固态弹性体。常用交联剂为二氧化锰、二氧化硫和过氧化物等。

单组分聚硫密封胶常用的固化剂是过氧化钙。过氧化钙吸收空气中的水分放出的活性氧和硫醇基反应，使密封胶固化。

$$CaO_2 + H_2O \longrightarrow Ca(OH)_2 + [O] \tag{13-1}$$

$$2\text{—R—SH} + [O] \longrightarrow \text{—R—S—S—R—} + H_2O \tag{13-2}$$

双组分聚硫密封胶常用的固化剂是活性二氧化锰，也可采用过氧化锌、过氧化铅等。其反应机理为：

$$2\text{—R—SH} + MnO_2 \longrightarrow \text{—R—S—R—} + MnO + H_2O \tag{13-3}$$

为制备适用的嵌缝聚硫密封胶，还必须加入一系列的配合剂。加入硬脂酸、油酸、硬脂酸铅等阻滞剂，可改变体系 pH 值，影响固化速度；加入相当于橡胶量 5%～15%的增粘树脂，如丙烯酸酯、环氧树脂、酚醛树脂等，可增加聚硫橡胶的粘结性；加入偶联剂如硅烷偶联剂可增加黏附性；加入超细碳酸钙、石英粉、炭黑等填料，可提高拉伸强度和最大伸长率；加入增塑剂可增加柔软性、耐低温性能，常用增塑剂有二甲基硅油、邻苯二甲酸二丁酯、邻苯二甲酸二辛酯、五氯联苯、氯化石蜡等。某双组分聚硫密封胶的配方如表 13-2所示。

4. 聚硫密封胶的特性及应用

以液态聚硫橡胶为基料的室温硫化的双组分聚硫建筑密封胶为均匀、无结皮结块的胶状物，其黏度低，易混合均匀，施工性能好。其物理力学性能应满足《聚硫建筑密封胶》JC/T 483—2006 的要求，如表 13-3 所示。

某双组分聚硫密封胶的配方 **表 13-2**

	物料名称	质量分数(%)	物料名称	质量分数(%)
A 组分	JLY-124	42～51	硫磺	0.3～08
	滑石粉	12～16	硬脂酸	0.01～0.05
	碳酸钙	16～20	DBP 增塑剂	4～7
	SiO_2	1～3	芳烃油 221	5～7
B 组分	活性 MnO_2	60～65	正二丁胺	0.2～0.6
	2404 树脂	3～5	DBP 增塑剂	25～29
	橡胶促进剂	6～9	白炭黑	2～4

双组分聚硫建筑密封胶的物理力学性能 **表 13-3**

试验项目		技术指标		
		20HM	25LM	20LM
密度(g/cm^3)		规定值±0.1		
适用期(h)		≥3		
表干时间(h)		≤24		
弹性恢复率(%)		≥70		
流动性	下垂度(N 型)(mm)	≤3		
	流平性(L 型)	光滑平整		
拉伸模量(MPa)	23℃	>0.4 或>0.6	≤0.4 或≤0.6	
	－20℃			
定伸粘结性		无破坏		
浸水后定伸粘结性		无破坏		
冷拉—热压后的粘结性		无破坏		
质量损失率(%)		≤5		

注：适用期允许采用供需双方商定的其他指标值。

聚硫密封胶耐油、耐溶剂、耐候性、耐老化性能良好；耐湿热、耐水，透气率低，低温柔性好，使用温度范围为－40～100℃；弹性好，伸长率≥300%，接缝位移能力达±25%；抗撕裂性强，对金属和非金属都有良好粘结性，其粘结强度≥0.2MPa；施工性良好，可常温或加温固化，无毒、无溶剂污染，使用安全可靠；耐稀无机酸、碱及盐类，但不耐浓酸、浓碱。聚硫密封胶可用于：

①建筑工程：玻璃幕墙接缝；建筑物护墙板及高层建筑屋顶板接缝；门窗框周围的防水防尘密封；中空玻璃制造中的组合件密封及中空玻璃安装；建筑门窗玻璃装嵌密封；门窗玻璃的密封条；粘接钢筋混凝土构件。

②交通水利：地铁、隧道、公路、污水处理厂、游泳池、机场跑道、大型水利工程等伸缩缝的密封防水等；飞机整体油箱的密封；高速舰艇、水上飞机、各类船舶的防漏水(如甲板嵌缝、船窗户玻璃密封)，汽车挡风玻璃安装密封。

③其他：管道、冷藏库等接缝的密封；无填料的特殊配合的聚硫密封胶可用于电子元

件的封装，可防水、防尘、防震动；可配成浇注型聚硫密封胶用于制造柔软的模型模具；以液态聚硫橡胶和石英砂为基材的混合物与混凝土有很高的粘接强度，且涂覆方便。

一般建筑及水利工程上宜使用低模量、高伸长的聚硫密封胶。聚硫密封胶中含有铅或钡等化合物时有一定毒性，施工中应注意安全防护；常温贮存期 6 个月，贮存宜在阴暗处，避免日光直射；要用专用基材处理剂，为确保粘接性，在使用底涂料时，要对产品种类、使用方法进行确认，如有可能，要进行粘结试验。

13.2.3 硅橡胶密封胶

硅橡胶密封胶俗称硅酮密封胶，是以聚硅氧烷为基料的室温硫化型非定形密封材料。

有机硅橡胶又叫聚硅氧烷橡胶。20 世纪 50 年代初，欧美发达国家开发了双组分建筑硅酮密封胶，60 年代初开发了单组分硅酮建筑密封胶。70 年代硅酮结构密封胶首次用于全隐框玻璃幕墙的结构粘接装配工程，至今使用超过 40 年以上，使用效果良好。80 年代日本研发的端硅烷基聚醚（改性硅酮）密封胶具有高位移、低污染、粘结性良好等特点，在建筑上的应用越来越广。中国 20 世纪 60 年代开始研制并小批量生产和应用硅橡胶密封胶。

1. 硅橡胶的结构与特性

硅橡胶是由线性聚硅氧烷通过加入过氧化物或采用催化剂在室温硫化生成的网状硅橡胶分子。硅橡胶具有类似于硅酸盐的结构，是一种无机、有机高分子材料，是由硅氧原子交替排列成主链，侧链由带羟基的线性硅氧烷组成的高聚物。

硅橡胶结构主要特征是主链为 Si-O 键结构，大分子主链呈线型螺旋卷曲状有序形态；侧链烃基具有多样性，并由此产生了硅橡胶的许多特性。硅橡胶无毒、无味，相对分子量不同可呈固体、半流体或液体状态，属于半无机、饱和、杂链、非极性、结晶型弹性体。

因硅橡胶是饱和性橡胶，不能用硫磺硫化，而需用过氧化物进行交联。

硅橡胶分子具有硅氧原子组成的饱和主链，侧链有机基团处在 Si-O 键的力场中，从而削弱了氧和光对它的作用，因此具有优异的耐臭氧、耐紫外线、耐候性和疏水性。

硅橡胶从−65℃到 250℃温度范围内可保持橡胶弹性，是使用温度范围最宽的一种弹性体。硅橡胶主链为 Si-O 键结构，其键能（373kJ/mol）比 C-C 键能（243kJ/mol）要高得多，因此硅橡胶具有优异的耐高温性能。硅橡胶大分子呈线型螺旋卷曲状有序形态，分子结构中的键角有利于形成大环结构，这种分子链具有柔软性，很容易卷曲和自由旋转，形成 6～8 个硅氧键为重复单元的螺旋形结构。这种螺旋状的有序结构对温度很敏感，当温度升高时，螺旋结构的分子就舒展开，末端距增大，黏度增加，这正好补偿由于温度升高而引起的黏度降低。所以硅橡胶具有较小的黏度-温度系数，这也使得硅橡胶具有良好的耐低温性。在有空气存在时加热，一方面可减缓硅氧键的水解，另一方面有机侧基团的氧化又使聚合物进一步交联。这两个相反作用的结果使硅橡胶在一定温度和时间范围内仍保持良好的力学性能。但硅橡胶在密闭体系中加热时，会由于硅氧键受到水解，分子量急剧下降而变软、变粘，从而失去使用价值。

有机侧链基团对硅橡胶性能有重要影响。甲基侧链围绕着硅-氧链轴具有很大的旋转自由度，这是因为分子间作用力弱，所以低温下有机侧链基团还能运动，这些有机基团的运动增加了分子间的距离，使分子间的相互作用力减弱，因此线型聚硅氧烷具有较低的结晶温度（−65～−55℃）和玻璃化转变温度（−120～−100℃），并具有较低的内聚能、表面张力及其他特殊表面性质。二甲苯硅氧烷硅橡胶的低温性能极佳。含有部分二烯基侧链时，可改善硅橡胶的交联。含有三氟丙烯基或腈基侧链时，可提高硅橡胶的耐电性能。用苯基取代部分甲基侧基，可改善硅橡胶的低温性能和耐氧化性能，例如含有5.3%（摩尔百分数）二苯基的硅橡胶的脆性温度从−65℃降到−109℃。

在聚硅氧烷线型螺旋状卷曲的有序分子结构中，硅氧键的极性相互抵消，连接在硅原子上的非极性烃基（如甲基团）排列在螺旋状的硅氧烷主链外侧，对硅氧键的极性起一定的屏蔽作用，所以整个聚硅氧烷分子呈非极性，硅橡胶内聚能密度低，自身强度和对各种基材的粘接强度都比较低，需加入白炭黑增强。因硅橡胶分子是非极性的，不易随外电场的变化而取向，因此它的电性能（包括体积电阻、功率损耗、击穿电压和耐电弧性）优良，具有高绝缘性，并且不易受温度和频率变化的影响，可广泛用于电器电子工业。

2. 硅橡胶密封胶的特性及应用

硅橡胶是一种优质嵌缝材料，是一种可在室温或加热固化的液态橡胶。硅橡胶密封胶具有优异的耐紫外线、耐臭氧、耐高低温性，在−50～−150℃范围内可长期保持弹性；耐稀酸及某些有机溶剂的侵蚀；耐候、耐老化、耐久性好；对大多数基层粘结良好，可制成各种弹性模量，施工方便，储存稳定性好；柔性好，改性后位移变形能力可达±50%，是目前我国建筑领域用量最大、用途最广的密封胶，适合作耐热、耐寒、绝缘、防水防潮和防震的密封和粘结材料。硅酮密封胶广泛用于建筑接缝如预制构件的嵌缝密封防水、金属窗框中镶嵌玻璃的密封及中空玻璃构件的密封材料；可用作汽车工业上填圈、阀盖油盘、恒温器、后轴盖、自动变速箱和尾灯装置的密封；可用作洗衣机、洗碗机、洗尘器、电表盖罩、冰箱接缝等的密封。

硅橡胶密封胶按产品包装形式分为单组分（Ⅰ）和多组分（Ⅱ）。

单组分硅橡胶密封胶是以硅橡胶为主剂，加入硫化剂、填料、颜料等组分，在隔绝空气条件下，把各组分混合均匀后，装于密闭包装筒中的密封胶。施工后，密封胶借助空气中的水分进行硫化交联反应，形成橡胶弹性体。单组分室温硫化硅橡胶密封胶可用于耐高低温、防潮、绝缘、防震密封和胶结材料，如电子、光学仪器的灌封密封和胶接，可控硅元件的表面保护等；预制件的嵌缝密封材料、防水堵漏材料及金属窗框上镶嵌玻璃的密封材料。目前建筑上多采用单组分硅橡胶密封胶。

双组分硅橡胶密封胶的主剂、填料等混合后作为一个组分包装于一个容器中，将硫化体系配成另一个组分包装于另一个容器中。施工时两个组分按比例混合，借助于空气中的水分而交联成三维网状结构的弹性体。室温硫化硅橡胶双组分密封胶作为罐封，用于电气设备、电子元件、仪器的绝缘、防潮、防震、防振、防尘和防腐密封，还可作为模型材料，近年来在建筑上也开始使用。

硅橡胶密封胶的硫化剂通常是有3个以上可水解官能团的硅烷。硅橡胶密封胶按其使用硫化剂的种类可分为醋酸型、酮肟型、醇型、胺型、酰胺型和氨氧型等，各类不同硫化剂硅橡胶密封胶的特点如表13-4所示。

高模量硅橡胶密封胶采用醋酸型和醇型两种硫化体系，中模量硅橡胶密封胶采用醇型硫化体系，低模量硅橡胶密封胶则采用酰胺型硫化体系。

各类硫化剂硅橡胶密封胶的特点　　表 13-4

类型	优点	缺点	适用范围
醋酸型	强度大，粘结性能好，透明性好	有醋酸味及腐蚀	是开发最早、应用最广的通用型单组分硅橡胶密封胶
酮肟型	无臭味、粘结性能好	对铜有腐蚀作用	适用型单组分硅橡胶密封胶
醇型	无毒、无臭、无腐蚀	塑化性和粘结性差	在电器、电子工业中作密封胶
胺型	对水泥粘结性好，无腐蚀	生成胺	在建筑工业中作为密封胶
双组分型	低模量，撕裂强度大，粘结性好	在高温或密封状态下固化不充分	

不同模量的硅橡胶密封胶，在建筑领域应用的部位各不相同。高模量硅橡胶密封胶主要用于建筑物的结构型密封部位，如高层建筑的玻璃幕墙、隔热玻璃密封以及建筑门窗密封等；中模量硅橡胶密封胶除了具有极大伸缩性的接缝不能使用外，其他部位都可使用；低模量硅橡胶密封胶主要用于建筑物的非结构型密封部位，如预制混凝土墙板、水泥板、大理石板、花岗石的外墙接缝、混凝土与金属框架的接缝，卫生间及高速公路接缝的防水密封等。

随着高层建筑的发展与玻璃幕墙的应用，硅橡胶密封胶已成为国际上密封胶的主要发展品种之一，其用量在美国、日本仅次聚氨酯密封胶，与聚硫密封胶相近。我国除丙烯酸类密封胶价格较低、使用量较大外，聚氨酯密封胶价格最高，硅酮密封胶和聚硫密封胶价格接近，使得硅酮密封胶占据市场份额超过 70%。与其他密封材料相比，硅酮密封胶综合性能最优秀，使其成为玻璃幕墙中唯一使用的结构、耐候密封胶品种。有机硅结构密封胶在建筑装饰行业俗称为硅酮结构胶，作为室温固化（RTV）硅橡胶中的重要组成部分，在室温下无需加热，光照或其他特殊条件即可固化为弹性体，使用十分方便。硅酮结构胶除了具有有机硅材料的耐高低温，耐气候老化以及耐臭氧等显著特点外，还具有对多种基材的粘接性好，抗位移能力强等特点，成为隐框幕墙关键的也是唯一的结构粘接密封材料，既具有使建筑内部与外界完全隔开的密封性能，同时又将玻璃等装饰板片牢固地粘接在与建筑物连为一体的金属骨架上，将玻璃等承受的永久荷载（自重）、风荷载、热变形、地震作用等传递到骨架及建筑主体结构，由于硅酮结构胶本身具有很好的弹性变形能力，使得建筑物主体与装饰玻璃板片间形成弹性连接，大大减少了地震和飓风等自然灾害的破坏程度。

硅橡胶密封胶具有耐热、耐寒、耐臭氧、耐紫外线等优异性能，在飞机窗户密封、电线包覆、仪表器具润滑等领域也得到了广泛应用。用室温硫化的腈硅橡胶、含氟硅橡胶等配制的密封胶具有突出性能，它们在常温和高温下耐脂肪族、芳香族、氯烃、喷气燃料、酯类润滑油、硅橡胶液压油等，可用作飞机整体油箱密封。用室温硫化硅橡胶配制的泡沫硅橡胶比其他泡沫弹性体使用温度范围广，并有较高的热稳定性，良好的绝缘、绝热和防潮性、优良的抗震性，尤其是在高频下的抗震性更好，它是一种较为理想的轻质封装材料，可作为各种电子元件、仪器仪表、飞行器的防震、防潮和绝缘，隔热的填充材料等。

3. 硅橡胶密封胶的原材料及配方

生产硅酮密封胶的基础聚合物为聚硅氧烷液体硅橡胶（二烃基聚二有机基硅氧烷）或

改性硅酮（具有柔性聚醚链段的端硅烷基聚醚），为加快硫化速度要加入交联剂；为补强要加入填料白炭黑；为方便施工不流淌，要加入触变剂；为去除烃基和水分，提高产品储存稳定性，要加入稳定剂；为增加与基层粘结性，要加入增粘剂等。某单组分室温固化硅硐建筑密封胶的配方如表 13-5 所示。

单组分室温固化硅硐建筑密封胶的配方　　表 13-5

	物料名称	质量分数(%)	工艺
基础聚合物制备	端基为三甲氧硅亚乙基的聚二甲基硅氧烷	100	将三原料混合制得基础聚合物
	端三甲氧硅烷基的聚二甲基硅氧烷	30	
	轻质碳酸钙	175	
密封胶制备	基础聚合物	100	在无水条件下混合均匀，真空脱气制得密封胶
	甲基三甲氧基硅烷	2	
	甲基乙基酮肟	0.52	
	钛酯酸	0.52	

4. 常用硅橡胶密封胶的特性及应用

1）硅酮建筑密封胶和改性硅酮建筑密封胶

硅酮建筑密封胶（SR）是以聚硅氧烷为主要成分、室温固化的单组分或多组分密封胶，适于普通装饰装修和建筑幕墙非结构性装配用。

改性硅酮建筑密封胶（MS）是以端硅烷基聚醚为主要成分，室温固化的单组分或多组分密封胶，主要用于干缩位移接缝及建筑接缝，常用于装配式预制混凝土外挂墙板接缝。

硅酮建筑密封胶（SR）和改性硅酮建筑密封胶（MS）按产品包装形式分为单组分（Ⅰ）和多组分（Ⅱ）。按产品位移能力分为 50、35、25、20 四个级别；又按产品拉伸模量分为高模量（HM）和低模量（LM）两个次级别。

硅酮建筑密封胶按用途分为 F 类（建筑接缝用）、G_n类（普通装饰装修镶装玻璃用，不适于中空玻璃）和 G_w类（建筑幕墙非结构性装配用，不适于中空玻璃）三种类别；按固化体系分为酸性（A）和中性（B）两种类型。

改性硅酮建筑密封胶按用途分为 F 类（建筑接缝用）和 R 类（干缩位移接缝及建筑接缝用）二种类别。

硅酮建筑密封胶和改性硅酮建筑密封胶应为细腻、均匀胶状物，不应有气泡、结皮和凝胶，其物理化学性能指标应满足《硅酮和改性硅酮建筑密封胶》GB/T 14683—2017 的要求，如表 13-6 和表 13-7 所示。

硅硐建筑密封胶的物理化学性能　　表 13-6

序号	项目	技术指标							
		50LM	50HM	35LM	35HM	25LM	25HM	20LM	20HM
1	密度(g/cm^3)	规定值±0.1							
2	下垂度(mm)	≤3							
3	表干时间①(h)	≤3							
4	挤出性(ml/min)	≥150							

续表

序号	项目		技术指标							
			50LM	50HM	35LM	35HM	25LM	25HM	20LM	20HM
5	适用期②		供需双方商定							
6	弹性恢复率(%)		≥80							
7	拉伸模量(MPa)	23℃	≤0.4和	>0.4或	≤0.4和	>0.4或	≤0.4和	>0.4或	≤0.4和	>0.4或
		-20℃	≤0.6	>0.6	≤0.6	>0.6	≤0.6	>0.6	≤0.6	>0.6
8	定伸粘结性		无破坏							
9	浸水后定伸粘结性		无破坏							
10	冷拉-热压后粘结性		无破坏							
11	紫外线辐照后粘结性③		无破坏							
12	浸水光照后粘接性④		无破坏							
13	质量损失率(%)		≤8							
14	烷烃增强剂⑤		不得检出							

注：①允许采用供需双方协商的其他指标值。

②仅适用于多组分产品。

③仅适用于 G_n 产品。

④仅适用于 G_w 产品。

⑤仅适用于 G_w 产品。

改性硅硐建筑密封胶的物理化学性能 **表 13-7**

序号	项目		技术指标				
			25LM	25HM	20LM	20HM	20LM-R
1	密度(g/cm³)		规定值±0.1				
2	下垂度(mm)		≤3				
3	表干时间(h)		≤24				
4	挤出性①(ml/min)		≥150				
5	适用期②(min)		≥30				
6	弹性恢复率(%)		≥70	≥70	≥60	≥60	—
7	定伸永久变形(%)		—	—	—	—	>50
8	拉伸模量(MPa)	23℃	≤0.4和	>0.4或	≤0.4和	>0.4或	≤0.4和
		-20℃	≤0.6	>0.6	≤0.6	>0.6	≤0.6
9	定伸粘结性		无破坏				
10	浸水后定伸粘结性		无破坏				
11	冷拉-热压后粘结性		无破坏				
12	质量损失率(%)		≤5				

注：①仅适用于单组分产品。

②仅适用于多组分产品：允许采用供需双方商定的其他指标值。

2）建筑用硅酮结构密封胶

建筑用硅酮结构密封胶按产品包装形式分为单组分（1）和双组分（2）两个型别；按产品适用的基材类别分金属（M）、玻璃（G）和其他（R）。建筑用硅酮结构密封胶用于建筑玻璃幕墙及其他结构粘结装配。

建筑用硅酮结构密封胶为细腻、均匀胶状物，无气泡、结块、凝胶、结皮，无不易分散的析出物，其理化性能指标应满足《建筑用硅酮结构密封胶》GB 16776—2005 的要求，如表 13-8 所示。

建筑用硅硐结构密封胶物理化学性能 **表 13-8**

序号	项目			技术指标
1	下垂度	垂直放置(mm)		≤3
		水平放置		不变形
2	挤出性①(s)			≤10
3	适用期②(min)			≥20
4	表干时间(h)			≤3
5	硬度(邵氏 A)			20～60
6	拉伸粘接性	拉伸粘接强度(MPa)	23℃	≥0.60
			90℃	≥0.45
			−30℃	≥0.45
			浸水后	≥0.45
			水-紫外线光照后	≥0.45
		粘接破坏面积(%)		≤5
		23℃时最大拉伸强度时伸长率(%)		≥100
7	热老化	热失重(%)		≤10
		龟裂		无
		粉化		无

注：①仅适用于单组分产品。
②仅适用于双组分产品。

3）幕墙玻璃接缝用硅酮耐候密封胶

幕墙玻璃接缝用密封胶是用于玻璃幕墙工程中嵌填玻璃与玻璃接缝的硅酮耐候弹性密封胶。也可用于玻璃与铝等金属材料接缝，不适于玻璃幕墙工程中结构性装配用。

幕墙玻璃接缝密封胶按包装方式分为单组分（Ⅰ）和双组分（Ⅱ）两个品种，按位移能力分为 25、20 两个级别；产品按拉伸模量分为高模量（HM）和低模量（LM）两个次级别。其物理力学性能指标应满足《幕墙玻璃接缝用密封胶》JC/T 882—2001 的要求，如表 13-9 所示。

4）硅橡胶密封胶的应用注意事项

（1）硅橡胶密封胶采用喷注法施工时，操作人员要对眼睛、皮肤采取保护措施。

（2）硅橡胶密封胶除与被粘结物为玻璃、陶瓷时具有优良粘结性外，其他材质接缝表面必须预先底涂，以确保嵌缝粘结密封可靠。应注意根据不同粘接基层，选择不同底涂料，嵌缝后尽早刮平。

(3) 单组分醋酸型硅橡胶密封胶固化时会放出醋酸，不宜直接用于铁、铜、铅等粘接施工；不宜用于混凝土、硅酸钙等碱性物质的粘接密封。

(4) 双组分密封胶使用时基料与固化剂搅拌要均匀，防止混入气泡；每次按用量进行混合，不宜存有余量；用酒精清洗基层时，要待完全挥发后才能施工。

(5) 单组分硅橡胶密封胶随着环境温度、湿度的上升，硫化速度加快，硫化速度与接触空气面积的大小有关，表面积小的内部硫化慢；双组分在高温高湿度条件下，硫化不完全，因此施工时应避免被粘结物表面温度高于70℃。

幕墙玻璃接缝密封胶的物理力学性能 **表 13-9**

序号	试验项目		技术指标			
			25HM	25LM	20HM	20LM
1	下垂度(mm)	垂直	≤3			
		水平	无变形			
2	表干时间(h)		≤3			
3	挤出性(ml/min)		≥80			
4	弹性恢复率(%)		≥80			
5	拉伸模量(MPa)	23℃	>0.4 或 >0.6	≤0.4 和 ≤0.6	>0.4 或 >0.6	≤0.4 和 ≤0.6
		−20℃				
6	定伸粘结性		无破坏			
7	浸水光照后的定伸粘结性		无破坏			
8	冷拉-热压后粘结性		无破坏			
9	质量损失率(%)		≤10			

13.2.4 丙烯酸酯密封胶

丙烯酸酯密封胶是以丙烯酸酯类聚合物为主要成分的非定型密封材料。属于中等价格和性能的密封胶。

丙烯酸化学始于1843年，但直到20世纪20年代末才开始大批量生产。20世纪初，德国人发明了丙烯酸酯聚合物；20世纪40年代，美国开始生产丙烯酸酯橡胶制品；20世纪60年代，日本生产了丙烯酸酯密封胶；20世纪80年代，中国开始生产丙烯酸乳液和密封胶，但因基础聚合物价格高，未能在国内大面积推广。随着丙烯酸酯乳液在国内的大量生产，丙烯酸酯密封胶价格降低，使其在中低档建筑工程中具有较好的市场竞争力。

1. 聚丙烯酸酯的结构和特性

丙烯酸是带有乙烯基团（$CH_2=CH—$）的有机酸（$CH_2=CH—\overset{O}{\overset{\|}{C}}—OH$），它能与醇类或具有交联活性基团的单体聚合反应生产均聚体或共聚体的聚丙烯酸酯。聚丙烯酸酯主键是饱和型，在其第二个碳原子上含有极性酯基侧链，其结构式为：

$$
+\!\!\left[CH_2-\underset{\underset{COOR}{|}}{CH}\right]\!\!+_n
$$

聚丙烯酸酯包括丙烯酸酯、甲基丙烯酸甲酯以及在分子结构上包含丙烯酸酯类的大量化合物。其中甲基丙烯酸甲酯的聚合物，俗称“有机玻璃”，用量最大；丙烯腈聚合物及其共聚物大量用于合成纤维工业和橡胶工业；聚丙烯酸酯类乳液多用作涂料和织物处理剂；氰基丙烯酸酯碰到潮气立即聚合固化，用作瞬干粘合剂，然而这些品种的生产量都不大。丙烯酸酯作为粘合材料很少单独聚合使用，一般都用共聚物如甲酯、乙酯、丁酯、a-乙基己酯等相互配合，或与醋酸乙烯、丙烯腈、甲基丙烯酸酯及其他能交联的官能团单体共聚组成各种聚合物。

丙烯酸酯聚合物分子主链由饱和烃组成，并带有羧基，使其具有很强的耐热、耐油、耐臭氧性，耐紫外线降解性，丙烯酸酯橡胶胶膜柔软而富有弹性，使用温度可达 180℃，间断或短时使用温度可达 200℃，在 150℃热空气中老化数年无明显变化；具有良好色稳定性，可着色范围广，不污染；由于聚合物含有羧基，因此具有良好的粘结性，很适合作密封胶的基料，施工时不需底涂。但酯基侧链损害了其低温性能，其耐寒性较差，酯基易于水解，耐热水、耐蒸汽性能差，耐极性溶剂能力差，在酸碱中不稳定；自身强度较低，经增强后拉伸强度可达 12.8～17.3MPa。

2. 丙烯酸酯密封胶的分类和特性

丙烯酸酯类单体种类繁多，其共聚物可制得各种性质和用途的密封胶。丙烯酸酯聚合物以溶液聚合法聚合，常用活性丙烯酸单体有丙烯酸、丙烯酸甲酯、甲基丙烯酸甲酯、丙烯酸乙酯和甲基丙烯酸等。

生产丙烯酸酯密封胶主要原料是聚丙烯酸酯橡胶和溶液型丙烯酸酯。聚丙烯酸酯橡胶由于冷流动性差使其应用受限，不能用于伸缩大的变形缝，嵌缝时需加热施工。溶液型丙烯酸酯具有橡胶的柔软性和弹性，有良好的耐水和耐溶剂性能。

用于建筑领域的丙烯酸酯密封胶按原料聚合形态分为溶剂型和乳液型两大类。

溶剂型丙烯酸酯密封胶是把高固含量聚丙烯酸酯基材溶解在二甲苯中而形成，其固含量为 80%～90%，施工后通过溶剂蒸发在常温下固化。溶剂型丙烯酸酯密封胶聚合物分子量比乳液型低，弹性差，呈热塑性，可归入半弹性类，适应变形能力在±7.5%～±12.5%；与弹性密封胶相比，固化后的伸展和复原性稍差，内聚强度表现较迟，完全固化伴随着硬度增大；指干时间 1～2d，2～5 个月局部固化，最终固化需 1～2 年，因较长一段时间内是软的，故本品不能用于行走面或人行道；对许多基材粘结力良好，不需刷底涂或表面处理，对潮湿的、油污和不清洁表面仍具有足够粘结度；无毒、无过敏，但有气味，须注意通风；具有良好耐久性、永久色彩稳定性、耐紫外线和耐臭氧性；固含量达 90%，在常温下很难挤出，施工挤出前注射筒需加热到 50℃左右；为便于在 10～15.6℃温度下能挤出，密封胶应配成较低固含量，但固含量过低会使收缩过大并影响耐久性。因含易燃易爆溶剂，环保性差，且施工困难，溶剂型丙烯酸酯密封胶已逐渐淘汰。

乳液型丙烯酸酯密封胶是以丙烯酸酯胶乳为基料，掺以少量表面活性剂、增塑剂、改性剂及填料、颜料等配制而成，亦称乳胶型（水溶性、水乳型或水基型）丙烯酸酯密封胶。20 世纪 60 年代乳液型丙烯酸酯密封胶已在美国、日本生产使用，中国 1982 年开始成功投产应用，已成为我国丙烯酸酯密封胶的主体产品。

以丙烯酸乳液为基料的单组分水乳型丙烯酸酯建筑密封胶按产品位移能力分为12.5、7.5两个级别，12.5级密封胶按产品弹性恢复率又分为弹性体（记号12.5E）和塑性体（记号12.5P和7.5P）两个次级别，弹性体弹性恢复率≥40%，塑性体弹性恢复率<40%，12.5E级为弹性密封胶，主要用于接缝密封；12.5P和7.5P为塑性密封胶，用于一般装饰装修工程的填缝；12.5E、12.5P和7.5P均不能用于长期浸水部位。产品按下列顺序标记：名称、级别、次级别、标准号。如12.5E级丙烯酸酯建筑密封胶的标记为：丙烯酸酯建筑密封胶 12.5E JC/T 484—2006。

丙烯酸酯建筑密封胶为无结块、无离析的均匀细腻胶状物，其物理化学性能指标应满足《丙烯酸酯建筑密封胶》JC/T 484—2006的要求，如表13-10所示。

丙烯酸酯建筑密封胶的物理力学性能指标 **表13-10**

序号	试验项目	技术指标		
		12.5E	12.5P	7.5P
1	密度(g/cm³)	规定值±0.1		
2	挤出性(ml/min)	≥100		
3	表干时间（h）	≤1		
4	下垂度(mm)	≤3		
5	弹性恢复率(%)	≥40	如表注	
6	定伸粘结性	无破坏	—	
7	浸水后定伸粘结性	无破坏	—	
8	冷拉-热压后粘结性	无破坏	—	
9	断裂伸长率(%)	—	≥100	
10	浸水后断裂伸长率(%)	—	≥100	
11	同一温度下拉伸-压缩循环后粘结性	—	无破坏	
12	低温柔性(℃)	−20	−5	
13	体积变化率(%)	≤30		

注：报告实测值。

乳液型丙烯酸酯密封胶对大多数建筑接缝表面粘着好，干燥快，一般1h指干，几乎能立即复涂；单组分、非硫化、可注射类，使用方便；无臭味，不坍塌，不渗出，无污染；具有极优的耐紫外光照射性和耐褪色性能，耐水性、黏附性和耐候性优良，贮存稳定性良好；产品柔性较好，但复原性差，施工后通过水分蒸发而固化，体积收缩率高达30%，质量损失率15%～20%。可配成软硬不等产品，用作室外安装玻璃、砖石建筑接缝及屋顶和船舶嵌缝；较硬密封胶主要用于卫生设备如浴缸和面盆嵌缝等。制备丙烯酸酯聚合物胶乳的主要原料是丙烯酸、乙烯基丙烯酸和聚酯酸乙烯酯等。丙烯酸酯乳液配制的密封胶可用于户外有限范围，中等模量、运动能力为±7.5%，其他两种则仅适用于室内。

丙烯酸酯密封胶属中等性能的密封胶，其突出特点是除具有足够密封性能外，有更好的粘结性能，但它的柔韧性较差，不允许接缝有大幅度的运动。如果制成柔软性品级，又会失去优良的黏附性能，这是有待进一步解决的问题。丙烯酸酯密封胶性能介于丁基密封胶和弹性体（如硅橡胶、聚硫、聚氨酯）密封胶之间，在许多丁基橡胶密封胶不能胜任而又不必使用弹性体高档密封胶的地方，多使用丙烯酸酯密封胶。

丙烯酸酯密封胶主要用于门、窗框与墙体的接缝密封，钢、铝、木窗与玻璃间的密封；用于刚性屋面伸缩缝，内外墙拼缝，内外墙与屋面接缝、管道与楼层面接缝、混凝土外墙板以及屋面板结构件接缝，卫生间等的防水密封。密封胶应在5～26℃下保存，剩余材料应密封，以防水分挥发结皮而失效。一般施工不需刷底涂料，因约有15%～20%收缩率，在接缝设计和施工时应予以考虑。雨天或预计8h内有雨时，不宜施工，施工温度不能低于4℃，施工未固化前，应有防碰、防污染和防雨等保护措施。

13.2.5　丁基密封胶

丁基密封胶是以丁基橡胶为主要成分，聚丁烯等为增粘剂，碳酸钙等为填充剂制成的单组分非定形密封材料，本品很少用在建筑物外墙接缝，多用于玻璃密封及室内二道防水等。

20世纪30年代末、40年代初合成丁基橡胶开始发展，20世纪50年代丁基密封胶开始在建筑市场出现。

1. 丁基橡胶的结构及特性

聚异丁烯是异丁烯单体的均聚物。丁基橡胶是异戊二烯（又名甲基丁二烯）与异丁烯的共聚物。其中异戊二烯占1%～3%，异丁烯为97%～99%。丁基橡胶结构式为

$$\left[\left(\mathrm{C(CH_3)_2{-}CH_2}\right)_x\left(\mathrm{CH_2{-}C(CH_3){=}CH{-}CH_2}\right)\left(\mathrm{C{-}CH_2(CH_3)_2}\right)\right]_y$$

卤化丁基橡胶是丁基橡胶经卤化制得的改性丁基橡胶品种，它们统称为异丁烯类聚合物，可广泛用作密封胶的主体材料。异丁烯类聚合物具有以下特性：

1）高饱和度与耐环境腐蚀性

异丁烯类聚合物分子结构的饱和度高，聚异丁烯几乎是完全饱和的，而丁基橡胶类聚合物的双键含量也仅在0.5%～2%的范围。这种高饱和度的分子结构赋予异丁烯类聚合物十分优良的耐气候、耐热氧和耐臭氧老化性及良好的耐植物油和化学药品性。尤其是聚异丁烯，在通常温度下能长期耐化学药品，除聚四氟乙烯外，还无其他聚合物材料可与它媲美。80℃以上浓硫酸和浓硝酸可与之作用，只有长时间与硝酸接触，才有被破坏的倾向。

2）长卷曲分子链与低透气性、高吸振性及低温柔软性

异丁烯类聚合物的主链既长又直，呈线性结构，一般丁基橡胶分子主链中含有47000～60000个链节。在分子主链上又连接着许多甲基基团的侧基，这些甲基基团的体积不大，并呈有规则侧向空间排列，因此它们并不干扰橡胶分子的定向，这样就产生了一个能紧密卷曲且易转动的分子链结构，赋予聚合物作为密封胶所具有的独特性能。

（1）吸振性：与分子主链相连接的甲基基团体积小，排列规则、空间位阻小，因此易旋转，可产生高阻尼效应，使聚合物具有良好的吸振性。

（2）低透气性：长线性紧密卷曲的易转动的分子链结构，有效地降低了湿气、空气及其他气体的渗透性，因此异于烯类聚合物具有无以类比的气密性。

(3) 高的生胶内聚力和弹性：异丁烯类聚合物带有侧基团的长而卷曲的分子结构，几乎没有结晶倾向。聚异丁烯在−33℃放置一年，也只有少量的结晶，含有0.5%异戊二烯的丁基橡胶在同样的温度下也不会引起结晶，在拉伸条件下聚异丁烯会出现结晶，而丁基橡胶几乎不结晶，这是两者的区别所在。

异丁烯类聚合物的内聚强度只取决于分子的缠结或交联，而不是取决于结晶，从分子角度和交联角度看，该类聚合物的内聚强度可达到与结晶氯丁橡胶内聚强度相类似的水平。完全无定形特性赋予这类聚合物具有高弹性、永久黏性和抗振动所必需的动态性能。

(4) 良好的低温柔软性：异丁烯类聚合物的玻璃化温度约为−60℃，在相当低的环境温度下仍能保持柔软。

3) 非极性、低吸水性及高电绝缘性

异丁烯类化合物是非极性聚合物材料，吸水性很低，虽然黏着性很高，但对许多基材表面的化学吸引力很弱，常常需要借助于树脂等增粘剂来提高聚合物极性。

非极性和低不饱和性使异丁烯类聚合物具有良好的电绝缘性，而低的吸水性和低的水渗透性使其电绝缘更佳，体积电阻可达$10^{16}\Omega \cdot cm$以上，比一般橡胶高10～100倍；介电常数为2～3；功率因数（100Hz）为0.0026。

4) 低分子量异丁烯类聚合物具有优良永久黏性，对许多基材有良好黏附性。

异丁烯类聚合物种类很多，根据密封胶最终性能及制备工艺选用适当聚合物材料的最重要参数是聚合物分子量。聚合物分子量越低，其内聚力越小，黏性越高；不饱和度并不影响未硫化和部分硫化胶料的大多数性能，但在非硫化型密封胶中应尽量选择不饱和性低的丁基橡胶级别。为获得密封胶良好的黏性，常将几种异丁烯类聚合物并用，或与热塑性密封胶、热塑性树脂等并用。在保持黏性等其他性能不变的情况下，提高密封胶内聚力的方法如下：

(1) 选用高分子聚合物：为提高密封胶强度，选择同加工设备相适宜的最高分子量的聚异丁烯，如Vistanex MM级或丁基橡胶。

(2) 丁基橡胶与聚异丁烯并用：丁基橡胶同聚异丁烯并用，并使丁基橡胶部分硫化交联，制得部分交联丁基橡胶，以获得内聚力适当的主体材料。

(3) 丁基橡胶部分交联：加入用量经精确计算的硫化剂，制得交联丁基橡胶。也可选用商品交联丁基橡胶。

(4) 氯化丁基橡胶同其他聚合物并用：利用氯元素的功能，使氯化丁基橡胶硫化，制得部分交联聚合物。

2. 丁基密封胶的特性

丁基密封胶是以异丁烯类聚合物为主体材料的密封胶，为世界耗量最大的四种密封胶之一，具有优异的耐天候老化、耐热、耐酸碱性能及优良的气密性和电绝缘性能；贮存稳定性好，能适用于多种粘结体；表面干燥快、很少附着灰尘；模量低，不易产生剥离；但收缩性大。可用于各种机械、管道、玻璃安装、电缆接头等密封及建筑物、水利工程等方面。

常用中空玻璃用丁基热熔密封胶简称丁基密封胶，为细腻、无可见颗粒的均质胶泥，多为黑色。中空玻璃用第一道丁基密封胶的物理力学性能应满足《中空玻璃用丁基热熔密封胶》JC/T 914—2014的要求，如表13-11所示。

中空玻璃用丁基热熔密封胶的物理力学性能　　表 13-11

序号	项目		指标
1	密度(g/cm³)		规定值±0.05
2	针入度(1/10mm)	25℃	35～55
		130℃	210～330
3	剪切强度	标准实验条件(MPa)	≥0.15
		紫外线照处理 168h 后变化率(%)	≤20
4	水蒸气透过率(g/m²·d)		≤0.8
5	热失重(%)		≤0.75

丁基热熔密封胶可在较宽温度范围内保持其塑性和密封性，且表面不开裂、不变硬；它对玻璃、铝合金、镀锌钢、不锈钢等材料有良好的粘合性；极低的水汽透过率，可与弹性密封剂一起构成一个优异的抗湿气系统，密封效果好，质量易保证；环保，使用无浪费，环境清洁。

13.3　合成高分子定型止水密封材料

合成高分子定型止水密封材料主要用于隧道、地铁、城市给排水工程、桥梁、水电工程、人防建筑工程等，它能有效防止地下水渗透，为延长建筑物使用寿命发挥了重要作用。1935 年橡胶止水带诞生，随后聚氯乙烯止水带及各种新型合成高分子止水材料相继出现，如 20 世纪 80 年代日本开发的遇水膨胀橡胶止水带具有以水止水效果。合成高分子定型止水密封材料按形状主要有止水条、止水环、止水带、密封圈条等。以下主要介绍目前建筑常用的止水带。

13.3.1　合成高分子止水带的分类

止水带又称封缝带，是用于处理各类建筑接缝（如伸缩缝、沉降缝等），靠延长水在材料中的渗透线路来减少或降低水的渗漏的定型防水密封材料。

止水带按其用途分为变形缝用止水带（B）、施工缝用止水带（S）和有特殊老化要求接缝用的止水带（J）三类，J 类又分为可卸式（JX）和压缩式（JY）两种。止水带按结构形式分为普通止水带（P）和复合止水带（F）两类，复合止水带又分为与钢边复合止水带（FG）、遇水膨胀橡胶复合止水带（FP）和与帘布复合的止水带（FL）。

止水带按其断面形状分哑铃形和肋形；哑铃形又分平哑铃形和空心球哑铃形，如图 13-1所示。平哑铃形止水带用于施工缝的防水处理，空心球哑铃形和肋形止水带常用于变形缝的防水设防。

止水带按其材质不同分为橡胶型、塑料型、金属型（如钢板止水带）、橡胶金属组合（如钢边橡胶止水带）型、遇水膨胀橡胶条等，常用材质止水带如图 13-2 所示。

由于止水带使用部位不同，型式尺寸多样，因此品种、类型有几百种。橡胶、塑料止水密封带型式、尺寸相同，只是使用材料不同；金属止水带是一片有一定厚度和宽度的金属板；橡胶金属止水带是在橡胶止水带两端镶进一条金属条；遇水膨胀橡胶止水条是一类

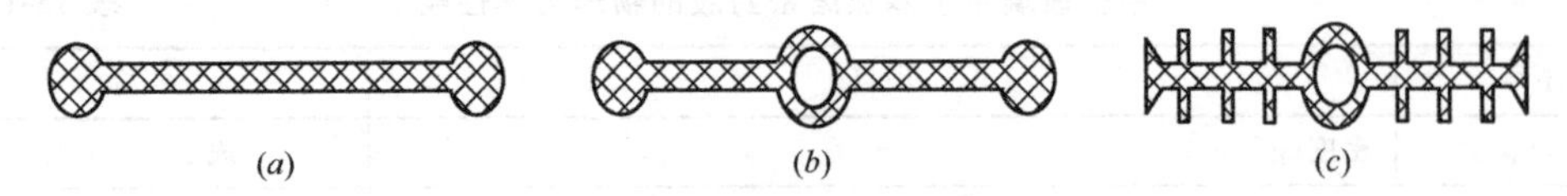

图 13-1 建筑工程常用止水带断面形状
（a）平哑铃形止水带；（b）空心球哑铃形止水带；（c）肋形止水带

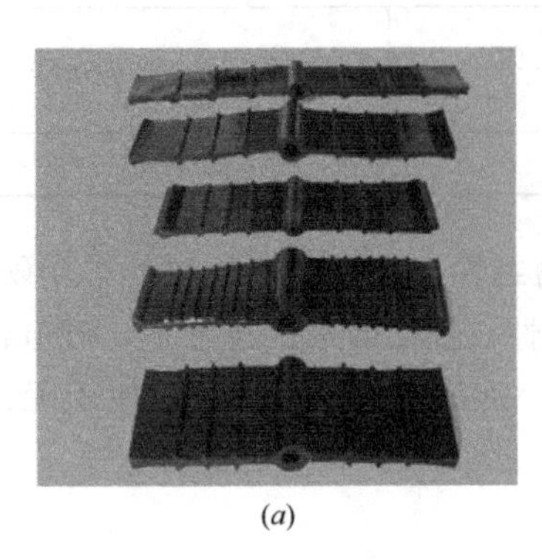

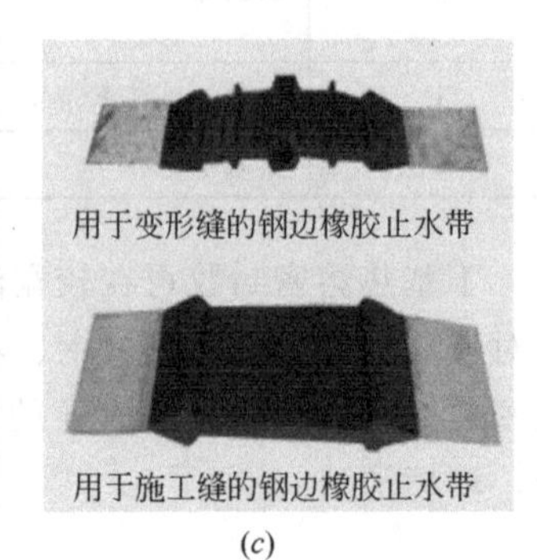

图 13-2 常用材质的止水带
（a）橡胶止水带；（b）塑料止水带；（c）钢边橡胶止水带

特殊止水机理的止水带，将在 13.3.3 遇水膨胀止水材料中介绍。

橡胶止水带具有很好的弹性、延伸性、耐水、耐化学侵蚀能力、良好恢复力和抗疲劳能力；塑料止水带具有良好的物理力学性能，搭接焊接方便，但弹性恢复力较差，易受油类侵蚀，止水带重量大，长度长，施工安装固定难度大，安装不好易造成防水失败；钢边橡胶止水带可使混凝土与止水带刚性粘结，使在缝变形后，混凝土与止水带仍能紧密连接。

13.3.2 橡胶止水带

橡胶止水带又称止水橡皮或止水橡胶构件，是以天然橡胶与各种合成橡胶为主要原料，掺和各种助剂和填充剂，经塑炼、混炼、压制、硫化和成型等工序制成的定型密封材料。

1. 对止水带的性能要求

止水带通常埋置在混凝土中，不受阳光和空气影响，不易受紫外线、臭氧和高温老化影响，但会受到地下水和土壤的腐蚀和霉菌侵蚀。针对止水带的应用特点，要求止水带具有一定防水能力，在长期水压作用下不渗水；具有足够强度和硬度，在止水带安装和混凝土浇筑过程中不被损坏；具有足够延伸以适应结构反复变形，在变形允许范围内不开裂、不折断；具有较好耐腐蚀和耐霉菌侵蚀能力。

2. 橡胶止水带的止水机理

橡胶止水带用于建筑物永久性接缝和周边接缝上，是利用橡胶的高弹性和压缩变形性，起到紧固密封、有效防止建筑构件漏水渗水、减震缓冲等作用，以确保建筑物和构筑物的接缝防水。

3. 橡胶止水带的分类

橡胶止水带品种规格较多，按形状分简型、P型、桥型等，其用途及特性各不相同。

简型橡胶止水带主要包括矩形、梯形、圆形、环形、切角矩形等多种断面形状，它们一般用作止水衬垫或嵌缝材料，靠外加压力使其产生一定量的变形，以起到紧固密封止水和缓冲作用，因其结构简单，种类繁多，故通称简型，在工程上已得到普遍应用。

P型橡胶止水带按其形状可分为实心P型、空心P型、内外直转实心P型、内外直转空心P型、方头P型、方头空心P型等多种形式，主要用于各种闸门等处作密封止水。

桥型橡胶止水带主要用于混凝土现浇时必须设有的永久性变形缝内，利用橡胶的可伸缩性，在接缝中起到止水作用，常用的有外贴式、预埋式和内贴式三种，其中以预埋式橡胶止水带使用较为普遍。

4. 影响止水效果的因素

橡胶止水带所用橡胶材料有天然橡胶、丁苯橡胶、氯丁橡胶、三元乙丙橡胶等，这些胶料都具有较高的拉伸、压缩强度及扯断伸长率，能承受各种设计允许范围内的荷载，并且具有优异的耐老化性能。

大多数橡胶止水带都是靠橡胶的弹性回复变形来起到密封止水作用。在长期受压情况下橡胶止水制品均会产生一定的压缩永久变形，随着使用时间的延长，其复原能力则相应变弱，止水效果也就会逐渐降低。止水效果与橡胶的物理机械性能有密切关系，如对长期受压变形的橡胶止水带，因其橡胶硬度的不同，止水效果就有不同。橡胶硬度一般在40～70（邵氏A）为宜。橡胶硬度越高，压缩变形应力也越大，在同样的压缩变形条件下，橡胶硬度增高时，抗渗能力就差。若橡胶硬度过高时，则弹性差，橡胶受力后易发生龟裂造成破坏，降低或失去防水性能。

工程类型、使用环境、安装方法等与橡胶止水带的受力状态有直接关系。使用中要受到不同程度扯离和扭转的止水产品，应考虑到压缩永久变形值，要求有较高的抗撕裂强度。如预埋式止水带既要承受混凝土在浇筑时的捣实力和抵抗小石块的预刺，又要在使用过程中承受混凝土构件间的相互沉降、扭转、扯离等作用，若橡胶止水带不能适应这些外界因素作用，就会发生破损，导致渗漏。止水带周边混凝土密实度也会影响止水效果，由于其施工难度大，气泡易停留在止水带下面或周边造成渗水。在地下工程中使用时，橡胶的耐老化性能、防霉能力是影响橡胶止水带使用寿命的主要因素。

5. 橡胶止水带的性能

橡胶止水带利用在各种荷载下产生的压弹变形密封防水，具有良好的弹性、耐磨性、耐老化性和抗撕裂性能，适应变形能力强，防水性能好，但其使用范围有一定限制，在−40～40℃有较好耐老化性能。当作用于止水带上的温度超过50℃，以及止水带使用环境受到强烈氧化作用或受到油类等有机溶剂侵蚀时，均不宜使用橡胶止水带。止水带的物理性能要满足《高分子防水材料 第2部分 止水带》GB 18173.2—2014的要求，如表13-12所示，适用于全部或部分浇捣于混凝土中或外贴于混凝土表面的橡胶止水带、遇水膨胀橡胶复合止水带、具有钢边的橡胶止水带以及沉管隧道接头缝用橡胶止水带和橡胶复合止水带。

橡胶止水带的物理性能　　表 13-12

<table>
<tr><th rowspan="3">序号</th><th rowspan="3" colspan="3">项目</th><th colspan="3">指标</th></tr>
<tr><th rowspan="2">B、S</th><th colspan="2">J</th></tr>
<tr><th>JX</th><th>JY</th></tr>
<tr><td>1</td><td colspan="3">硬度(邵氏 A)(度)</td><td>60±5</td><td>60±5</td><td>40～70[1]</td></tr>
<tr><td>2</td><td colspan="2">拉伸强度(MPa)</td><td>≥</td><td>10</td><td>16</td><td>16</td></tr>
<tr><td>3</td><td colspan="2">拉断伸长率(%)</td><td>≥</td><td>380</td><td>400</td><td>400</td></tr>
<tr><td rowspan="2">4</td><td rowspan="2">压缩永久变形(%)</td><td>70℃×20h,25%</td><td>≤</td><td>35</td><td>30</td><td>30</td></tr>
<tr><td>23℃×168h,25%</td><td>≤</td><td>20</td><td>20</td><td>15</td></tr>
<tr><td>5</td><td colspan="2">撕裂强度(kN/m)</td><td>≥</td><td>30</td><td>30</td><td>20</td></tr>
<tr><td>6</td><td colspan="2">脆性温度(℃)</td><td>≤</td><td>−45</td><td>−40</td><td>−50</td></tr>
<tr><td rowspan="3">7</td><td rowspan="3">热空气老化
70℃×168h</td><td>硬度变化(邵氏 A)(度)</td><td>≤</td><td>+8</td><td>+6</td><td>+10</td></tr>
<tr><td>拉伸强度(MPa)</td><td>≥</td><td>9</td><td>13</td><td>13</td></tr>
<tr><td>拉断伸长率(%)</td><td>≥</td><td>300</td><td>320</td><td>300</td></tr>
<tr><td>8</td><td colspan="3">臭氧老化 50×10⁻⁸:20%,(40±2)℃×48h</td><td colspan="3">无裂纹</td></tr>
<tr><td>9</td><td colspan="3">橡胶与金属粘合[2]</td><td>橡胶间破坏</td><td>—</td><td>—</td></tr>
<tr><td>10</td><td colspan="2">橡胶与帘布粘合强度[3](N/mm)</td><td>≥</td><td>—</td><td>5</td><td>—</td></tr>
</table>

注：1. 遇水膨胀复合止水带中的遇水膨胀橡胶部分按 GB/T 18173.3 的规定执行。
2. 若有其他特殊需要时，可由供需双方协议适当增加检验项目。
①该橡胶硬度范围为推荐值，供不同沉管隧道工程 JY 类止水带设计参考使用。
②橡胶与金属粘合项仅适用于钢边复合的止水带。
③橡胶与帘布粘合项仅适用于与帘布复合的 JX 类止水带。

橡胶止水带适用于地下工程、小型水坝、贮水池、地下通道、河底隧道、游泳池等工程的变形缝密封防水；水库及输水洞等的闸门密封止水；建筑接缝、变形缝等密封防水。

橡胶止水带产品保质期 12 个月，应在通风、干燥、温度在 −15～30℃ 的室内储存，避免阳光直射，禁止与酸碱油类及有机溶剂等接触，且隔离热源，不要重压。

13.3.3 遇水膨胀止水材料

1. 遇水膨胀橡胶

遇水膨胀橡胶是以水溶性聚氨酯预聚体、丙烯酸钠高分子吸水性树脂等吸水性材料与天然、氯丁等橡胶制得的遇水膨胀性防水橡胶。

1）遇水膨胀橡胶的止水机理

遇水膨胀橡胶是一种独特的橡胶新产品，既有一般橡胶制品的性能，又有遇水自行膨胀的特性，当结构变形量超过材料的弹性恢复能力时，利用遇水膨胀橡胶中的吸水性树脂（或膨润土）遇水体积逐渐增大（膨胀率为 150%～600%），并充满接缝的所有不规则表面、空穴及间隙，同时产生巨大的接触压力，彻底防止渗漏。

2）遇水膨胀橡胶的分类

遇水膨胀橡胶产品按工艺分为制品型（PZ）和腻子型（PN）；按其截面形状分为圆形（Y）、矩形（J）、椭圆形（T）和其他形状（Q）；按其在静态蒸馏水中的体积膨胀倍率

(%) 分为：制品型有≥150%、≥250%、≥400%和≥600%；腻子型有≥150%、≥220%和≥300%三类。

体积膨胀倍率是浸泡后的试样体积与浸泡前试样体积的比值。

3）遇水膨胀橡胶的性能

制品型遇水膨胀橡胶（又称遇水膨胀橡胶止水条）是在天然橡胶或氯丁橡胶等合成橡胶中加入以水溶性聚氨酯预聚体、丙烯酸钠高分子吸水性树脂等遇水膨胀材料及助剂，经混炼，挤出成型、硫化等工艺加工而成的定型防水材料。

制品型遇水膨胀橡胶胶料（止水条）的物理性能指标要满足《高分子防水材料 第3部分：遇水膨胀橡胶》GB 18173.3—2014 的规定，如表 13-13 所示。

制品型遇水膨胀橡胶胶料物理性能　　**表 13-13**

项目		指标			
		PZ-150	PZ-250	PZ-400	PZ-600
硬度(邵氏 A)(度) ≥		42±10		45±10	48±10
拉伸强度(MPa) ≥		3.5		3.0	
拉断伸长率(%) ≥		450		350	
体积膨胀倍率(%) ≥		150	250	400	600
反复浸水试验	拉伸强度(MPa) ≥	3		2	
	拉断伸长率(%) ≥	350		250	
	体积膨胀倍率(%) ≥	150	250	300	500
低温弯折(−20℃,2h)		无裂纹			

注：制品切片测试拉伸强度、拉断伸长率应达到本标准的 80%，接头部分的拉伸强度、拉断伸长率应达到本标准的 50%。

腻子型遇水膨胀腻子具有腻子性状，其物理性能指标如表 13-14 所示。

腻子型遇水膨胀橡胶的物理性能　　**表 13-14**

项目	指标			适用实验条目
	PN-150	PN-220	PN-300	
体积膨胀倍率①(%) ≥	150	220	300	6.3.4
高温流淌性(80℃×5h)	无流淌	无流淌	无流淌	6.3.7
低温试验(−20℃h×2)	无开裂			6.3.8

注：①检验结果应注明试验方法。

遇水膨胀橡胶的研制成功，开拓了一条止水新途径，其防水机理合理，具有双重止水功能，当结构变形量超过材料的弹性恢复能力时，则利用遇水膨胀的特性来止水，克服了一般橡胶止水制品在长期受压情况下产生压缩永久变形的弱点，防水效果更可靠；产品仍具有橡胶弹性，并保持较大的强度和延伸性，材料耐酸、耐碱、耐高低温性能良好，止水效果显著；价格较便宜，使用方便，工艺简单，安装固定非常容易，可用钉子钉、胶粘等各种方法；腻子吸水膨胀后还具有较大的可塑性，能堵塞混凝土孔隙和出现的裂缝，最适于现场浇注的施工缝。但造价比一般的止水材料高 2～3 倍，压缩、拉伸强度低，制造工艺较复杂等。

遇水膨胀橡胶保质期6个月，其他储存要求同橡胶止水带。主要用于各种隧道、顶管和人防等地下工程、基础工程的接缝和防水密封，船舶、机车等工业设备的防水密封。目前遇水膨胀橡胶止水条已广泛用于人防、游泳池、污水处理工程、地下铁路、隧道、涵洞等混凝土工程的施工缝、伸缩缝和裂缝止水，既可用于前期防水，还可用于变形缝堵漏防水，即后嵌止水条止水，也可用于穿墙管线的防水密封、盾构法钢筋混凝土管片的接缝防水密封垫、顶管工程的接口处理等。

在地下防水工程中，为防止安装时遇水或浇注混凝土未达一定强度时膨胀损害混凝土，可在止水带表面涂一层缓膨剂，使膨胀开始时间延缓到3～7d后，以满足工艺需要。

应注意：遇水膨胀止水条水分蒸发后体积要收缩，因此不能用于间歇防水（如屋面）工程，只适于长期处于潮湿有水环境，有一定宽度、有规律缝或埋件等防水。

2. 遇水膨胀止水胶

遇水膨胀止水胶（简称止水胶）是以聚氨酯预聚体为基础、含有特殊接枝的脲烷膏状体，它固化成形后具有遇水体积膨胀和弹性密封止水的作用，作为土木、建筑工程水道周边止水材料受到了广大用户的欢迎。

止水胶按产品在静态蒸馏水中浸泡规定时间后的体积膨胀倍率分为膨胀倍率≥220%且≤400%（PJ-220）和膨胀倍率≥400%（PJ-400）两类。

遇水膨胀止水胶质量应满足《遇水膨胀止水胶》JG/T 312—2011的要求，其性能指标如表13-15所示。

单组分遇水膨胀止水胶性能指标　　表13-15

项目		指标值	
		PJ-220	PJ-400
固含量(%)		≥85	
密度(g/cm³)		规定值±0.1	
下垂度(mm)		≤2	
表干时间(Hr)		≤24	
低温柔性		-20℃无裂纹	
7d拉伸粘结强度(MPa)		≥0.4	≥0.2
拉伸性能	拉伸强度(MPa)	≥0.5	
	断裂伸长率(%)	≥400	
体积膨胀倍率(%)		≥220	≥400
长期浸水体积膨胀倍率保持率(%)		≥90	
抗水压(MPa)		1.5，不渗水	2.5，不渗水
实干厚度(mm)		≥2	
浸泡介质后体积膨胀倍率保持率①(%)	饱和 $Ca(OH)_2$ 溶液	≥90	
	5% NaCl溶液	≥90	
有害物质含量	VOC(g/L)	≤200	
	游离甲苯二异氰酸酯TDI(g/kg)	≤5	

注：①此项根据地下水性质由供需双方商定执行。

遇水膨胀止水胶属于单组分、无溶剂、湿气固化型弹性密封胶，为细腻、黏稠、均匀的胶状物，应无起泡、结皮及凝胶现象，一经固化就变成复原性良好的橡胶弹性体，浸水后自身体积膨胀起到密封止水效果。单组分遇水膨胀止水胶（PJ）无溶剂污染，可与饮用水接触；具有良好的填充性和粘接性，确保产品填入裂缝和孔隙中，可用在混凝土、聚氯乙烯、高密度聚乙烯、钢等多种材质，包括潮湿、光滑或粗糙的表面；与水接触，其体积膨胀倍率可达400%以上；材料柔性好，可适合不规则基面接缝防水；使用方便，可用标准嵌缝胶施工枪或腻子刀嵌缝施工；耐各种化学物质，可耐石油、植物油、矿物油和动物脂，使用寿命长。

遇水膨胀止水胶主要适用于工业与民用建筑地下工程、隧道、防护工程、地下铁道、污水处理池等土木工程的施工缝（含后浇带）、变形缝和预埋构件的防水，以及既有工程的渗漏水治理；还用于结构接缝密封和管子渗漏堵水，如混凝土浇筑件中粗糙或光滑结构接缝；密封预制件之间的接缝，如箱型暗沟、电缆沟、管道沟等；H型钢周围的接缝；密封螺栓或预铸孔周围的空隙等；正交桩墙的密封等。

遇水膨胀止水胶应储存在干燥、通风、阴凉处，防止日光直接照射，冬季应采取适当防冻措施，产品保质期9个月。遇水膨胀止水胶施工时，最好直接用在无灰的混凝土表面，平整、粗糙、干、湿表面均可；应尽量避免大雨天施工或与水长期接触，会导致提前膨胀；产品固化时间和固化程度受使用环境温度和湿度影响大。

第五篇　其他防水材料

第14章 灌浆材料

14.1 灌浆材料概述

灌浆材料（又称浆材）是由一定的无机材料或有机高分子材料配制而成，具有特定性能的浆液。灌浆是用灌浆泵等压送设备将浆液灌入构筑物、地层或围岩等裂缝及孔洞内，浆液以填充、渗透、挤压等方式将裂缝中水及空气排除，填充其空隙，经胶凝或固化使原来较松散的结构部位胶结成强度高、抗渗性好的整体，达到防渗、补强、加固、堵水的目的。

灌浆是现代工程中颇具特色且不可或缺的一项先进技术，已在水电（大坝、堤防、水库、电站）、建筑（地上、地下、人防）、交通（公路、铁路、隧道、桥梁、港口、机场）和采矿等诸多工程领域作为地基处理和混凝土裂缝修补技术得到推广应用，如用于大坝坝基基础加固和防渗、矿山与隧道的开凿、地铁开挖、楼房纠偏、混凝土缺陷修复、文物保护等，已解决了许多工程难题并取得良好的经济效益。

14.1.1 灌浆理论

灌浆材料渗入基体裂隙后，与基体结合在一起，其结合机理目前一直没有定论，目前主流的结合理论主要有：机械结合理论、吸附理论、扩散理论、化学键理论和静电吸附理论。其中机械结合理论认为，浆液固化后与基体的粗糙界面啮合，如同齿轮咬合产生黏结力将固结体与基体结合起来；吸附理论则认为浆液注入后，随着固结体不断增多，基体内部空隙逐渐减小，固结体的分子和基体内部分子逐渐靠近，当距离小于5Å的时候就由分子间的作用力结合在一起；扩散理论认为分子的热运动导致固结体材料和基体材料相互扩散到另一种材料当中，使两种材料的界面逐渐消失，两种材料逐渐融合为一个整体；化学键理论则认为灌浆材料和基体之间发生了化学反应，使浆材和基体紧密地联系在一起；静电吸附理论则认为浆材与基体之间存在静电层，两种材料是由于静电引力而吸附在一起的。

灌浆解决裂缝渗漏的机理通常分为三种：通过浆材把裂缝界面粘合起来的粘结机理、利用浆材对裂缝间隙进行充填的填塞机理、利用浆材的浸水膨胀特性，把裂缝胀塞起来进行防渗堵漏的胀塞防渗机理。

14.1.2 灌浆材料的分类

1. 按浆液颗粒大小分类

①颗粒型灌浆材料：用固体颗粒制成的浆材，颗粒处于分散悬浮状态，是悬浮液。如水泥、黏土、砂等浆材。

②非颗粒型灌浆材料：由无机、有机或高分子化学材料制成的浆材，是真溶液。如水玻璃、环氧树脂、聚氨酯等浆材。

2. 按灌浆目的和用途分类

①补强固结灌浆材料：如环氧树脂类灌浆材料、甲基丙烯酸酯类灌浆材料等。

②防渗堵漏灌浆材料：如丙烯酰胺类灌浆材料、水玻璃灌浆材料等。

3. 按灌浆材料化学组成分类

①无机灌浆材料：主要有水泥、水玻璃和黏土等。

②有机灌浆材料：丙烯酰胺、木质素等浆材。

③有机-无机复合灌浆材料：如水泥-环氧、水泥-聚氨酯、水泥-环氧-聚氨酯等。

目前，工程用灌浆材料是以超细水泥等无机灌浆材料为主，以改性有机高分子化学灌浆材料和有机-无机复合灌浆材料为辅。

14.1.3 灌浆材料的发展史

1. 原始黏土浆液注浆阶段

注浆技术诞生于1802年，法国土木工程师查里士·贝里尼（Charles Béring）利用木制冲击泵将黏土浆压入地层，为港口城市戴佩（Dieppe）维修加固砌筑墙。之后，这种方法相继传入英国和埃及。1802～1857年，注浆技术处于原始萌芽阶段，注入方法较原始，浆液主要是黏土、火山灰、生石灰等简单材料。

2. 初期水泥浆液注浆阶段

1838年英国汤姆逊隧道首次使用水泥作灌浆材料，此后黏土、水泥一直占据着灌浆材料主导地位。但水泥颗粒粒度大、可灌性低，难以满足各种不同地层类型的不同要求。

3. 中期化学浆液注浆阶段

因黏土及水泥浆可灌尺寸受到明显限制，因而开始了真溶液化学灌浆材料的研究。1884年英国豪斯古德在印度建桥时，首次采用化学药品固砂。1887年佐斯基用水玻璃-氯化钙体系进行砂层加固。因水玻璃价格便宜、无毒，所以在19世纪得到了快速发展。随着化学工业的发展，为满足工程需要，有机灌浆材料开始发展。1956年左右出现了尿素-甲醛类浆液。1959年美国研制了黏度接近水，胶凝时间可任意调节的丙烯酰胺浆液（AM-9）。此后，相继推出了木素类、丙烯盐类、聚氨酯类、环氧类等化学灌浆材料。化学灌浆材料具有黏度低，可灌性好，防水性好，浆材固结后强度高，且固化时间可任意调节等优点，可解决水泥基灌浆料所不能解决的问题，但大多数有毒，污染周围环境和地下水。1974年日本福冈发生灌注丙烯酰胺引起中毒事故后，世界各国开始禁用有毒化学浆液。

4. 现代注浆阶段

因有机类化学灌浆材料有毒，而水玻璃类浆材在固结强度和耐久性方面又不能满足大型工程的需要。因此，人们又把目光转向水泥灌浆材料的开发。因普通水泥粒径较大，不能灌入较小间隙的土体或微裂隙的岩体中，因此开发了超细水泥。此外，水性、无溶剂的环保型化学灌浆材料如环氧浆材也被越来越广泛地应用。

14.2 化学灌浆材料

化学灌浆材料通常分为水玻璃和高分子材料两大类。高分子化学灌浆材料是把由单体或低聚物等组成的浆液灌入工程所需处理的部位，经聚合、交联等化学反应生成不溶体形高聚物，使被处理的部位胶结、增强和加固并形成整体，从而达到防渗、堵漏和加固目的。化学灌浆材料的主要类型及特性如表14-1所示。

化学灌浆材料的主要类型及部分性能　　表14-1

类型	分类	初始黏度(mPa·s)	胶凝时间	单轴抗压强度(MPa)	灌注方式
水玻璃类	碱性水玻璃浆液	1～100	瞬时～数小时	0.2～4	单液或双液
	非碱性水玻璃浆液				
丙烯酰胺类	丙烯酰胺浆液	1.2	数秒～数小时	0.3～0.8	单液或双液
	水泥-丙烯酰胺				
丙烯酸酯盐类	甲基丙烯酸酯类	<10	几分～几小时	75～85	单液或双液
	丙烯酸盐类				
聚氨酯类	聚氨酯预聚体类	12～161	几分～几十分	0.1～20	单液或双液
	异氰酸酯类				
糖酮树脂类	环氧糖酮浆液	6～100	几分～几十分	40～100	单液或双液
	低黏度糠酮				
脲醛树脂类	脲醛树脂	1.3～6.0	几分～几十分	3～10	单液或双液
	改性脲醛树脂				
木质素类	含铬木素、硫木素、木铵	2～5	几秒～几小时	0.2～12	单液或双液

与颗粒灌浆材料相比，化学灌浆材料是一种真溶液，克服了水泥和黏土类浆材颗粒大难灌入的弊端，黏度低，可灌性好，渗透力强，充填密实，能灌入0.1mm以下的缝隙；浆液稳定性好，在常温常压下存放一定时间，其基本性质不变；浆液的凝胶过程可瞬间完成，并在一定范围内可按需要进行控制和调节；胶结体防水性较好，强度高，耐久性良好，受气温、湿度和酸碱及某些微生物的侵蚀影响较小；浆液配制方便，原材料来源广，灌浆工艺操作简单等。化学灌浆材料的上述优点弥补了它价格较高的不足，因此得到迅猛发展，由原来单一的无机水玻璃浆材发展为丙烯酰胺、环氧糠酮、甲基丙烯酸酯类、聚氨酯、丙烯酸盐等上百种化灌浆材。无机水玻璃浆材应用最早，来源广、种类多、价格低、可灌性好、低毒或无毒性，其应用居所有化学灌浆之首，但其力学性能远不如有机高分子灌浆材料。高分子灌浆材料具有较好可灌性，且能按工程需要调节浆液凝结时间，较适合有流动水部位的快速堵漏及防渗，特别是水泥灌浆施工后的加密灌浆、混凝土中裂隙的修补等，但其毒性及对环保的影响使其发展及应用范围受到一定限制。

14.2.1　水玻璃灌浆材料

1. 水玻璃灌浆材料的凝胶固化机理

水玻璃灌浆材料是指水玻璃在胶凝剂（或固化剂）作用下可产生凝胶的一种化学灌浆材料。水玻璃浆材由水玻璃及胶凝剂组成，可进行单液或双液灌浆。水玻璃是硅酸钠的水溶液，含有原硅酸钠（$2Na_2O \cdot SiO_2$）、正硅酸钠（$Na_2O \cdot SiO_2$）和二硅酸钠（$Na_2O \cdot 2SiO_2$）等。因硅酸钠溶液的pH值可调，当pH值<9时，会发生聚合作用生成直链聚合物凝胶起到堵漏防渗效果；加入固化剂时，又能形成网状结构，也可以螯合多价金属离子，同时能与地层中的砂石形成具有一定强度的固结体。

2. 水玻璃灌浆材料的分类

水玻璃浆材按水玻璃浆材凝胶化区域范围分碱类浆材和非碱类浆材。一般常用以氯化钙作胶凝剂的碱类浆材。

3. 水玻璃灌浆材料的特性

水玻璃类浆液是历史最悠久的化学注浆材料，至今仍是应用量最大的浆材之一。与其他灌浆材料比，水玻璃化学灌浆材料是真溶液，起始黏度低，可灌性好；材料来源广，造价低；主剂毒副作用小，环保安全；凝固时间和固结体强度可调，防水性良好；可与水泥浆材配合使用，结合两者的优点。但其胶凝时间调节不够稳定，可控范围小，凝胶强度低，凝胶体稳定性差，固砂体耐久性还待进一步考证，金属离子易胶溶等，在永久性工程中的应用还有待进一步研究。可用于矿井、隧道、涵管、桥墩、大坝、深层地基和油井等地下工程的堵水、防渗、基础加固等。部分水玻璃浆材的性能如表 14-2 所示。

部分水玻璃浆材的性能 **表 14-2**

品种 \ 性能	黏度 (Pa·s 20℃)	可注入土壤粒 下限(mm)	凝胶时间 (s,min)	抗压强度 (MPa)
水玻璃/氯化钠	＞0.01	0.1	3～5 Sec	0.5～2.0
水玻璃/铝酸钠	0.005～0.01	0.1	3～30 min	0.5～1.5
水玻璃/碳酸氢钠	＜0.002	0.1	3～5 Sec	0.5
水玻璃/硫酸铝	0.005～0.01	0.1	3～30 min	0.1～0.3
水玻璃/磷酸	0.003～0.005	0.1	3～30 min	0.5～0.2
水玻璃/重铬酸钠	0.005～0.01	0.1	3～30 min	0.05～0.2

注：水玻璃浓度 40°Bé，模数 n＝2.4～3.5。

4. 水玻璃灌浆材料的研究及展望

日本东洋大学开发了一种特殊类型的二氧化硅型水玻璃浆材，分为超微粒子二氧化硅和硅化钙两个类别。其核心是离子交换脱钠，即采用离子交换树脂对水玻璃进行处理，除去水玻璃内的碱，将钠离子置换为氢离子，从而形成具有高活性的二氧化硅，如加入酸性添加剂，则可生成二氧化硅硬化物；如果使用钙盐，则生成高强度的硅化钙硬物，从而形成两个类别。活性二氧化硅类水玻璃浆材已在日本投入使用，取得了良好的工程效果。其特点是耐久性好，环保性好，可实现产品化生产，但成本较高，因此工程应用较少，国内还是空白。

未来水玻璃灌浆材料的研究方向为：适合不同水文、地质、环境要求的一系列环保水玻璃浆材；无碱性污染的无毒水玻璃添加剂；水玻璃的胶结固化原理及调凝；提高浆材强度、耐久性；由单一水玻璃改性剂向复合改性剂发展。

14.2.2 聚氨酯类灌浆材料

聚氨酯灌浆材料（Polyurethane Grouts）是以多异氰酸酯与多羟基化合物聚合反应制备的聚氨酯预聚体为主剂，通过灌浆注入基础或结构，与水或固化剂反应生成不溶于水、具有一定弹性固结体的浆液材料。

1. 聚氨酯灌浆材料的发展及分类

20世纪60年代后期，日本Takenaka公司（竹中工务店）发明了单组分水活性聚氨酯灌浆材料（商品名TACSS）。在20世纪80年代中期聚氨酯灌浆材料得到了大量应用。

按国际分类方法，聚氨酯灌浆材料主要按浆液的组成（单/双液）、固结体形态（泡沫/弹性体）、高分子主链（聚醚原料）的亲/疏水性、固结体物理性能（刚性/柔性）的顺序进行分类，如图14-1所示。

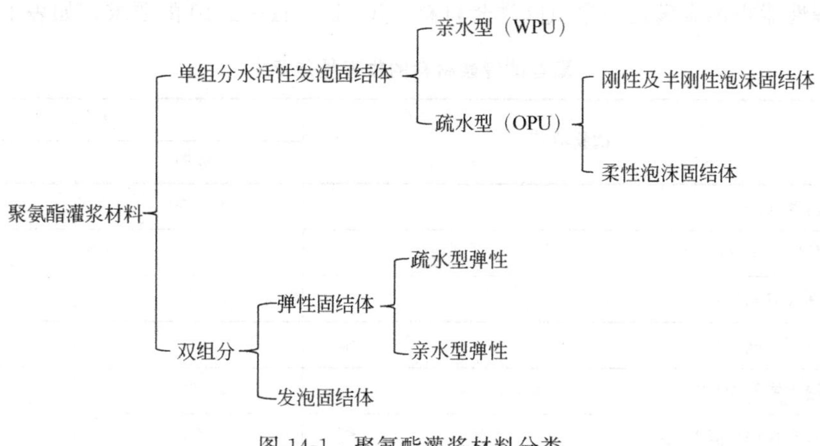

图14-1　聚氨酯灌浆材料分类

2. 聚氨酯灌浆材料的固化及防水机理

聚氨酯灌浆材料是以多异氰酸酯与多羟基化合物（多用聚醚多元醇）聚合反应制备的含端异氰酸酯基的聚氨酯预聚体为主剂，并辅以溶剂、催化剂、缓凝剂、表面活性剂、增塑剂等其他助剂，经一定工艺制备的浆材。聚氨酯浆液遇水后端异氰酸酯基能迅速反应，产生并放出大量CO_2气体，造成体积膨胀并最终生成一种不溶水、有一定强度的凝胶体聚合物。聚氨酯浆材的制备及固化反应示意如图14-2所示。

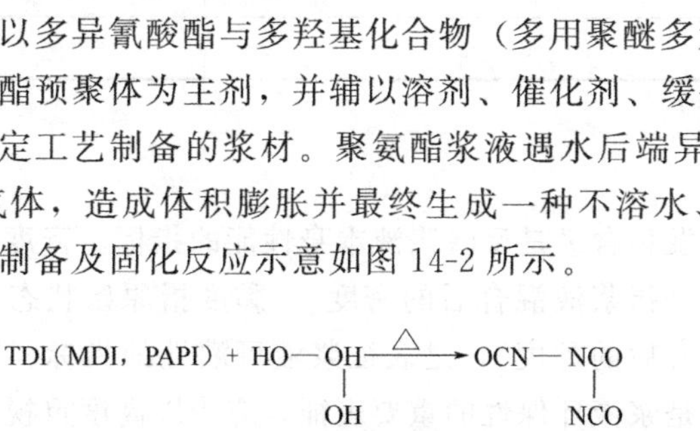

TDI（MDI，PAPI）+ HO—OH(—OH) —△→ OCN—NCO(—NCO)

聚醚或聚酯多元醇　　异氰酸酯预聚体

—H_2O，催化剂，添加剂→ —C(=O)—NH—NH(—NH—C(=O)—)—C(=O)— + CO_2↑

聚合物网络

图14-2　聚氨酯灌浆材料的制备及固化机理示意图

聚氨酯灌浆材料注入缝隙或疏松多孔地基时，聚氨酯预聚体的端NCO基与缝隙表面或碎基材中的水分接触，发生扩链交联反应，最终在混凝土缝隙中或基材颗粒的空隙间形成强度较高的凝胶状固结体。聚氨酯固化物中含有大量的氨基甲酸酯基、脲基、醚键等极性基团，与混凝土缝隙表面及土壤、矿物颗粒间产生强粘结力，从而形成整体结构，起到了堵水和提高地基强度等作用。在相对封闭的灌浆体系中，反应放出的二氧化碳气体会产生很大的内压力，推动浆液向疏松地层的孔隙、裂缝内深入扩散，使多孔性结构或裂缝完全被浆液所填充，增强了堵水效果。浆液膨胀受到限制越大，形成的固结体越紧密，抗渗能力及压缩强度越高。

3. 聚氨酯灌浆材料的性能

我国聚氨酯灌浆材料按原材料组成分为水溶性（代号 WPU）和油溶性（代号 OPU）两类，其物理性能指标应满足《聚氨酯灌浆材料》JC/T 2041—2010 的要求，如表 14-3 所示。

聚氨酯灌浆材料的物理性能要求 表 14-3

序号	试验项目		指标	
			WPU	OPU
1	密度(g/cm^3)	≥	1.00	1.05
2	黏度①(mPa·s)	≤	1.0×10^3	
3	凝胶时间(s)	≤	150	—
4	凝固时间(s)	≤	—	800
5	遇水膨胀率(%)	≥	20	—
6	包水性(10 倍水)(s)	≤	200	—
7	不挥发物含量(%)	≥	75	78
8	发泡率(%)	≥	350	1000
9	抗压强度②(MPa)	≥	—	6

注：①也可根据供需双方商定。
②有加固要求时检测。

密度、黏度和不挥发物含量是反映浆液本身性能的指标。密度指原始状态下浆液的密度（如果是多组分，则是指浆液混合后的密度）。黏度指原始状态下浆液的黏度（如果是多组分，则是指浆液混合后的黏度），是表征浆液可灌性的指标。不挥发物含量是浆液中低沸点溶剂等的含量，是浆液环保性的重要表征，应予以高度重视。

凝胶时间和凝固时间是反映浆液固化过程的指标。凝胶时间是水溶性聚氨酯灌浆材料与一定比例的水混合后，在规定温度下，由液体变为固结体（凝胶体）的时间。凝固时间是油溶性聚氨酯灌浆材料与一定比例的催化剂、水混合后，在规定温度下，由液体变为固结体的时间。

遇水膨胀率、包水性、发泡率和抗压强度是反映固结体性能的指标。遇水膨胀率是水溶性聚氨酯灌浆材料制成的固结体浸泡水后，在规定时间内，其体积增长的倍数，是表征其二次止水能力的指标。遇水膨胀率是指聚氨酯浆材与1%～2%的水反应后形成的固结体再次遇水后可再次吸水膨胀达100%，此时异氰酸酯根刚刚反应完全，固结体性能最佳。但若反应时水的比例较高，固结体本身已含有一定量的水，吸水能力有限，膨胀性能自然会下降。应注意：只有水溶性聚氨酯灌浆材料和少量水反应形成的固结体才具有良好的遇水膨胀性能，较多水量或油溶性聚氨酯灌浆材料则没有。

包水性是水溶性聚氨酯灌浆材料与规定倍数（10 倍）水混合后，与水完全反应形成固结体所需要的时间，可表征浆液一次堵水能力。发泡率是聚氨酯灌浆材料与水反应后，形成的泡沫状固结体相对于原浆液的体积增长率，是反映其固化反应中临时止水性能的指标。

抗压强度是聚氨酯灌浆材料在规定条件下成型，测定其轴向抗压强度，用于表征材料的补强加固能力。根据《聚氨酯灌浆材料》JC/T 2041—2010 规定，只针对油溶性聚氨酯测抗压强度，水溶性浆材不测。但这并不意味着所有水溶性聚氨酯浆材都没有强度。例如，华东院科研所生产的 HW 水溶性聚氨酯也可以达到 10MPa 以上的较高强度。

聚氨酯灌浆材料具有如下特性：

(1) 浆材固结体因组成不同可是硬性塑胶体，也可是弹性橡胶体

大多数化学浆液固结体弹性韧性差，低温反应活性小，只限于灌浆稳定裂纹，且要求温度在 8℃以上变化不大。但聚氨酯化学浆材活性大，固结体具有良好弹性和强度，是解决此类问题的最理想材料。

(2) 固结体弹性好，适应变形能力强，可带水施工，固结区域大，防渗堵漏效果好

浆液粘合力大，膨胀率大，形成的弹性固结体能充分适应裂缝和地基的变形。聚氨酯灌浆材料在任何条件下都能与水发生反应而固化，浆液不会因遇水稀释而流失。在含大量水的裂缝和地层的处理中，选择快速固化的浆液封堵涌水，可得到有效固结区比其他浆材大得多的固结体，防渗堵漏能力强，可封堵强烈的涌水和阻止地基中流水。

(3) 反应产生的气体有助于浆液填充

在封闭灌浆体系中，依靠聚氨酯灌浆材料初期产生的二氧化碳气体压力把低黏度浆液进一步压进细小裂缝深处及疏松地层孔隙中，使多孔性结构或地层完全充填密实，后期的气泡包封在胶体中，形成体积庞大的弹性固化物。

(4) 浆液黏度低，固化速度调节方便

浆液黏度低且可调，可灌入 0.5～1mm 细缝；固化速度调节方便，可通过加入促凝剂（催化剂）或缓凝剂，在几秒钟到几十分钟范围内调整。

(5) 施工设备简单，投资费用少，应用范围广

聚氨酯灌浆材料可广泛用于地下工程的防水堵漏，建筑物地基加固，复杂地层的稳固等方面，如建筑物和地下混凝土工程的变形缝、施工缝、结构缝堵漏；地质钻探工程的钻井护壁堵漏、加固；水电工程的水库坝基防渗、裂缝堵漏；高层建筑物或铁路路基的加固、稳固；石油开采或采矿工程中坑道内堵水、加固等。

(6) 环保性及耐久性稍差

聚氨酯预聚体中残留多异氰酸酯有毒，对操作人员和环境污染较大，且产品难于存储，一旦包装打开，材料使用寿命将降低，固结体环保性及耐久性还有待进一步改进。

4. 常用聚氨酯灌浆材料

1) 单组分水活性发泡固结体聚氨酯灌浆材料

单组分水活性发泡固结体聚氨酯灌浆材料采用预聚法制得，其特征在于利用聚氨酯预聚体中端异氰酸酯与水原位反应固化并生成具有疏水或亲水特性的泡沫或凝胶。聚氨酯灌浆材料的固化反应必须有水参加，借此可达“以水止水”目的。该固化反应属于放热反应，反应中生成的 CO_2 对浆液的渗透具有很强的促进作用。在封闭条件下，据测定固化反应产生的 CO_2 的压力可达 0.5～1.0MPa。因此，又被称为“活性灌浆材料”。

(1) 单组分亲水型聚氨酯灌浆材料

单组分亲水型聚氨酯灌浆材料在国内称水溶性聚氨酯灌浆材料（WPU），是一种由高分子量亲水性聚醚多元醇与多异氰酸酯通过缩聚反应制成的端 NCO 基预聚体为主剂，加入增塑剂、稀释剂和其他助剂配制而成的单组分注浆材料。

目前国内所用水溶性聚氨酯预聚体主要有两种：其一是将环氧乙烷聚醚与环氧丙烷聚醚和甲苯二异氰酸酯同时反应制得的高强度浆液的预聚体；其二是先制得环氧丙烷、环氧乙烷的混合聚醚，然后再与甲苯二异氰酸酯反应生成的低强度浆液的预聚体。亲水性聚氨酯灌浆材料的组成、配合比及主要性能如表 14-4 所示。

亲水性聚氨酯灌浆材料浆液的组成 　　**表 14-4**

原料	作用	用量(质量比)	凝结时间(min)	压缩强度(MPa)
甲苯二异氰酸酯	制成预聚体，为主剂	1	＜2，可调节	＜1.0
聚醚				
邻苯二甲酸二丁酯	溶剂	0.15～0.5		
丙酮	溶剂	0.5～1		
2,4 二氨基甲苯	催化剂	适量		
水	溶剂兼参与反应	5～10		

水溶性聚氨酯灌浆材料具有如下特性：

①亲水性好，包水量大，可封堵动水，适用范围广。

浆液本身不溶于水，但所用聚醚原料具有亲水性。水既是稀释剂，又是固化剂，浆液遇水自乳化，再立即进行聚合反应，体积迅速膨胀并胶凝固结。因亲水性聚氨酯灌浆材料对水的溶解度很大，亲水性远高于其他化学灌浆材料，流动的水不会将浆液冲散，反而可增大固结物的面积，是所有化学灌浆材料中堵流动水性能最优良的材料。浆液能与几十倍（20～30）自身的水在极短的时间（数十秒）结合形成凝胶，包水量大，渗透面积大，其堵动水、涌水的能力强。适用于动力地层的堵涌水、地质表面防护、松软地层加固等，特别是在潮湿裂缝的防水堵漏方面得到了广泛应用。

②黏度低，可灌性好，固结时间可调。

浆液黏度较小，可灌性好，低温仍可注浆，可用于 0.1mm 以上裂缝常压灌浆和 0.05mm 以上裂缝高压灌浆。固化时间可在几秒至几十分钟调节。当裂缝很小时，浆材可用丙酮稀释，干燥裂缝可加入适量水或固化剂增进固化。

③固结体强度不高，但弹性好，适应变形能力、粘接性及止水性良好。

浆液凝胶后可与砂石泥土固结成弹性同结体，固结体吸水溶胀，进而产生压力，阻塞渗漏通道，具有弹性止水和膨胀止水的双重作用，抗渗性、耐低温能力良好，对岩石、混凝土、土粒等具有良好粘接性能，可用于变形缝漏水处理。

④反应产生的气体有助于浆液填充。

浆液遇水反应形成弹性固结体物质的同时，释放二氧化碳气体，借助气体压力，把低黏度浆液进一步压进结构的空隙，使多孔性结构或地层能完全充填密实，具有二次渗透特点。

⑤经济、环保性较好，施工简便。

原料价格低廉，浆液中游离异氰酸酯含量少，其固结体浸泡液对人体无害，不污染环境；浆材稳定性较好，储存期较长；单液注浆，清洗容易，施工简便；对水质适应性强，在海水和 pH=3～13 的水中均能正常使用。

⑥固结体失水收缩，吸水溶胀，较适宜长期浸水环境下的堵水。

亲水性聚氨酯灌浆材料吸水溶胀的固结体也会失水收缩，而收缩后固结体再次遇水后不能溶胀或溶胀率不足，则极有可能导致“复漏”；固结体亲水型凝胶易从周围环境中吸水溶胀，导致凝胶体孔隙率增加，逐步丧失与基层的粘结强度、堵水功能及力学强度，故其压缩强度和抗渗性均略小于油性聚氨酯浆材。同时，固结体凝胶吸水溶胀，对周围介质结构产生膨胀压力，压力过大时可能导致结构损坏。

(2) 单组分疏水型聚氨酯灌浆材料

单组分疏水型聚氨酯灌浆材料国内称油溶性聚氨酯灌浆材料（OPU，俗称氰凝），是由多官能度疏水型聚醚多元醇与多异氰酸酯反应制得的预聚体为基料，以有机溶剂为稀释剂制备的溶剂型单组分浆材。

预聚物端异氰酸酯官能团含量（—NCO%）在 5%～18%间变化。一旦确定了配方中—NCO%预聚物的含量，单位质量浆液固化反应所需水量就相应确定了。浆液发泡倍率基本不受多余水量的影响而与表面活性剂和催化剂的含量相关。某氰凝灌浆材料的配方如表 14-5所示。

氰凝灌浆材料的配合比　　　　**表 14-5**

材料名称	规格	作用	配合比(质量比)		加料顺序
			Ⅰ	Ⅱ	
预聚体		主剂	100	100	1
硅油	201～50 号	表面活性剂	1		2
吐温	80 号	乳化剂	1		3
邻苯二甲酸二丁酯	工业用	增塑剂	10	1～5	4
丙酮	工业用	溶剂	5～20		5
二甲苯	工业用	溶剂		1～5	6
三乙胺	试剂	催化剂	0.7～3	0.3～1	7
有机锡		催化剂		0.15～0.5	8

单组分疏水型聚氨酯灌浆材料具有以下特性：

①固结体疏水，长期堵漏及加固效果好。

氰凝灌浆材料的 NCO 含量高（最高达 28%），该浆材若不遇水是稳定的，遇水则立即反应，故浆液不会被水稀释或冲走。氰凝浆材的止水原理是利用异氰酸酯基的高度活性，与多元醇反应生成端—NCO 预聚体，一经与水接触，发生扩链、发泡、支化及交联反应，生成不溶于水的凝胶状发泡弹性固结体，从而堵塞渗漏通道，起到堵水和提高地层强度的作用；同时反应产生的 CO_2 气体，在未溢出情况下，产生较大的内压力，推动浆液向孔隙、裂缝内部深入扩散，密实填充，并挤压浆液使之与周围界面紧密结合，形成更紧密固结体。止水所依靠的不是“吸水”而是“排水”，即用固结体彻底切断渗漏水通道。由于泡沫的疏水性，其体积不会因外界水环境的变化（有水/无水）而变化。因此，只要固结体具有良好的致密性和强度，就能保证长期止水。因此，单组分疏水型聚氨酯灌浆材料堵漏的长期性能优于单组分亲水型产品，疏水型产品在堵水的同时还具有一定加固作用。

②弹性固结体性能稳定，耐久性良好。

氰凝灌浆材料固结体具有疏水性，化学稳定性高，耐酸、碱、盐和有机溶剂，耐高低温性能好，固结体强度大（抗压强度 6～30 MPa），抗渗性好（渗透系数 10^{-8}～10^{-9} cm/s，抗渗压力一般为 0.7～0.9 MPa），弹性较好，耐久性良好。

③可灌性好，施工简单，用途广。

油溶性聚氨酯浆液为溶剂型，黏度小，聚合时间不受限制，可单液灌浆，其有机溶剂含量较低，对环境和操作人员的危害较小。一般可用于地基加固，同时兼有防水堵漏的灌浆堵漏和补强加固工程，如建筑物和地下混凝土工程的三缝（变形缝、施工缝、结构缝）堵漏、建筑物地基加固、电站坝基裂缝堵漏与补强及油井选择性堵水等，还可作防腐涂料，具有较好的防渗防腐性，也可浸渍麻丝后作为嵌填材料。

（3）单组分亲水型聚氨酯灌浆材料和疏水型聚氨酯灌浆材料的性能比较

单组分亲水型聚氨酯灌浆材料和疏水型聚氨酯灌浆材料的性能比较如表 14-6 所示。

单组分亲水型聚氨酯灌浆材料和疏水型聚氨酯灌浆材料的性能比较　　表 14-6

项目	亲水型 WPU	疏水型 OPU
自由膨胀率(倍)	4～6	10～30
反应速率	快,可调	较快,可调
与潮湿基层粘结强度	良好	较差
固结体结构	取决于加水量（与水可按任意比例反应）	与加水量无关（只与固定比例的水反应）
固结体体积稳定性	较差	良好
冻融及干湿循环体积	较差	良好
堵水机理	短期依靠与水反应发泡,占据孔隙体积止水,长期则依靠固结体遇水溶胀阻塞渗漏通道止水	与水反应发泡,占据孔隙体积,达到阻断渗漏水通道的目的
长期性能	固结体具有亲水性,遇水溶胀充满受限空间,形成塞子,达到阻断渗漏通道的目的。如果干湿循环后固结体体积变化较大,则发生复漏的概率较大	固结体遇水不溶胀、不收缩,干燥后体积变化与浆液中惰性溶剂含量相关。惰性溶剂含量低,固结体收缩小。固结体耐酸性介质能力较耐碱性介质能力强

应注意：WPU 与 OPU 都具有遇水反应膨胀和快速止水的堵动水能力，但两种浆材的适用范围、长期堵水性能及耐久性不尽相同。WPU 亲水性好，包水量大，适于渗漏水严重、长期浸水环境下的堵水，用于潮湿裂缝的灌浆堵漏、动水地层的堵涌水、潮湿土质表面层的防护等，不太适合补强工程。OPU 固结体强度大，抗渗性好，适用于长期或间歇性有水环境下的堵水，在防渗堵漏的同时兼具加固能力，多用于加固地基、防水堵漏兼备的工程。

2）双组分聚氨酯灌浆材料

20 世纪 60 年代初，第 1 代双组分弹性体聚氨酯灌浆材料（商品名 Polytixon）于德国诞生。1984年，新型双组分弹性固结体聚氨酯灌浆材料投入市场，极大地推动了结构修复及防渗灌浆的技术进步。

（1）双组分弹性固结体聚氨酯灌浆材料

双组分弹性固结体聚氨酯灌浆材料（国内称为弹性聚氨酯灌浆材料）通常由A、B两组分组成。A组分为含异氰酸酯的聚氨酯预聚体与多种助剂的共混物，B组分为多元醇(通常为聚醚多元醇)、催化剂及溶剂等混合而成。施工时，可通过改变A、B组分的比例来控制反应速度，满足某些特殊施工要求。该浆液不与水反应，固化后形成无泡、较高强度的柔韧弹性体，具有良好的裂缝修补和结构补强功能，主要用于有变形要求的接缝处理及隧道抢险加固领域。这类灌浆材料对裂缝具有很强的渗透性，加之固结体具有一定韧性，非常适于替代传统环氧树脂灌浆材料修补混凝土结构的裂缝。

（2）双组分泡沫固结体聚氨酯灌浆材料

双组分泡沫固结体聚氨酯灌浆材料类似于现场喷涂发泡成型的聚氨酯保温材料。A组分通常为含异氰酸酯预聚体的组分，B组分是以聚醚、发泡剂、催化剂为主要组分的树脂组分。该灌浆材料发泡固化速率很快，必须采用专用的双液注浆设备施工，主要用于矿井中不稳定围岩的加固，排风口周围接缝及空隙的密封等，但在建筑工程中使用较少。

5. 聚氨酯灌浆材料的研究展望

水溶性聚氨酯灌浆材料兼具黏度适中、凝胶适时、包水倍率大、遇水膨胀率大、纯聚氨酯含量高、固结体收缩率小、对环境友好等特点，是聚氨酯灌浆材料未来的发展趋势。国外广泛使用的如聚氨酯-水泥复合注浆堵漏技术、聚合物乳液改性-聚氨酯灌浆材料、聚氨酯-水玻璃复合注浆材料、无惰性溶剂无增塑剂的环保型聚氨酯灌浆材料等，未来可能成为行业的技术制高点。

14.2.3　环氧树脂类灌浆材料

环氧树脂灌浆材料（代号EGR）是以环氧树脂为主剂，加入固化剂、稀释剂、增韧剂等组分所形成的A、B双组分灌浆材料。A组分以环氧树脂为主，B组分为固化体系。施工时，环氧树脂（A组分）和固化剂（B组分）混合后发生交联反应，生成具有高强度和一定韧性的固化物而实现防水堵漏功能。

1. 环氧树脂灌浆材料的发展

20世纪50年代中期，国外成功开发出环氧树脂化学灌浆材料。1959年，为满足三峡工程建设基础加固和混凝土裂缝处理的固结灌浆需要，我国开始了环氧树脂浆材的研究。20世纪70年代初成功研制了环氧树脂浆材。

环氧树脂灌浆材料是水工与地下防水工程中使用最多的一种化学灌浆材料，具有黏度低、黏接力高、抗化学侵蚀、机械强度高等优点，成功解决了铁路、桥梁、大坝、电站、房屋等混凝土建筑物的裂缝灌浆补强及破碎岩体、泥化夹层的固结补强等一系列重大疑难工程问题。

2. 环氧树脂灌浆材料的固化机理

环氧树脂是分子结构中含有环氧基（—C—C— 与 O 成环）的高分子聚合物，它是由环氧氯丙烷和各种多元酚类、多元醇类缩聚而成。环氧树脂是灌浆材料的主体，在常温条件下，本身不会固化。但环氧树脂本身具有反应活性很高的环氧基，在加入固化剂后，呈热塑性线形结构的环氧树脂可与固化剂的活性基团发生反应，生成体型网状结构的热固性树脂固化物，具有许多优良性能。其具体反应如下：

（1）伯胺中的活泼氢与环氧基反应生成仲胺；

$$R\text{—}NH_2 + \underset{\diagdown\ O\ \diagup}{CH_2\text{—}CH\text{—}} \longrightarrow RNH\text{—}CH_2\text{—}\underset{\displaystyle OH}{\underset{|}{CH}}\text{—}$$

（2）仲胺中的活泼氢与环氧基进一步反应生成叔胺；

$$RNH\text{—}CH_2\text{—}\underset{\displaystyle OH}{\underset{|}{CH}}\text{—} + \underset{\diagdown\ O\ \diagup}{CH_2\text{—}CH\text{—}} \longrightarrow RN\begin{cases} CH_2\text{—}\overset{\displaystyle OH}{\overset{|}{CH}}\text{—} \\ CH_2\text{—}\underset{\displaystyle OH}{\underset{|}{CH}}\text{—} \end{cases}$$

（3）剩余的胺基、反应物中的羟基与环氧基继续反应，直至生成体型大分子。

$$R\text{—}N(CH_2\text{—}\underset{\displaystyle OH}{\underset{|}{CH}})_2\text{—} + \underset{\diagdown\ O\ \diagup}{CH_2\text{—}CH\text{—}} \longrightarrow RN(CH_2\text{—}\underset{\displaystyle OCH_2\underset{\displaystyle OH}{\underset{|}{CH}}\text{—}}{\underset{|}{CH}})_2\text{—}$$

另外，当用伯胺或仲胺作固化剂时，微量的有机酸、酚、醇、硫、酰胺等都能加速胺-环氧基的反应。在实际应用时，常用酚类物质作胺类固化反应的促进剂，可加速胺-环氧基之间的反应，大大缩短固化时间。

环氧树脂浆材的反应本质是胺类固化剂中的活泼氢对环氧基团的开环、交联而成紧密联结的三维网状结构，因此环氧浆材强度高、耐久性好，总体性能最为优异。但环氧基团开环是逐步的，因此环氧浆材不适应于快速堵漏领域。

3. 环氧树脂灌浆材料的原材料及配方

环氧树脂灌浆材料的主要组成材料是环氧树脂和固化剂，为满足各种工程需要，还要加入稀释剂、增塑剂、促进剂和表面活性剂等改善其性能。

1）环氧树脂

环氧树脂灌浆材料多采用双酚 A 型环氧树脂，它是环氧氯丙烷和双酚 A（二酚基丙烷）在碱性催化剂作用下缩聚而成，常用牌号是 618/E51 和 6101/E44，前者黏度较低，使用稀释剂量较少。双酚 A 型环氧树脂属于缩水甘油醚类，该品种原料易得，成本最低，产量最大，用途最广，用量占环氧树脂的 75％以上，其分子结构见图 14-3 所示。

双酚 A 型环氧树脂的大分子结构具有以下特征：大分子的两端是反应能力很强的环氧基；分子主链上有许多醚键，是一种线型聚醚结构；n 值较大的树脂分子链上有规律地、相距较远地出现许多仲羟基，可以看成是一种长链多元醇；主链上还有大量苯环、次甲基和异丙基。双酚 A 型环氧树脂各结构单元赋予其具有以下功能：环氧基和羟基赋予树脂反

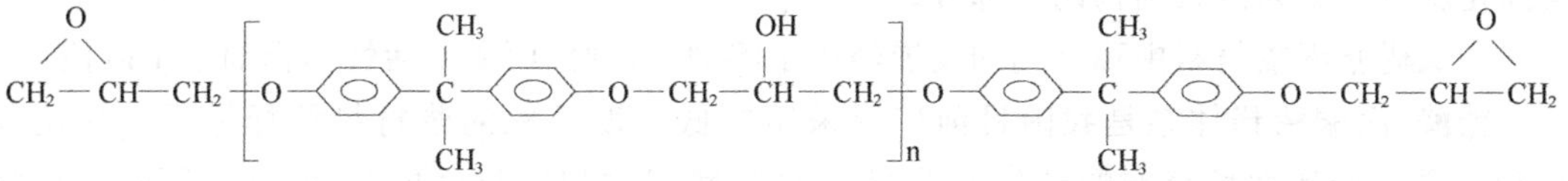

图 14-3　双酚 A 型环氧树脂的大分子结构示意图

应性，使树脂固化物具有很强的内聚力和粘结力；醚键和羟基是极性基团，有助于提高浸润性和黏附力；醚键和 C—C 键使大分子具有柔顺性，苯环赋予聚合物以耐热性和刚性；异丙基也赋予大分子一定的刚性；—C—O—键的键能高，从而提高了耐碱性。正是由于这些特性使得环氧树脂在结构补强领域得以广泛应用。

环氧树脂是热塑性树脂，但具有热固性，能与多种固化剂、催化剂及添加剂形成多种性能优异的固化物，几乎能满足各种使用要求；固化物强度及粘接强度很高，有一定韧性和耐热性，热膨胀系数与体积收缩性低；化学稳定性好，能经受一般溶剂的侵蚀，耐腐蚀性较高；吸水率小，耐磨性好；广泛用于混凝土裂缝及气蚀部位的修补、粘结及防渗堵漏等。但耐热性和韧性不高，耐湿热性和耐候性差。

2）固化剂和促进剂

环氧树脂本身是一种热塑性线性结构的低聚物，直接使用价值低，它只有与固化剂进行交联固化成网状物，并表现出较强粘结性能和较高抗压性能后才有实际意义。用于环氧树脂固化的固化剂种类繁多，目前多用常温固化多胺类固化剂，如乙二胺、三乙烯三胺、多乙烯三胺、苯酚、聚酰胺树脂等，其中乙二胺应用较多。乙二胺能在室温、低温下固化，固化速度快，使用简便，价格合理，其用量为环氧树脂质量的 8%～10%，但乙二胺有刺激性气味，制备时应采取防护措施。目前也开发了一些改性胺类固化剂如聚酰胺树脂，毒性有所降低，其固化速度慢，易控制，但价格高，限制了其应用。

环氧树脂灌浆材料常温固化速度较慢，初凝时间一般 2～4d，向浆液中加入促进剂可加快浆液固化。

3）稀释剂

为保证可灌性，要求环氧灌浆材料黏度在 10～30mPa·s。但环氧树脂自身黏度较大(2000mPa·s 以上)，需添加一定量稀释剂以降低环氧树脂浆液黏度。但随稀释剂的加入，浆液固结体力学性能又会下降，影响灌浆效果。因此，必须选择合适的稀释剂及其适宜掺量。稀释剂的选择和用量，应根据灌浆时所需的浆液黏度、渗透性和灌浆时间等来确定。

环氧树脂灌浆材料常用稀释剂有非活性稀释剂和活性稀释剂两类。非活性稀释剂一般采用丙酮、糠醛、苯、二甲苯等有机溶剂，其不参与环氧树脂的固化反应，仅起稀释作用，固化后随时间推移慢慢挥发出来，会引起固化环氧树脂收缩，降低其粘结能力。非活性稀释剂体系的环氧灌浆材料一般由丙酮、二甲苯等非活性稀释剂和环氧树脂混合组成。这类浆液配制简单，黏度较低，但由于加入了大量不参与反应的溶剂，造成物理力学性能下降，固化物收缩大，故目前一般不采用。活性稀释剂是分子结构中含有环氧基的低分子溶剂，一般采用低分子量环氧化合物如甘油环氧树脂、环氧丙烷丁基醚、环氧丙烷苯基醚等或糠醛-丙酮体系。活性稀释剂结构中含有活性基团，除降低灌浆材料黏度外，还可参与固化反应，成为网状结构的一部分。

环氧树脂灌浆材料中稀释剂的发展经历了溶剂、糠醛-丙酮、活性稀释剂三个阶段。

糠醛-丙酮稀释体系是我国目前广泛采用的低黏度环氧灌浆材料稀释体系。采用糠醛和丙酮混合活性稀释剂的环氧灌浆材料的典型配方和浆材性能见表 14-7 所示。糠醛与丙酮本身都是黏度较小的有机溶剂，在反应前可作为稀释剂来降低环氧树脂的黏度，而在一定条件如催化剂作用下，糠醛-丙酮也可发生各种反应形成不溶不熔的网状高分子，因此可保证固化物仍保持较高力学性能。在固化终结时，糠醛、丙酮反应生成呋喃树脂且与环氧树脂形成互穿网络结构，该网络结构兼具环氧树脂和呋喃树脂的优良性能，机械强度高，与岩石和混凝土粘结牢固，具有固结体收缩小，耐水，耐酸、碱、盐腐蚀，耐老化、耐久性好，污染小等优点。糠醛-丙酮环氧浆液黏度较低，具有较好可灌性，固化后韧性好，并可在有水条件下灌注，在我国防水堵漏方面应用较广。但糠醛是一种毒性大、易挥发的化工原料，浆材配制过程中会对施工人员和周围环境造成危害。

糠醛-丙酮环氧树脂灌浆材料的典型配方和浆材主要性能 **表 14-7**

组成材料	配方(%)		项目	性能
环氧树脂	100	浆材主要性能	初始黏度(MPa·s)	<20
糠醛	30～60		抗压强度(MPa)	40～70
丙酮	30～60		抗拉强度(MPa)	8～10
外加剂	2～15		粘接强度(MPa)	>2
固化剂	25～45			

660 是最常用的环氧树脂活性稀释剂，其主要成分为乙二醇二缩水甘油醚，是无毒微黄色透明液体，产品纯度高，黏度低，稀释能力强，分子内含醚键和环氧基，能与环氧树脂无限溶混，稀释效果好，固化时参与固化反应可提高固化物韧性。水性环氧树脂灌浆材料以水作为稀释体系，使用安全，亦可用水清洗，符合环保要求。

4）填料、骨料

加填料可减少环氧树脂用量，降低成本，减少环氧树脂固化后的体积收缩，提高其物理力学性能如减小热膨胀系数、收缩率、放热温度等。常用填料有铝粉、铁粉、石英粉、碳酸钙粉、云母粉、石墨粉、水泥等，也可采用建筑用砂，如灌浆处体积较大，还可加入 5～10mm 的细卵石，但要避免含有水分。研究表明：加入细卵石有助于提高灌浆材料抗压强度，但卵石过量会给灌浆操作带来困难。

5）增韧剂

单纯用固化剂固化的环氧树脂固化物脆性很大，需加入增韧剂提高固化物的韧性、抗冲击强度及抗弯性。常用增韧剂有低分子酯类增塑剂（如磷酸三苯酯、磷酸三乙酯、邻苯二甲酸酯类等）和大分子增韧剂（聚酰胺树脂、液态聚硫橡胶等）。大分子增韧剂既具有固化剂作用，又有一定亲水性，可提高环氧树脂在潮湿环境中的粘结能力。聚酰胺和邻苯二甲酸二丁酯是常用的环氧树脂增韧剂。聚酰胺含有较活泼极性的氨基、羧基及酰胺基，也可作环氧树脂的固化剂，但固化速度慢。

6）其他助剂

普通环氧树脂灌浆材料亲水性极差，往往达不到理想灌浆效果。高湿度环境中的灌浆材料需具有一定亲水性，才能与潮湿环境中的构筑物形成较好粘结。加入适量亲水性较强的三聚氰酸环氧树脂，并配合潜性酮亚胺固化剂可改善普通环氧树脂灌浆材料的亲水性。酮亚胺在干燥状态下对环氧树脂无固化作用，仅在潮湿条件下才发生固化反应，因而可预先配制成浆液，便于施工操作。由酮亚胺与混合树脂（三聚氰酸环氧树脂、普通环氧树脂）等配制的环氧树脂灌浆材料在潮湿环境具有较好固化性能，可用于潮湿环境中的防水堵漏处理。此外，为提高环氧树脂灌浆材料在潮湿环境的粘结能力，还可加入一定的水泥作填充剂。水泥的加入可缩短浆液固化时间，提高灌浆材料与潮湿混凝土基体的粘结强度。某湿固性环氧树脂灌浆材料的配合比见表 14-8 所示。

湿固性环氧树脂灌浆材料配合比　　表 14-8

混合树脂	丙酮	糠醛	二甲苯	酮亚胺	三(二甲胺基甲基)苯酚	乙醇	水泥
100	30	30		30	10	1	3
100			30	30	10	1	3
100			30	30	10	1	3

4. 环氧树脂灌浆材料的特性

混凝土裂缝修补用环氧树脂灌浆材料按产品初始黏度分为低黏度型（L）和普通型（N），按固化物力学性能分为Ⅰ、Ⅱ两个等级，浆液性能应满足《混凝土裂缝用环氧树脂灌浆材料》JC/T 1041—2007 的要求，如表 14-9，固化物性能应满足表 14-10 要求。

混凝土裂缝用环氧树脂灌浆材料浆液性能　　表 14-9

项目	L 型	N 型
浆液密度(g/cm^2)＞	1.00	1.00
初始黏度(MPa·s)＜	30	200
可操作时间(min)＞	30	30

混凝土裂缝用环氧树脂灌浆材料固化物性能　　表 14-10

序号	项目			固化物性能	
				Ⅰ	Ⅱ
1	抗压强度(MPa)		≥	40	70
2	拉伸剪切强度(MPa)		≥	5.0	8.0
3	抗拉强度(MPa)		≥	10	15
4	粘接强度	干粘接(MPa)	≥	3.0	4.0
		湿粘接(MPa)	≥	2.0	2.5
5	抗渗压力(MPa)		≥	1.0	1.2
6	渗透压力比(%)		≥	300	400
湿粘接强度：潮湿条件下必须进行测定					

注：固化物性能的测试龄期为 28d。

地基与基础处理用环氧树脂灌浆材料的浆液性能应满足《地基与基础处理用环氧树脂灌浆材料》JC/T 2379—2016的要求，如表14-11所示，固化物性能如表14-12所示。

地基与基础处理用环氧树脂灌浆材料浆液性能　　表14-11

项目	指标	项目	指标
浆液密度(g/cm^2)	＞1.00	可操作时间(min)	＞120
初始黏度(MPa·s)	＜30	接触角(°)	＜25.0

地基与基础处理用环氧树脂灌浆材料固化物性能　　表14-12

序号	项目		固化物性能
1	抗压强度(MPa)		≥50
2	拉伸剪切强度(MPa)		≥7.0
3	抗拉强度(MPa)		≥12.0
4	粘接强度	干粘接(MPa)	≥3.5
		湿粘接(MPa)	≥3.0
5	抗渗压力(MPa)		≥1.5

注：固化物性能的测试龄期为28d。

环氧树脂类灌浆材料具有如下性能：

(1) 力学性能高，固化收缩率小，耐久性好

环氧树脂具有很强的内聚力，分子结构致密，致使其力学性能高于酚醛树脂和不饱和聚酯等通用型热固性树脂。环氧树脂的强度高，固化收缩率、线胀系数均较小，其产品尺寸稳定，内应力小，不易开裂。

(2) 粘接性能优异，兼具补强加固和防渗双重作用，但亲水性较差

环氧树脂固化体系中活性极大的环氧基、羟基、醚键、胺键及酯键等极性基团赋予环氧固化物极高的粘结强度，再加上它有很高的内聚强度等力学性能，因此它的粘接性能特强。干燥条件下，环氧灌浆材料与裂缝混凝土具有较高的黏结力，能很好地达到修补加强的效果。但在修补水工或潮湿条件混凝土裂缝时，由于环氧树脂憎水，水被牢固地吸附在混凝土表面，灌浆材料不能冲破水层粘接到基体上，黏结强度大大降低，使环氧灌浆材料应用受限。

(3) 固化配方设计灵活多样，凝结时间可调

不同的环氧树脂固化体系能分别在低温、中温或高温固化，在潮湿表面甚至在水中固化，能快速固化，亦能缓慢固化，凝结时间为几分钟到几十分钟。

环氧树脂灌浆材料的缺点是黏度较高，可灌注性不强，固化速度较慢，固化物脆性大，适应变形能力差，潮湿或水中固化困难，耐老化、耐低温能力较低，所用溶剂、固化剂有毒，成本较高等，因此必须对环氧树脂浆材进行改性研究。

环氧树脂灌浆材料是用得最多的灌浆材料之一，可用于土木建筑工程、水利工程的防渗堵漏、补强加固；有振动、高湿、腐蚀性介质作用的各种结构0.1mm以上的裂缝修补。目前主要用于混凝土裂缝固结灌浆，提高地基强度和整体性；也用于浇筑设施设备基座。

注意补漏时，一般仅用于干燥裂缝，湿裂缝应经干燥后方可修补。

5. 环氧树脂灌浆材料的研究展望

研究环氧树脂灌浆材料固化机理，寻找更合适的固化剂，使其固化时间便于掌握和控制是非常必要的。

解决环氧树脂灌浆材料黏度较高、可灌注性不强这一问题的主要途径是通过使用大量有机溶剂和对环氧树脂类材料进行改性。

环氧树脂是一种交联度很高的热固性材料，固化后存在易开裂、韧性不足和耐冲击性较差等缺点，如何对环氧树脂灌浆材料增韧一直是研究热点。

环氧树脂是一种憎水性材料，灌入潮湿或饱和水部位后，其粘结强度大为降低，因此应进一步提高其亲水性能，改善其在水工条件下性能的研究，水性环氧树脂引起了人们的广泛关注。

无溶剂型环氧浆材、水性环氧浆材的研发为浆材的绿色化提供了方向。

一般环氧浆材固化后在高温下会很快老化，性能急剧下降；在低温条件下亦固化困难，性能较差。因此，制备能适应特殊温度的环氧浆材很有意义。

14.2.4　丙烯酰胺灌浆材料

1. 丙烯酰胺灌浆材料的基本组成和固化机理

丙烯酰胺灌浆材料（俗称丙凝）是以丙烯酰胺（AM）为主剂，甲撑双丙烯酰胺（MBA）为交联剂，配以水溶性氧化-还原引发体系而制成。丙烯酰胺灌浆材料的基本组成见表 14-13 所示。

丙烯酰胺灌浆材料的基本组成　　**表 14-13**

原料名称	代号	作用	用量(%)
丙烯酰胺	AAM	单体	5～20
N－N′-甲撑双丙烯酰胺	MBA	交联剂	0.25～1
β-二甲胺基丙腈	DMAPX	还原剂	0.1～1
氯化亚铁	Fe^{++}	促进剂	0～0.05
铁氰化钾	KFe	阻聚剂	0～0.05
过硫酸铵	AP	氧化剂	0.1～1

丙凝类浆液含活泼双键，注浆时在氧化-还原引发体系的作用下，利用自由基引发剂引发双键迅速聚合形成体型结构具有一定强度、弹性和不溶于水的聚合物固结体。形成的硬性连续凝胶可填充空隙，阻止水的通过，并把松散的土、砂等粘结在一起，从而起到防渗堵水和加固作用。丙凝的固化反应如图 14-4 所示。

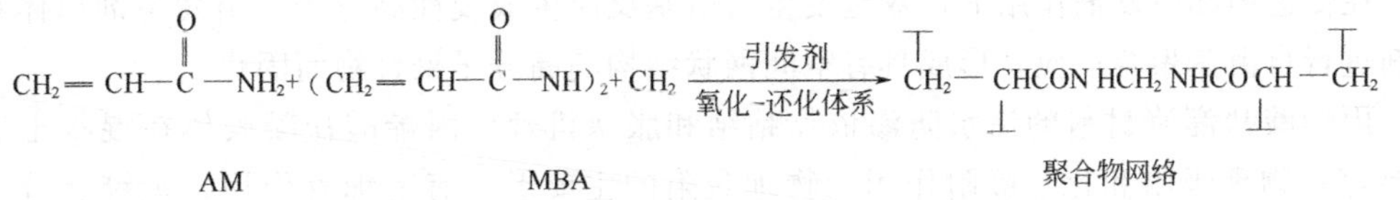

$$\underset{AM}{CH_2=CH-\overset{\overset{O}{\|}}{C}-NH_2}+\underset{MBA}{(CH_2=CH-\overset{\overset{O}{\|}}{C}-NH)_2+CH_2}\xrightarrow[\text{氧化-还原体系}]{\text{引发剂}}\underset{\text{聚合物网络}}{\overset{\top}{CH_2}-CHCONHCH_2NHCO\overset{\top}{CH}-CH_2}$$

图 14-4　丙凝浆材的固化反应

通过改变氧化-还原引发体系来控制丙凝浆液的胶凝时间，胶凝时间可由几秒变化到几小时；同时引入缓冲溶液或调节剂减少 pH 影响，从而实现浆液的人工控制，满足不同工程需求。

2. 丙烯酰胺灌浆材料的特性

丙烯酰胺浆材浆液是一种无色透明的真溶液，各组分的水溶性很好，亲水性能好，黏度极低（接近水），可灌性好，可灌入 0.1mm 以下的裂缝；凝胶体弹性好，渗透系数小（10^{-9}～10^{-10}cm/s），抗压强度较低（0.4～0.6MPa），但固结后可大大提高原有地层结构强度，能承受较大静水压力，抗渗性好，与水泥、脲醛树脂等混合使用可提高强度；浆液性质稳定，不溶于水、煤油和汽油等溶剂，不被稀酸、气体、菌类侵蚀，两组分单独存放可长期保存；浆液凝胶时间可在几秒钟至数小时内调整，凝胶前浆液黏度几乎不变，灌浆时操作容易，凝胶瞬间发生，能瞬间堵住大量和大流速的涌水，适用于有水环境，如大坝、隧道、矿井、地下建筑等防渗堵漏及软弱地基固结等工程。

但丙烯酰胺单体有较大毒性，会损害人体中枢神经系统，是一种致癌物质。1974 年日本福冈用丙烯酰胺化学灌浆造成了中毒和环境污染，使丙凝被禁用。但丙烯酰胺灌浆材料凭借其优良性能仍被认为是最好的堵漏防渗灌浆材料之一，所以国内外一直没间断对丙凝毒性的改进研究。通过预聚合方法将丙烯酰胺单体聚合成的聚丙烯酰胺（PAM）没毒，人体吸收后能很快被代谢出来。张亚峰等通过自由基聚合合成了超低分子量聚丙烯酰胺，再用甲基丙烯酸缩水甘油酯对其进行改性，制备了一种新型无毒水溶性聚丙烯酰胺灌浆材料；为提高浆材固化后的机械性能和粘结力，Coulter 和 copellnd 发明了丙烯酸-环氧灌浆材料用于封堵地层里岩石结构的缝。

14.2.5 丙烯酸盐灌浆材料

丙烯酸盐灌浆材料（代号 AG）是以丙烯酸盐单体水溶液为主剂，加入适量交联剂、促进剂、引发剂、缓凝剂及溶剂水等组成的双组分或多组分均质浆液。

1. 丙烯酸盐灌浆材料的发展

1974 年日本由于应用丙烯酰胺化学灌浆造成了环境污染，促使替代丙烯酰胺浆液的丙烯酸盐类化灌材料的研究受到人们的重视。我国对丙烯酸盐灌浆材料的研究始于 20 世纪 70 年代，于 20 世纪 80 年代后期生产的 AC-MS 等低毒、微毒或无毒的丙烯酸盐类化学灌浆材料已广泛用于水电站坝段（如三峡工程）的防渗注浆和伸缩缝止水等。

2. 丙烯酸盐灌浆材料的固化和堵水防渗机理

丙烯酸盐灌浆材料是由过量的金属氧化物、氢氧化物和丙烯酸反应生成的丙烯酸盐混合物为主剂。丙烯酸盐浆液主剂为含有 1 个 C=C 的丙烯酸盐，交联剂为含有 2 个及以上可与主剂反应的官能团的单体或低聚物。丙烯酸盐浆材反应机理是典型的自由基聚合反应，引发剂在水中形成初级自由基，与促进剂共同作用形成能够引发链增长的活性自由基，在促进剂和引发剂作用下，双键发生自由基反应生成线性高分子，引发主剂单体和交联剂进行自由基聚合反应，形成具有空间网状结构的高分子聚合物而固化。

丙烯酸盐灌浆材料的堵水防渗依靠粘结和胀塞机理。丙烯酸盐凝胶体在混凝土表面主要存在物理吸附和化学吸附作用。物理吸附的主要形式有毛细管作用、氢键、分子间作用力等。毛细管作用主要发生在浆液未固化前，浆液在毛细管作用下进入混凝土的毛细管道，固化后犹如一条条锚索牢固地嵌入混凝土的内部。丙烯酸盐中含有—COOCa、—COOMg、—OH、—H 和 H_2O 等较大极性的基团，能与混凝土中的 Ca^{2+}、Si^{4+} 等形成大量氢键及分子间作用力，这也是丙烯酸盐凝胶体能与混凝土表面牢固粘结的一个重要原因。化学吸附主要是因为丙烯酸钙、丙烯酸镁等与混凝土裂缝表面的 Ca^{2+} 发生络合，牢固地黏附在混凝土表面。丙烯酸钙和丙烯酸镁的存在有助于消除异种材料之间的差异，改善了界面之间的相互作用，使丙烯酸盐的堵水原理更接近于同种材料的粘结。丙烯酸盐凝胶体在浸水环境下膨胀 200%，且在干湿循环环境中仍能牢固黏附在混凝土表面，不会因失水收缩而脱离混凝土裂缝面。当地下水位上升时，丙烯酸盐凝胶体在水的浸泡下会重新膨胀，使裂缝在干缩循环后仍不会渗漏，起到长久堵水。

丙烯酸盐浆材以丙烯酸盐为主剂，采用氧化还原引发体系，通过自由基聚合反应形成不溶于水的高分子聚合物。固化形成的高分子聚合物是一种网状结构的高分子凝胶体，由于其中含有大量的亲水基团，能容纳几倍于自身体积的水，因此，其反应时间精确可控，但强度较低，因此只适用于防渗堵漏，不适用于补强加固。

3. 丙烯酸盐灌浆材料的原材料及配方

丙烯酸盐化学灌浆材料多为 A、B 双液设计，两种组分按比例混合后形成浆液。其中 A 液含主剂、促进剂、交联剂等组分，B 液中包括引发剂、膨胀剂、溶剂等组分。

1）丙烯酸盐单体

丙烯酸盐单体为浆液主剂，种类有很多如丙烯酸钙、丙烯酸镁、丙烯酸锌、丙烯酸钾、丙烯酸钠等。20 世纪 80 年代，长江科学院研究选用吸水性较强的丙烯酸镁作主要聚合单体，同时考虑到过量镁盐会导致中毒，添加了丙烯酸钙作拮抗剂，得到一种毒性很低且凝胶性能良好的丙烯酸钙、丙烯酸镁复合单体溶液。

2）交联剂

目前丙烯酸盐灌浆材料常用交联剂为甲撑双丙烯酰胺，它是难溶于水的固体，因分子结构中含有丙烯酰胺取代基而具有一定的毒性，其毒性与丙烯酰胺相似，但程度较轻，可通过呼吸及皮肤接触而影响神经系统。

3）促进剂和引发剂

促进剂和引发剂的作用是使双键发生自由基反应生成线性高分子，常用促进剂为三乙醇胺，引发剂为过硫酸铵。

4）缓凝剂

缓凝剂可捕捉初级自由基，延长自由基与单体结合的时间，使聚合反应的诱导期变长，以此控制凝胶时间。通过调整缓凝剂用量可控制浆液凝胶时间在几分钟到几十分钟之间。常用缓凝剂为铁氰化钾，有毒，应慎用。

丙烯酸盐浆液的基本组成如表 14-14 所示。其中丙烯酸盐的浓度可根据需要选择，一般用 10%，对细微裂缝或有涌水现象的部位可选用 12%或 15%。

丙烯酸盐浆液的基本组成　　表 14-14

原材料名称	作用	浓度(%)		
		配方 1	配方 2	配方 3
丙烯酸盐	主剂	10	12	15
甲撑双丙烯酰胺	交联剂	1	1	2
三乙醇胺	促进剂	1	1	1
过硫酸铵	引发剂	1	1	1
水	溶液	87	85	81

张健等研发出一种无毒且可溶于水的环保交联剂取代甲撑双丙烯酰胺，解决了原常用交联剂甲撑双丙烯酰胺不易溶解和污染环境等问题，用该交联剂配制的CW520丙烯酸盐灌浆材料的配方如表14-15所示，该浆液具有黏度低、流动性好、可灌入细微裂缝、凝胶时间可控、渗透系数低、固砂体抗压强度较高等特点，具有很好的推广利用价值。

CW520丙烯酸盐灌浆材料配方 **表14-15**

原材料名称	质量(%)
丙烯酸盐单体	10～20
促进剂	1～2
交联剂	2～5
引发剂	0.5～2
溶液	70～80
缓凝剂	根据固化需要调整

4. 丙烯酸盐灌浆材料的特性

丙烯酸盐灌浆材料按固化物物理性质分为Ⅰ型和Ⅱ型，其物理性能和固化体的主要性能应满足《丙烯酸盐灌浆材料》JC/T 2037—2010的要求，如表14-16及表14-17所示。

丙烯酸盐浆液的物理性能 **表14-16**

序号	项目		技术要求
1	外观		不含颗粒的均质溶液
2	密度(g/cm^3)		生产厂控制值±0.05
3	黏度(mPa·s)	≤	10
4	pH值		6.0～9.0
5	凝胶时间(s)		报告实测值

注：生产厂控制值应在产品包装与说明书中明示用户。

丙烯酸盐浆液固化物的物理性能 **表14-17**

序号	项目	技术要求	
		Ⅰ型	Ⅱ型
1	渗透系数(cm/s)	1.0×10^{-6}	1.0×10^{-7}
2	固砂体抗压强度(kPa)	200	400
3	抗挤出破坏比降	300	600
4	遇水膨胀率(%)	30	

凝胶时间是从丙烯盐酸灌浆材料各组分混合开始至形成不可流动的凝胶体所需的时间。抗挤出破坏比降与丙烯酸盐浆液固化物单位长度上承受的不被挤出破坏的水压力有关。

丙烯盐酸灌浆材料是以丙烯酸钙和丙烯酸镁为主剂，配以交联剂、引发剂等组成的水溶性浆液，是一种自由基反应型化学材料。丙烯酸盐浆液是小分子单体组成的水溶液，不含颗粒成分，黏度低（2～10 mPa·s），可灌性好，渗透能力很强，可灌入细微裂隙；浆液表面张力远小于水的表面张力，可很好地在混凝土表面铺展，对界面有良好浸润粘结能力；瞬时凝胶，硬化快速，强度增长快，强度较高，抗挤出能力较强；亲水性好，遇水膨胀，能堵住大量和大流速涌水；固化物是乳白色半透明可弯曲的弹性凝胶，不透水，能承受高水头，耐久；施工工艺简单，灌浆效果好等。但其交联剂甲撑双丙烯酰胺为具有中等毒性的化合物；凝胶强度较低，稳定性较差，且固化物收缩大，在有水情况下甚至不固化；比丙凝价格高。

目前丙烯酸盐类灌浆材料作为丙烯酰胺灌浆材料的替代产品解决了许多防渗难题，常用于水利、采矿、交通、工业及民用建筑等领域混凝土裂缝堵漏补强、软弱地层和潮湿裂纹的防渗处理等，还可用于接缝止水剂和导电剂、有毒气体渗漏、温泉（70℃）渗漏的注浆处理。

14.3　水泥基灌浆材料

14.3.1　水泥基灌浆材料的分类及特性

水泥基灌浆材料是由水泥为基本材料，加入适量骨料、外加剂及掺合料等按比例计量混合而成的干混料。施工时加水拌合后具有大流动度，早强、高强和微膨胀性能，可广泛用于地脚螺栓锚固、设备基础二次灌浆或钢结构柱脚底板灌浆、抢修抢建工程、混凝土结构加固改造修补及后张预应力混凝土结构孔道灌浆等，如楼板灌缝、结构后浇带，建（构）筑物缺陷部位修补、加固、补强，轨道与基础的连接、机场跑道修补、水库及大坝裂缝灌浆修补等。

水泥基灌浆材料按流动度分为Ⅰ、Ⅱ、Ⅲ、Ⅳ四类，按抗压强度分为A50、A60、A70和A85四个等级。细度要求Ⅰ类、Ⅱ类、Ⅲ类水泥基灌浆材料4.75mm筛筛余为0，Ⅳ类水泥基灌浆材料最大粒径＞0.75mm，但≤25mm。水泥基灌浆材料的流动度、抗压强度及其他性能应满足《水泥基灌浆材料》JC/T 986—2018的技术要求，如表14-18、表14-19和表14-20所示。

水泥基灌浆材料的流动度　　表14-18

项目		技术指标			
		Ⅰ	Ⅱ	Ⅲ	Ⅳ
截锥流动度	初始值	—	≥340mm	≥290mm	≥650mm①
	30min	—	≥310mm	≥260mm	≥550mm①
流锥流动度	初始值	≤35s	—	—	—
	30min	≤50s	—	—	—

注：①表示坍落扩展度。

水泥基灌浆材料的抗压强度　　表14-19

项目	技术指标(单位:MPa)			
	A50	A60	A70	A85
1d	≥15	≥20	≥25	≥35
3d	≥30	≥40	≥45	≥60
28d	≥50	≥60	≥70	≥85

水泥基灌浆材料的其他性能　　表 14-20

项目		技术指标
泌水率		0
对钢筋锈蚀作用		对钢筋无锈蚀作用
竖向膨胀率[①]	3h	0.1%～3.5%
	24h 与 3h 的膨胀率之差	0.02%～0.5%

注：①抗压强度 A85 的水泥基灌浆材料 3h 竖向膨胀率指标可放宽到 0.02%～3.5%。

《水泥基灌浆料应用技术规范》GB/T 50448—2015 对不同类别水泥基灌浆料的主要性能指标要求如表 14-21 所示。根据不同的应用范围和具体工程特点对不同类别产品选择的规定和说明详见该规范第 6 章。

水泥基灌浆料主要性能指标　　表 14-21

类别		Ⅰ	Ⅱ	Ⅲ	Ⅳ	
最大集料粒径（mm）		≤ 4.75			＞ 4.75 且≤ 16	
流动度（mm）	初始值	≥ 380	≥ 340	≥ 290	≥ 270	≥650(扩展度)
	30min 保留值	≥ 340	≥ 310	≥ 260	≥ 240	≥550(扩展度)
竖向膨胀率（%）	3h	0.1～3.5				
	24h 与 3h 的膨胀值之差	0.02～0.5				
抗压强度(MPa)	1d	≥ 20.0				
	3d	≥ 40.0				
	28d	≥ 60.0				
对钢筋有无锈蚀作用		无				
泌水率（%）		0				

水泥是水泥基浆材的基础。水泥基灌浆材料按其主要强度来源的胶凝材料分为硅酸盐水泥基灌浆料、硫铝酸盐水泥基灌浆料、硅酸盐水泥-硫铝酸盐水泥复合水泥基灌浆料、硅酸盐水泥-铝酸盐水泥复合水泥基灌浆料和水泥基水性环氧树脂灌浆料五类。工程常用水泥基灌浆料是硅酸盐水泥基灌浆料、硫铝酸盐水泥基灌浆料的和水泥基水性环氧树脂灌浆料。

硅酸盐水泥基灌浆料目前广为应用，灌浆料使用 P·Ⅰ（P·Ⅱ）或 P·O 水泥，具有凝结较快、早强较高、抗冻性好、水化热高等特性，但抗水性和耐化学腐蚀性较差。可用于一般地上工程、重要结构的高强混凝土和预应力混凝土工程、冬期施工及严寒地区遭受反复冰冻工程、不受侵蚀水作用的地下和水中工程及不受高水压作用的工程。但不得用于要求小时强度高及工期紧工程。

硫铝酸盐水泥基灌浆料具有快硬早强、水泥石结构密实、微膨胀与低收缩、低碱、抗硫酸盐腐蚀和适于低温施工等特点，其凝结时间可在数分钟至数十分钟范围内调节，且结石强度高，耐久性好，考虑成本和施工性等，硫铝酸盐水泥主要配制快凝高触变抗水膏浆型特种浆材，一般优先用在抢修抢建、喷锚支护、浆锚节点、固井堵漏、严寒地区的冬期施工等工程及要求抗渗或耐硫酸盐侵蚀的工程。

水泥基水性环氧树脂灌浆料利用水性环氧树脂及相应固化剂对硅酸盐水泥基灌浆料进

行改性，具有良好施工性、粘结强度高、固化体收缩性小、化学稳定性好、力学强度高、抗渗性好等特点。但因其造价远高于前两种，最适于高振动性设备（如压缩机、泵、冲压机、粉碎机、球磨机等）的二次灌浆，易受化学侵蚀的设备基础区域灌浆，轨道基础、桥梁支撑等强压力区域灌浆，以及锚栓、钢筋种植、建筑结构混凝土补强加固等工程。

1838年科林首次将硅酸盐水泥作灌浆材料用于加固法国鲁布斯（Grosbois）大坝。水泥类灌浆材料凝结强度高、材料来源广泛、价格低、运输贮存方便和施工简单，至今仍是应用较广泛的灌浆材料之一。然而，因普通水泥灌浆材料的粒径较大，当向微细裂隙体灌浆时，其防渗固结效果很差；且普通水泥灌浆材料凝结固化时间较长，在有一定流速的渗漏水部位灌浆时很容易在其凝结硬化前被水稀释或带走，因此普通水泥灌浆材料只适用于灌注不存在流动水条件的混凝土裂缝和其他较大缺陷的修补。

14.3.2　超细水泥灌浆材料

超细水泥灌浆材料是为克服普通水泥灌浆材料对微小裂缝处理效果不良的缺点应运而生。超细水泥灌浆材料的生产原料与普通水泥相同，只是采用超细粉磨技术和设备使其颗粒细化。生产超细水泥灌浆材料的方法有湿磨和干磨两种，目前湿磨采用的设备主要有湿式微型碾磨机、GSM型湿磨机等，干磨主要有超细球磨、振动磨、气流磨、雷蒙磨等。我国超细水泥灌浆材料颗粒的平均粒径一般为3～6μm，最大粒径＜12μm，比表面积＞600m^2/kg。

灌浆实践表明，超细水泥灌浆材料具有与化学浆液大致相同的渗透能力，其浆液的可灌性主要决定于浆液的流动性和粒子的粒径。据国内外灌浆经验，水泥粒子粒径与可灌性有如下关系：

$$N_R = B / D_{95}$$

式中　B——裂隙宽度；

D_{95}——95%的水泥粒子粒径小于该值。

一般认为可灌比$N_R \geqslant 3 \sim 5$时，浆液的可灌性良好。据此，我国生产的超细水泥灌浆材料能灌入45μm的微细裂隙。

超细水泥灌浆材料及速凝剂、早强剂、塑化剂等外加剂的掺加赋予了水泥类灌浆材料新的特性，使水泥系灌浆材料获得了新的发展。

超细水泥随着其颗粒粒径减小，比表面积显著增大，其表面吸附水量增加，需水量非常大。因此，配制超细水泥灌浆材料时，常加入一定高效减水剂以降低其颗粒吸附水量，改善浆液的流动性。

因超细水泥灌浆材料颗粒粒径非常细小，故其硬化体收缩也较大。为减小超细水泥灌浆材料的收缩，通常需掺入一定量微膨胀组分，使浆液在凝结硬化过程具有一定微膨胀性，加强其灌浆效果。此外，为调节超细水泥灌浆材料的凝结时间，还可掺入硅酸钠溶液进行混合灌注。据浆液所需凝结时间长短，掺入适量硅酸钠溶液，两种浆液在灌注点混合后立即灌注，浆液能迅速凝结硬化，可控制地下水渗漏。

超细水泥灌浆材料因其良好的可灌性，价格相对低廉，经久耐用，结石强度高，对环境无污染等优点，日益成为新一代的"绿色灌浆材料"，适于建造地下建筑的防水帷幕、抗渗堵漏、截断渗水源和整体抗渗堵漏等，在水电、地铁、隧道等工程中将会得到广泛应用。随着超细水泥生产成本的降低和人类环保意识的增强，具有一定毒性的化学灌浆材料将逐渐为超细水泥灌浆材料所代替。

14.3.3 水泥-水玻璃灌浆材料

水泥-水玻璃灌浆材料是将水玻璃溶液与水泥浆液按一定比例配制的灌浆材料。与水泥灌浆材料比，水泥-水玻璃灌浆材料胶凝时间可根据需要在数秒至数十分钟之间调节，凝结硬化率可达100%，且硬化体强度高于纯水泥灌浆材料的强度，克服了水泥灌浆材料凝结时间长，凝结硬化率低的缺点；既具有颗粒灌浆材料的优点，又兼有化学灌浆材料的特色，可灌性提高，使用效果良好。

配制水泥-水玻璃灌浆材料时，主要考虑满足凝结时间和硬化体强度的要求，确定水泥浆液浓度（水灰比）、水玻璃浓度及水泥浆液与水玻璃溶液的配合比例。水灰比越小，水玻璃浓度越大，水玻璃的比例越高，则其凝结时间越短，凝结固化体强度发展越迅速，早期强度越高。水泥-水玻璃灌浆材料的主要强度来源是水泥的凝结硬化，而水玻璃则主要是对水泥的凝结硬化过程起调节作用。水玻璃溶液浓度对灌浆材料强度的影响仅在一定范围内起作用，而水灰比的增大则会导致灌浆材料强度的急剧下降。

在配制水泥-水玻璃灌浆材料时，应分别进行水泥浆液的配制和水玻璃的稀释，然后再按比例进行混合配制。水泥-水玻璃灌浆材料的参考配合比如表14-22所示。根据施工需要，还可在水泥-水玻璃灌浆材料中掺入一定的速凝剂或缓凝剂，以缩短或延长凝结时间。

水泥-水玻璃灌浆材料的配合比 **表14-22**

原材料	品质要求	作用	用量	灌浆材料性能
水泥	普通水泥或矿渣水泥	主剂	1	凝结时间数秒到数十分钟；抗压强度5～20 MPa
水玻璃	模数：2.4～3.4，密度：1.26～1.45g/cm^3	主剂	0.5～1	
氢氧化钙	工业品	促凝剂	0.05～0.20	
磷酸氢二钠	工业品	缓凝剂	0.01～0.03	

用于配制水泥-水玻璃灌浆材料的水玻璃溶液模数一般以2.4～2.8为宜，浓度应控制在35～45°Bé（波美度）范围内。水玻璃浓度太低时，调节凝结时间能力有限，且硬化体强度低；浓度太高时，浆液黏度大，可灌性差。

14.4 灌浆材料的选择原则

现有灌浆材料难以同时满足绿色化、高性能化的要求。随着材料科学、灌浆技术的发展和世界的可持续发展趋势，研究和应用环保（低毒甚至无毒）、高性能（高渗透、高强度、耐久性优良）、施工便捷及储存稳定性长的商品灌浆材料已成为必然。灌浆材料的环保问题、耐久性问题及适应不同环境开发新品种材料是今后灌浆材料的主要研究方向。

各种灌浆材料都有其各自的特点，它们互为补充，在实践中应根据不同工程的需要，并考虑价格及环保等因素选择合适的浆材及相应的工艺。工程选用浆材的原则是：能用水泥浆材解决问题的绝不用化学浆材；工程基础允许并满足工程质量要求的前提下，选用化学浆材应首选无毒、无环境污染的如水玻璃；化学浆材应严格控制用在非用不可或别无选择的关键部位，不要扩大使用范围；对毒性、污染较大的化学浆材，建议寻求代用品或停用。

第15章　金属屋面板

金属屋面板是由彩色涂层钢板、镀锌钢板等薄钢板经辊压冷弯成V型、O型或其他形状的轻质高强屋面板材。现代金属屋面系统多采用压型板。

压型金属板是金属板经辊压冷弯，沿板宽方向形成连续波形或其他截面的成型金属板。压型金属板属环保节能材料，具有自重轻、强度高、抗震性能好、外形美观、构造简单、材料单一、构件标准定型装配化程度高、现场安装快、施工期短等优点，主要用于大跨度的公共建筑、工业建筑及民用建筑如展览中心、剧院、机场、体育馆等建筑物围护结构屋顶、墙面与楼板。

据屋面板材质不同，压型金属板分为彩钢板、铝合金板、钛锌板、铜板、不锈钢板等，国内常用铝合金板和彩色涂层钢板。铝合金板因表面能自然生成致密氧化膜保护基材，因此耐腐蚀性、耐久性好（强酸性和碱性环境除外），柔韧性好，可加工成各种异型板型，但因强度不高，屋面系统的力学性能稍差。彩钢板强度高，较经济，但较易腐蚀，目前一般使用耐久性较好的镀铝锌彩涂压型钢板。

压型钢板按其使用功能主要有非保温压型钢板、防结露压型钢板和保温压型钢板三类。

15.1　非保温压型钢板

非保温压型钢板只具有承重和防水功能，但无保温隔热作用。压型钢板型号由压型代号Y、用途代号（屋顶W、墙面Q、楼板L）与板型特征代号组成。板型特征代号由压型钢板的波高尺寸（mm）与覆盖宽度（mm）组合表示。如波高51mm、覆盖宽度760mm的屋面用压型钢板代号为：YW 51-760。

屋面和墙面常用压型钢板厚度为0.4～1.6mm；用于承重楼板或筒仓时厚度达2～3mm或以上。波高一般为10～200mm不等。当不加筋时，其高厚比宜控制在200以内。当采用通长屋面板，其坡度可采用2%～5%，则挠度不超过I/300（I为计算跨长）。压型钢板的典型板型如图15-1所示，其质量要满足《建筑用压型钢板》GB/T 12755—2008的技术要求。

15.2　保温压型钢板

保温压型钢板是指除满足承重防水外，还具有良好保温隔热性能的压型钢板，主要有夹芯式和组合式，以下重点介绍夹芯式。

金属面绝热夹芯板（简称夹芯板）是由两层压型后的彩色涂层钢板（S）做表层，中

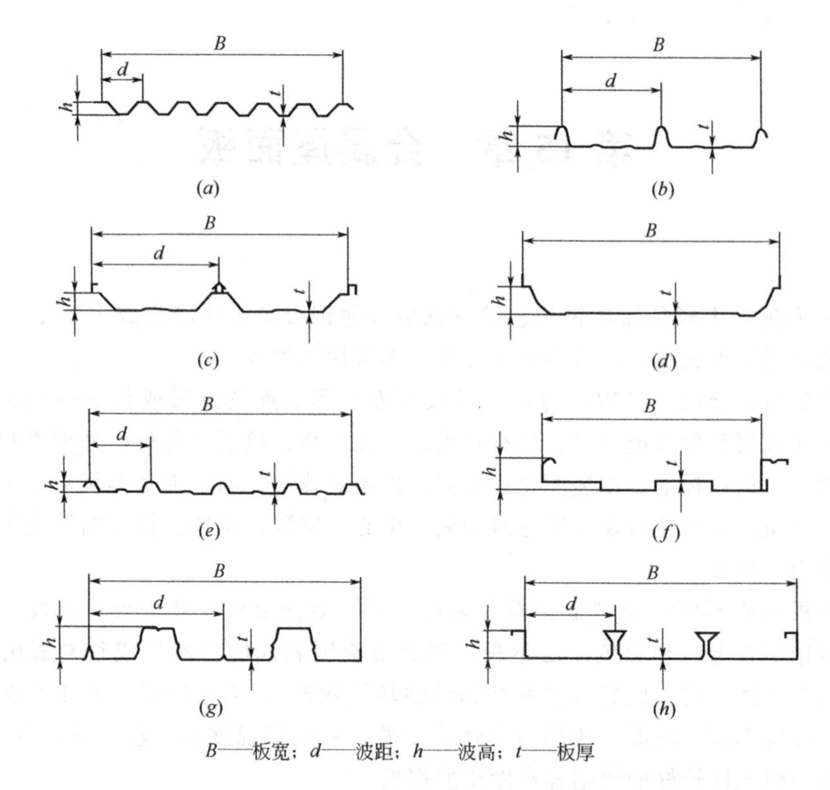

B——板宽；d——波距；h——波高；t——板厚

图 15-1 压型钢板的典型板型

(a) 搭接型屋面板；(b) 扣合型屋面板；(c) 咬合型屋面板 (180°)；(d) 咬合型屋面板 (360°)；
(e) 搭接型墙面板（紧固件外露）；(f) 搭接型墙面板（紧固件隐藏）；
(g) 楼盖板（开口型）；(h) 楼盖板（闭口型）

间夹有绝热芯材，通过高强度粘合剂把表层彩色钢板与绝热芯材加压加热固化制成的自支撑的复合板材。

夹芯板中的金属面材可采用彩色涂层钢板及压型钢板，两层压型板在弯曲时承受拉、压应力，可提高夹芯板的弯曲强度，是一种高效结构材料。夹芯板的芯材应有优良的防寒保温性能，并对金属表材起着稳定和防止受压变形作用，芯材可为聚苯乙烯泡沫塑料（模塑 EPS 阻燃型、挤塑 XPS)、聚氨酯泡沫塑料（PU)、岩棉带（RW)、矿渣棉带（SW）和玻璃棉带（GW)。夹芯板按夹芯板芯材分成聚苯乙烯夹芯板、硬质聚氨酯夹芯板、岩棉矿渣棉夹芯板和玻璃棉夹芯板四类。夹芯板按用途分为墙板（W）和屋面板（R）两类。

夹芯板长≤12000mm，宽 900～1200mm，厚 50～200mm，其外观质量、尺寸允许偏差、传热系数、粘接性能、抗弯承载力及防火性能等技术指标应符合《建筑用金属面绝热夹芯板》GB/T 23932—2009 的要求，常用于有保温要求的公共建筑、工业厂房屋面、墙面和建筑装修及组合式冷库等，适用屋面坡度为 1/6～1/20，在腐蚀环境中使用，屋面坡度应≥1/12。

第16章 沥 青 瓦

沥青瓦是采用玻纤毡为胎基，以石油沥青为浸涂材料，加入矿物填料，上表面覆以矿物粒（片）料，用于搭接铺设施工的坡屋面用瓦。

沥青瓦在北美地区的应用历史已近百年，是北美民用建筑中使用最多的屋面材料。20世纪80年代末彩色沥青瓦进入中国，但一直没有得到大力推广。20世纪90年代后期，随着国内“平改坡”修缮工程的大力推广，沥青瓦在国内的用量逐渐增加。2013年我国沥青瓦的产量约为3446万m^2。

16.1 沥青瓦的原材料

目前，国外沥青瓦生产主要分两大体系：一是美国沥青瓦体系，采用氧化沥青，填充物含量高，可溶物含量低，主要采用玻纤胎，少量使用有机毡，上表面覆以矿物粒料。二是欧洲沥青瓦体系，采用氧化沥青或聚合物改性沥青、混合沥青生产，可溶物含量高，胎基主要是玻纤毡，也有用聚酯毡、玻纤聚酯复合胎等，上表面材料为岩片或矿物粒料、金属薄膜等。我国沥青瓦生产与美国沥青瓦体系类似，采用石油沥青，低碱和无碱胎基为玻纤毡，填充物含量高，沥青用量小，防火性能好。以下主要介绍我国生产沥青瓦的主要原材料。

1. 沥青

沥青性能决定了沥青瓦的伸长性、粘结强度和填料吸纳量。将不同牌号沥青混用、加入SBS改性剂或无机矿物填料如滑石粉等，可使沥青性能得以改善。

2. 胎基

沥青瓦的应用性能，特别是几何形状、强度、耐水性、抗裂性和耐久性等主要取决于胎体。玻纤毡具有优良的耐腐蚀、耐水和耐久性，抗拉强度大，裁切加工及尺寸稳定性能好，是沥青瓦理想的胎基材料，应符合《沥青防水卷材用胎基》GB/T 18840—2018的要求。

3. 上表面材料

上表面材料主要对上表面涂盖层起保护作用，使其免受紫外线直接照射，同时使瓦面呈现鲜艳多变色彩。上表面材料有矿物粒（片）料和金属箔。矿物粒（片）料应有合适级配与强度，不易掉色和变色，金属箔应有合适强度。我国目前上表面材料为矿物粒（片）料。由于片状材料在撒布过程中容易出现堆积、硌伤基层和吸水性大，所以通常选用矿物粒料为上表面材料。可选用的矿物粒料包括天然砂、高温隐化彩砂、粘结剂着色彩砂等。

4. 下表面材料

下表面要覆以连续或不连续的防粘隔离材料如细砂、滑石粉、塑料薄膜等以防止包装时互相粘连。瓦表面的自粘沥青胶点应保证在使用过程中能将沥青瓦相互锁和粘接，不在使用过程中产生流淌，保证产品具有抗风性质。

16.2 沥青瓦的分类及规格

沥青瓦按产品形式分平瓦（P）和叠瓦（L）。平瓦外表面平整，叠瓦是在瓦外露面的部分区域，用沥青粘合了一层或多层沥青瓦材料形成叠合状。上表面保护材料为矿物粒（片）料（M），胎基采用纵向加筋或不加筋的玻纤毡（G）。沥青瓦的长为1000mm，宽为333mm，形状如图16-1所示。

为达到美观效果，沥青瓦还有圆角形、蜂巢形、鱼鳞形、梯字形等多种形状，但是长和宽的尺寸除异型部位特殊需要外都应符合图16-1。几种常见沥青瓦形状如图16-2所示。

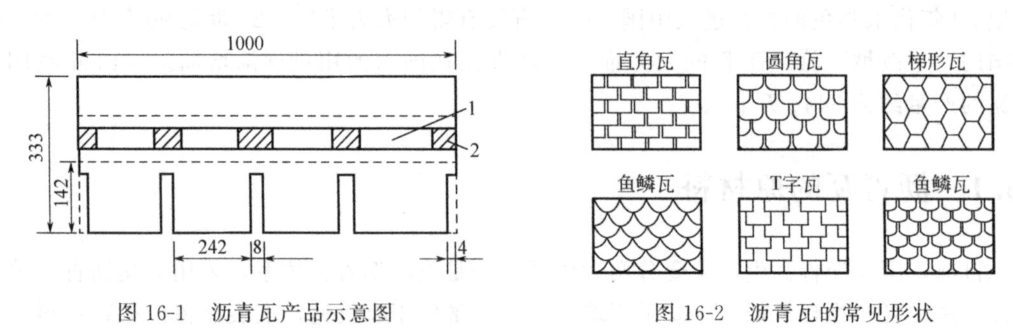

图16-1 沥青瓦产品示意图
1-防粘纸 2-自粘结点

图16-2 沥青瓦的常见形状

16.3 对沥青瓦的质量要求

1. 外观质量要求

沥青瓦在10～45℃时，应易于打开，不得产生脆裂和破坏沥青瓦表面的粘连；玻纤毡必须完全被沥青浸透和涂盖，表面不能有胎基外露，叠瓦的两层需用沥青材料粘接在一起；上表面保护层矿物粒料的颜色和颗粒必须均匀，并紧密地覆盖在沥青瓦的表面，嵌入胎基的矿物粒（片）料不得对胎基造成破坏；沥青瓦表面应无可见缺陷，如孔洞、边缘切割不齐、裂纹、裂口、凹坑、起鼓等缺陷；沥青瓦表面应有沥青自粘胶和保护带。

2. 单位面积质量、厚度及尺寸偏差要求

单位面积质量≥3.6kg/m^2，厚度≥2.6mm。长度尺寸偏差±3mm，宽度尺寸偏差为+5mm、−3mm。

3. 物理力学性能要求

沥青瓦的物理力学性能指标应满足《玻纤胎沥青瓦》GB/T 20474—2015的要求，如表16-1所示。

沥青瓦的物理力学性能指标 **表16-1**

序号	项目		平瓦	叠瓦
1	可溶物含量(g/m^2)	≥	800	1500
2	胎基		胎基燃烧后完整	

续表

序号	项目			平瓦	叠瓦
3	拉力(N/50mm)	纵向	≥	600	
		横向	≥	400	
4	耐热度(90℃)			无流淌、滴落、滑动、气泡	
5	柔度[①](10℃)			无裂纹	
6	撕裂强度(N)		≥	9	
7	不透水性(2m水柱,24h)			不透水	
8	耐钉子拔出性能(N)		≥	75	
9	矿物料黏附性(g)		≤	1.0	
10	自粘胶耐热度	50℃		发粘	
		75℃		滑动≤2mm	
11	叠层剥离强度(N)		≥	—	20
12	人工气候加速老化	外观		无气泡、渗油、裂纹	
		色差·ΔE	≤	3	
		柔度(12℃)		无裂纹	
13	燃烧性能			B_2-E通过	
14	抗风揭性能(97km/h)			通过	

注：①根据使用环境和用户要求，生产企业可以生产比标准规定柔度温度更低的产品，并应在产品订购合同中注明。

16.4 沥青瓦的特性及应用

沥青瓦采用铺设搭接法施工，与其他屋面瓦比，具有屋面瓦与防水双重功能，价格适中，安装及更换方便，寿命较长；色彩丰富，形状各异，装饰性好；荷重轻，可减轻结构荷载，降低建筑地基造价。但沥青瓦阻燃性差，易老化，寿命只有十几年；在木板屋面沥青瓦采用粘结加钉子的铺盖方法，尚能承受一定风力，但现浇混凝土屋面上主要依靠粘结，往往因粘结不牢遇较大风力，就易脱落；沥青瓦较薄，瓦感效果不明显。

沥青瓦主要用于平改坡、旧房改造与住宅小区、别墅、度假村、公共与商业建筑等坡屋面建筑，更适用于屋面坡度大，坡面曲面复杂的建筑如弧形屋顶、球形屋顶等。

第 17 章　膨润土防水毯

膨润土防水毯或称土工复合膨润土垫（Geosynthetic Clay Liner，GCL）是将约 5kg/m^2 的低透水性膨润土层夹在两层土工布之间或黏于土工膜上制成，在压实黏土衬垫的基础上发展而来的一种新型土工合成材料。膨润土防水毯产品呈连续的条带状，在两侧和两端搭接。当膨润土水化时，重叠部分自行封闭，从而形成完整的防渗层。作为一种天然的环保防渗材料，GCL 在地铁、隧道、人工湖、垃圾填埋场、污水处理池、机场、堤坝、渠道、路桥、建筑等防水、防渗工程中都得到了大量应用。

17.1　GCL 的类型及特点

膨润土防水毯主要分为针刺法钠基膨润土防水毯、针刺覆膜法钠基膨润土防水毯和胶粘法钠基膨润土防水毯等（见图 17-1）。其中膨润土一般为天然钠基膨润土或人工钠化膨润土，粒径在 0.2～2mm 范围内的膨润土颗粒质量占膨润土总质量的 80%以上。

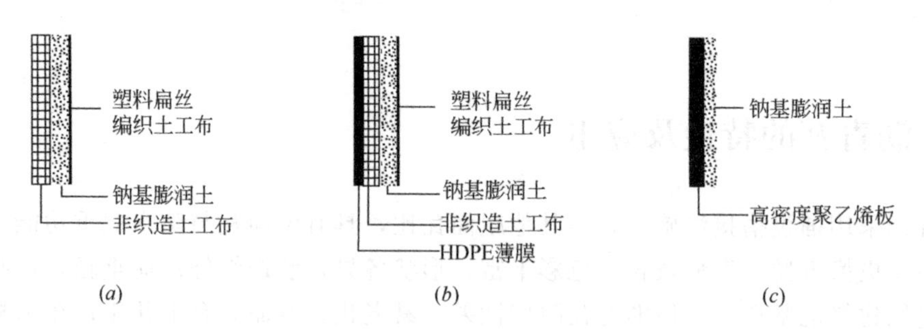

图 17-1　钠基膨润土防水毯类型

（*a*）针刺法钠基膨润土防水毯；（*b*）针刺覆膜法钠基膨润土防水毯；（*c*）胶粘法钠基膨润土防水毯

GCL 加工方法主要有黏结、针刺和缝合等。图 17-1 中所示的针刺法膨润土防水毯是一种加筋型防水毯。采用针刺工艺可使上层土工织物的一部分纤维穿过膨润土和下层土工织物，使三者形成一个整体。穿透底层土工织物的纤维通过缠绕和摩擦或通过加热的方法使它们同底部土工织物层结合在一起，在两层织物和膨润土间产生较强的结合力（故针刺 GCL 也称为热锁合 GCL）。也可以采用平行的几行纱线把全部的土工织物和膨润土缝合在一起，即缝合法。黏结或胶黏法 GCL 一般以土工膜为骨架，用无污染胶将膨润土和土工膜黏结在一起，或用敞口螺旋纺织的土工织物黏在膨润土外，以便在安装时起到保护作用。其防渗主体是土工膜，一旦土工膜上出现漏洞，膨润土即遇水膨胀、封堵漏洞。由于膨胀后的膨润土具有较低的渗透性，可以达到自愈的目的。

与其他防水材料相比，GCL 具有以下特点：

（1）GCL有较好的自愈合性能。在有效的膨胀范围内，GCL中较小穿孔的破损可以有效地自愈合。钠基膨润土具有较好膨胀性、较大的膨胀率，在上下土工织物和针刺纤维束缚以及膨胀应力的作用下，膨润土向破损处发展，从而发挥自我修复的功能。

（2）GCL有较好的防渗性能。GCL产品厚度一般小于1.0cm，但有较小的渗透系数，一般GCL渗透系数小于1.0×10^{-8}cm/s。GCL用于防渗工程则有较小的开挖量，节约开挖投资。

（3）GCL抗变形能力强。GCL是较好的柔性材料，在张应变达到20%的情况下渗透系数不会增加，适应不均匀沉降变形的能力强。同时，搭接部位可产生滑移，缓解应力，而搭接处渗透系数不会显著增加。

（4）GCL是天然的环保材料，不会对环境造成污染。如用于人工湖防渗，既可满足水底植物的生存，又可达到防渗效果；即使GCL达到使用寿命，残破的GCL材料不会对环境造成污染。

（5）GCL有较强的抗干湿循环能力。经过若干次吸水脱水循环过程，渗透系数不会大幅度提高。GCL中的钠基膨润土具有吸水膨胀、脱水收缩的现象，当脱水后的膨润土再次遇水后，仍会吸水膨胀，裂缝愈合。充分水化后的GCL渗透系数能够达到原来的低值。

（6）GCL抗冻融循环能力强。在充分水化后，冻结会发生冻胀变形现象，但经过多次的冻融循环，充分溶解后，其渗透系数没有大幅度提高，仍然有较好的防渗效果。

（7）GCL施工技术要求低，施工简单，接缝处理方便。接缝采取搭接方式，中间撒膨润土粉压实即可达到防渗要求。施工速度快，施工人员不用进行长时间技术培训，施工工期短。

（8）GCL不依赖当地材料的可用性。GCL的幅宽可达6m，长度达60m，成卷运输，且维修方便。若GCL施工过程中意外受损而防渗失效时，只需将破损处裁掉，用新的GCL铺设于破损处压实即可，其搭接长度与施工中接缝搭接要求相同。

但工程应用过程中GCL也有如下劣势，需要进一步研究采取相应措施解决。

（1）膨润土的膨胀性能受水化液电解质含量影响较大，当溶液中含有自由阳离子时，溶液中阳离子与膨润土发生离子交换作用，导致膨胀性能降低，渗透系数增加。

（2）膨润土脱水干燥后收缩，产生较大裂隙。当GCL覆盖层为粉质土壤时，细小颗粒易进入膨润土裂隙间，从而影响膨润土的再次亲水膨胀，防渗效果降低。

（3）用于渠道、人工湖防渗时，有淤积的情况下，清淤困难，清淤过程中易破坏。

（4）与压实黏土衬垫相比，GCL厚度小很多，大大减小了污染物扩散的击穿时间，这个时间是与衬垫厚度的平方成正比的。因此，从防污效果来看，厚度小是GCL的劣势，一般需要在其下铺设一定厚度的黏土层。

17.2　防水机理

膨润土防水毯中使用的膨润土是一种以蒙脱石矿物为主要成分的天然黏土，在钻探、冶金、日化、建筑、环保等领域均有广泛应用。

膨润土根据附着其中的离子的不同，可以分为钠基膨润土和钙基膨润土。GCL中多使用颗粒状钠基膨润土。GCL 产品中的膨润土颗粒间为孔隙，从微观上看，膨润土是粒径小于 2μm 的无机质，蒙脱石是由两层硅氧四面体夹一层氢氧化铝八面体构成的层状结构，主要结构体系为 Si-Al-Si，即由云母状薄片堆垒而成单个颗粒。这些薄片的上下表面带负电，因此膨润土的结构单元是互相排斥的。膨润土在水化时，水分子沿 Si-Al-Si 结构的硅层表面吸附，使相邻结构单元之间的距离加大。钠基膨润土单位晶层中，存在极弱的键，钠离子连接各层薄片，钠离子本身半径小，离子价低，水易进入单位晶层，引起晶格膨胀。优质的天然钠基膨润土或经过适当工艺钠化合格后的膨润土具有很强的吸水能力，膨胀倍数大，性能稳定。当其在土工织物及针刺的限制下膨胀时，膨润土便形成一层致密的凝胶层，该凝胶层的渗透系数可达到 10^{-9} cm/s 数量级，从而形成优异的防水层，耐久性可达百年以上。

影响 GCL 防渗性的因素主要有：

（1）膨润土的类型：膨润土是地质作用的产物，天然钠基膨润土埋深在地表 100m 以下，开采困难，成本高。因此，人工钠基膨润土应运而生，即在天然钙基膨润土中加碱（$NaCO_3$），经陈化、挤压等方法人为提高钠离子含量。人工钠化方法可使碱中的钠离子附着在膨润土表面，增强其活性。但由于钠离子不能进入膨润土晶格机构中，且属于活泼元素，易分散和游离出来，稳定性较差。另外，GCL 中膨润土除了颗粒状以外，还有粉末状。用于 GCL 中的膨润土一般为开采后碾压粉碎加工而成，膨润土的粒径分布由碾压粉碎的工艺决定。膨润土粒径分布对渗透液为标准液体（即去离子水、蒸馏水）时 GCL 的渗透系数影响很小，但对其膨润土速度有一定影响。且当渗滤液为非标准液体时，影响更显著。如果膨润土颗粒不能充分水化，其低渗透性就无法发挥。

（2）水化液：当 GCL 应用于不同工程和环境条件时，渗透液可能不再是去离子水或蒸馏水。当渗透液中含有较高浓度的二价阳离子或强酸、强碱时，GCL 渗透系数可能会大幅增加。

（3）水化条件：水化次序对 GCL 渗透系数有显著影响。当 GCL 被含有化学物质的溶液水化前，预先用去离子水水化得到的渗透系数一般比直接用化学溶液水化后得到的渗透系数小得多。

一般而言，竖向应力越大，GCL 的自由膨润土和渗透系数越小。在相同正应力下，先加压后水化的 GCL 厚度要小于先水化后加压的厚度。当竖向应力小于 250kPa 时，加压水化顺序影响不大；但当竖向应力大于 250kPa 时，先水化后加压条件下渗透系数要小于先加压后水化条件。

17.3　质量检测与应用

根据工程的不同，膨润土防水毯应至少 10000m² 取一个样品，应进行的测试有单位面积质量、膨润土的自由膨胀率、拉伸强度、剥离强度、渗透系数等。以垃圾填埋场防渗系统为例（《生活垃圾卫生填埋场防渗系统工程技术规范》CJJ 113—2007），要求 GCL 应表面平整，厚度均匀，无破洞、破边现象。针刺类产品针刺均匀密实，应无残留断针；单位面积总质量不应小于 4800g/m²，其中单位面积膨润土质量不应小于 4500g/m²；膨润土体积膨胀度不应小于 24mL/2g；抗拉强度不应小于 800N/10cm；抗剥强度不应小于 65N/

10cm；渗透系数应小于 5×10^{-11}m/s；抗静水压力 0.6MPa/1h，无渗漏。

膨润土防水毯的使用性能很大程度上取决于其铺设质量。GCL 应贮存在干燥、通风的库房内，未正式施工铺设前严禁拆开包装。在贮存和运输过程中，必须注意防潮、防水、防破损漏土。保护 GCL 的包装应在基底土或其他土工合成材料得到监理人员的认可后方可拆除。

GCL 最早就是应用到垃圾填埋场的衬里和封盖系统中，目前欧美国家垃圾填埋场建设的规范中，要求生活垃圾卫生填埋场中必须使用包括 GCL 和土工膜的衬里系统。我国现行规范如《生活垃圾卫生填埋场防渗系统工程技术规范》CJJ 113—2007 等规定，填埋场防渗结构分为单层防渗结构和双层防渗结构。其中，单层防渗结构中可选 HDPE 膜＋GCL 复合防渗结构（见图 17-2）。规范中规定，GCL 渗透系数不得大于 5×10^{-11}m/s，规格不得低于 4800g/cm^2。GCL 下应采用一定厚度的压实土壤作为保护层，压实土壤渗透系数不得大于 1×10^{-7}m/s。GCL 搭接宽度为 250±50mm。

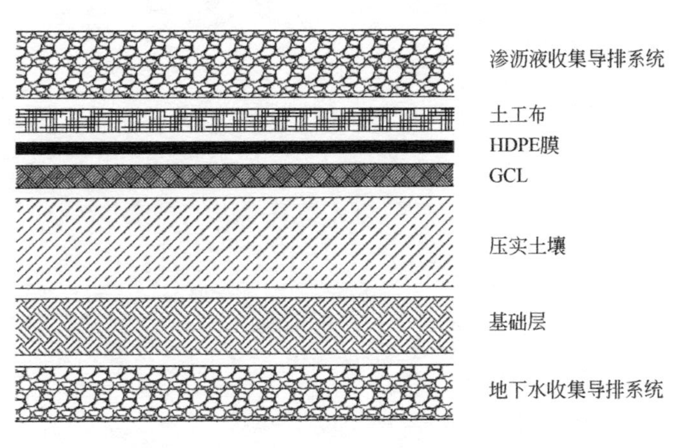

图 17-2　HDPE 膜＋GCL 复合防渗结构示意图

惠州某酒店人工湖防渗面积 3.5 万 m^2，蓄水量达 6 万 m^3。为了确保优质的防渗效果并最大限度与园林景观配合，选用钠基膨润土防水毯进行湖底防渗。人工湖投入使用后，抗渗效果良好，对当地水资源保护、生态景观建设和酒店项目总体运营成本的降低发挥了重要作用，经济效益和社会效益显著。

应该注意的是，虽然国内已具备 GCL 的生产能力，工程应用范围也越来越广，在很多工程中都取得了成功，但从产品质量、技术开发和应用现状来看，仍存在一些问题。例如，多数厂家采用非钠基膨润土或人工钠基膨润土，膨润土单位面积质量不足，产品厚度不够等问题，影响了 GCL 的渗透性和长期稳定性。由于对 GCL 水化机理和影响因素认识不足，导致对 GCL 应用领域和应用条件还存在矛盾看法，还有待于深入研究。

第六篇　防水材料性能检测

第 18 章　防水材料的性能检测

18.1　防水混凝土的基本性能检测

18.1.1　试验目的与要求

掌握泌水率比、凝结时间差比、抗压强度比、渗透高度比、吸水量比、收缩率比等防水混凝土的基本性能测定方法要点，掌握防水混凝土性能的评价方法，可对混凝土防水剂的性能等级作出评价。

18.1.2　主要仪器设备及原材料

1. 主要仪器设备

（1）60L 强制式混凝土搅拌机；

（2）混凝土坍落度筒、捣棒及钢尺；

（3）混凝土振动台：振动频率为（50±3）Hz，空载振幅约为 0.5mm；

（4）天平：最大称量范围 5kg，感量 1g；

（5）混凝土贯入阻力仪；

（6）混凝土抗渗仪；

（7）100t 试验压力机；

（8）混凝土收缩测定仪及测头。

2. 原材料

水泥应符合《混凝土外加剂》GB 8076—2008 附录 A 规定的水泥，砂符合《建设用砂》GB/T 14684—2011 中Ⅱ区要求的中砂，但细度模数为 2.6～2.9，含泥量小于 1%。石子符合《建设用卵石、碎石》GB/T 14685—2011 要求的公称粒径为 5～20mm 的碎石或卵石，采用二级配，其中 5～10mm 占 40%，10～20mm 占 60%，满足连续级配要求，针片状物质含量小于 10%，空隙率小于 47%，含泥量小于 0.5%。如有争议，以碎石结果为准。外加剂为需要检测的外加剂。

18.1.3　试验方法

1. 试验样品制备

（1）配合比　基准混凝土与受检混凝土的配合比设计、搅拌等应符合《混凝土外加剂》GB 8076—2008 规定，防水剂掺量为生产厂的推荐掺量，但混凝土坍落度可以选用（80±10）mm 或（180±10）mm，当采用（180±10）mm 坍落度的混凝土时，砂率宜为 38%～42%。

(2) 搅拌　采用混凝土搅拌机机械搅拌。粉状防水剂掺入水泥中，液体或膏状防水剂掺入水中。先将干物料干拌至基本均匀，再加拌合水拌至均匀。

(3) 振捣成型　成型温度为 (20±3)℃，振捣采用振动频率为 (50±3) Hz，空载振幅约为 0.5mm 的混凝土振动台，振捣时间以混凝土刚好密实为宜。

(4) 养护条件　成型后在 (20±3)℃温度下静停 (24±2) h 脱模。如果所掺防水剂为缓凝型产品，可适当延长脱模时间。然后在 (20±2)℃、相对湿度大于95%的条件下养护至龄期。

(5) 试验项目及样品数量　试验项目及样品数量见表 18-1 所示。相关试验按《混凝土外加剂》GB 8076—2008 规定进行。

防水混凝土试验项目及样品数量　　表 18-1

试验项目	试验类别	试验所需样品数量			
		混凝土拌合次数	每次取样数	基准混凝土取样数	受检混凝土取样数
安定性	净浆	3	1	0	3
泌水率比	新拌混凝土	3	1	3	3
凝结时间差	新拌混凝土		1	3	3
抗压强度比	硬化混凝土		6	18	18
渗透高度比	硬化混凝土		2	6	6
吸水量比	硬化混凝土		1	3	3
收缩率比	硬化混凝土		1	3	3

2. 泌水率比测定

泌水率比按（式 18-1）计算，精确到小数点后一位数。

$$B_r = 100B_t/B_c \tag{18-1}$$

式中　B_r——泌水率比，%；

B_t——受检混凝土泌水率，%；

B_c——基准混凝土泌水率，%。

泌水率的测定和计算方法如下：

先用湿布润湿容积为 5L 的带盖筒（内径为 185mm，高 200mm），将混凝土拌合物一次装入，在振动台上振动 20s，然后用抹刀轻轻抹平，加盖以防水分蒸发。试样表面应比筒口边低约 20mm。自抹面开始计算时间，在前 60min，每隔 10min 用吸液管吸出泌水一次，以后每隔 20min 吸水一次，直至连续三次无泌水为止。每次吸水前 5min，应将筒底一侧垫高约 20mm，使筒倾斜，以便于吸水。吸水后，将筒轻轻放平盖好。将每次吸出的水都注入带塞的量筒，最后计算出总的泌水量，准确至 1g。

并按式 (18-2)、式 (18-3) 计算泌水率：

$$B = 100G \cdot V_W/(G_W \cdot W) \tag{18-2}$$

$$G_w = G_1 - G_0 \tag{18-3}$$

式中　B——泌水率，%；

V_w——泌水总质量，g；

W——混凝土拌合的用水量，g；

G——混凝土拌合物的总质量，g；

G_W——试样质量，g；

G_1——筒及试样质量，g；

G_0——筒质量，g。

试验时，每批混凝土拌合物取一个试样，泌水率取三个试样的算术平均值。若三个试样的最大值或最小值中有一个与中间值之差大于中间值的15%，则把最大值与最小值一并舍去，取中间值作为该组试验的泌水率，如果最大与最小值与中间值之差均大于中间值的15%时，则应重做。

3. 凝结时间差测定

凝结时间差按式（18-4）计算：

$$\Delta T = T_t - T_c \tag{18-4}$$

式中　ΔT——凝结时间差，min；

T_t——受检混凝土的初凝或终凝时间，min；

T_c——基准混凝土的初凝或终凝时间，min。

凝结时间采用贯入阻力仪测定，仪器精度为10N，凝结时间测定方法如下：

将混凝土拌合物用5mm（圆孔筛）振动筛筛出砂浆，拌匀后装入上口内径为160mm，下口内径为150mm，净高150mm的刚性不渗水的金属圆筒，试样表面应低于筒口约10mm，用振动台振实（3～5s），置于（20±2）℃的环境中，容器加盖。一般基准混凝土在成型后3～4h，掺早强剂的在成型后1～2h，掺缓凝剂的在成型后4～6h开始测定，以后每0.5h或1h测定一次，但在临近初、终凝时，可以缩短测定间隔时间。每次测点应避开前一次测孔，其净距为试针直径的2倍，但至少不小于15mm，试针与容器边缘之距离不小于25mm。测定初凝时间用截面积为100mm²的试针，测定终凝时间用20mm²的试针。贯入阻力按式（18-5）计算：

$$R = P/A \tag{18-5}$$

式中　R——贯入阻力值，MPa；

P——贯入深度达25mm时所需的净压力，N；

A——贯入仪试针的截面积，为100mm²或mm²。

根据计算结果，以贯入阻力值为纵坐标，测试时间为横坐标，绘制贯入阻力值与时间关系曲线，求出贯入阻力值达3.5MPa时对应的时间作为初凝时间及贯入阻力值达28MPa时对应的时间作为终凝时间。凝结时间从水泥与水接触时开始计算。

试验时，每批混凝土拌合物取一个试样，凝结时间取三个试样的平均值。若三批试验的最大值或最小值之中有一个与中间值之差超过30min时，则把最大值与最小值一并舍去，取中间值作为该组试验的凝结时间。若两侧值与中间值之差均超过30min时，该组试验结果无效，则应重做。

4. 抗压强度比测定

抗压强度比以掺外加剂混凝土与基准混凝土同龄期抗压强度之比表示，按式（18-6）计算：

$$R_s = S_t/S_c \times 100 \tag{18-6}$$

式中 R_s——抗压强度比,%;

S_t——掺外加剂混凝土的抗压强度,MPa;

S_c——基准混凝土的抗压强度,MPa。

受检混凝土与基准混凝土的抗压强度按《混凝土物理力学性能试验方法标准》GB/T 50081—2019 进行试验和计算。试件用振动台振动 15～20s,用插入式高频振捣器(ϕ25mm,14000 次/min)振捣时间为 8～12s。试件养护温度为(20±3)℃。试验结果以三批试验测值的平均值表示,若三批试验中有一批的最大值或最小值与中间值的差值超过中间值的 15%,则把最大及最小值一并舍去,取中间值作为该批的试验结果,如有两批测值与中间值的差均超过中间值的 15%,则试验结果无效,应该重做。

5. 渗透高度比测定

渗透高度比试验的混凝土一律采用坍落度为(180±10)mm 的配合比。

参照《普通混凝土长期性能和耐久性能试验方法标准》GB/T 50082—2009 规定的试验方法,但初始压力为 0.4MPa。若基准混凝土在 1.2MPa 以下的某个压力透水,则受检混凝土也加到这个压力,并保持相同时间,然后劈开,在底边均匀取 10 点,测定平均渗透高度。若基准混凝土与受检混凝土在 1.2 MPa 时均未透水,则停止升压,劈开,如上所述测定平均渗透高度。渗透高度比按式(18-7)计算,计算精确至 1%:

$$H_r = 100H_t/H_c \tag{18-7}$$

式中 H_r——渗透高度比,%;

H_t——受检混凝土的渗透高度,mm;

H_c——基准混凝土的渗透高度,mm。

6. 吸水量比测定

按抗压强度试件的成型和养护方法成型基准试件和受检试件。养护 28d 后取出在 75～80℃温度下烘(48±0.5)h 后称量,然后将试件放入水槽中。摆放时试件的成型面朝下,下部用两根 ϕ10mm 的钢筋垫起,试件浸入水中的高度为 50mm。要经常加水,并在水槽上要求的水面高度处开溢水孔,以保持水面恒定。水槽应加盖,放在温度为(20±3)℃、相对湿度 80%以上的恒温室中,试件表面不得有结露或水滴。在(48±0.5)h 时取出,用挤干的湿布擦去表面的水,称量并记录试件的重量。吸水量按式(18-8)计算:

$$W = M_1 - M_0 \tag{18-8}$$

式中 W——吸水量,g;

M_1——吸水后试件的质量,g;

M_0——干燥试件的质量,g。

结果以三块试件的平均值表示,精确至 1g。

吸水量比按式(18-9)计算,计算精确至 1%。

$$W_r = 100W_t/W_c \tag{18-9}$$

式中 W_r——吸水量比,%;

W_t——受检混凝土的吸水量,g;

W_c——基准混凝土的吸水量,g。

7. 收缩率比测定

收缩率比以龄期 28d 受检混凝土与基准混凝土干缩率比值表示,按式(18-10)计算,计算精确至1%。

$$S_r = 100\varepsilon_t/\varepsilon_c \quad (18\text{-}10)$$

式中　S_r——收缩率比，%；

ε_t——受检混凝土的收缩率，%；

ε_c——基准混凝土的收缩率，%。

受检混凝土及基准混凝土的收缩率按《普通混凝土长期性能和耐久性能试验方法标准》GB/T 50082—2009测定和计算，试件用振动台成型，振动15～20s，用插入式高频振动器（ϕ25mm，14000次/min）插捣8～12s。每批混凝土拌合物取一个试样，以三个试样收缩率的算术平均值表示。

18.1.4　试验结果及分析

采用《砂浆、混凝土防水剂》JC 474—2008来综合评价防水混凝土性能。受检混凝土性能要符合3.3外加剂防水混凝土中表3-5要求。

18.2　无机防水堵漏材料的性能检测

18.2.1　试验目的与要求

掌握无机防水堵漏材料的各项基本性能测定方法要点，了解速凝型与缓凝型无机防水堵漏材料的性能差别，掌握无机防水堵漏材料性能的评价方法。

18.2.2　主要仪器设备及原材料

1. 主要仪器设备

（1）水泥净浆搅拌机、胶砂搅拌机及胶砂振动台；

（2）水泥净浆标准稠度与凝结时间测定仪（维卡仪）；

（3）天平：最大称量范围5kg，感量1g；量水器：最小刻度为1ml，精度1%；

（4）砂浆抗折仪及30t试验压力机；

（5）砂浆抗渗仪；

（6）40mm×160mm×10mm试模若干；

（7）沸煮箱。

2. 原材料

符合《通用硅酸盐水泥》GB 175—2007的42.5级普通硅酸盐水泥，符合《水泥强度试验用标准砂》GB 178—1977的标准砂。

18.2.3　试验方法

标准试验室条件为温度（20±5)℃，相对湿度不小于50%；养护室条件为温度（20±3)℃，相对湿度不小于90%；养护水池条件为（20±2)℃。试验前，样品及试验器具应在标准试验条件下至少放置24h。

1. 凝结时间测定

按《水泥标准稠度用水量、凝结时间、安定性检验方法》GB/T 1346—2011 进行，采用无机防水堵漏材料取代该标准中的水泥，同时采用生产厂家推荐的加水量，速凝型材料搅拌时间为 20s，缓凝型材料搅拌时间为 3min。

2. 抗折强度与抗压强度测定

按《水泥胶砂强度检验方法（ISO 法）》GB/T 17671—1999 规定的方法成型、养护并测定相应龄期的抗折强度与抗压强度。缓凝型产品成型时称取样品 2000g，按生产厂家推荐的加水量加水，每次成型 40mm×40mm×160mm 一组试件 3 条。速凝型产品成型时称取样品 1000g，按生产厂家推荐的加水量加水，每次成型 40mm×40mm×160mm 一组试件 6 条。脱模时间缓凝型成型后（24±2）h 脱模，速凝型成型后 1h 内脱模。试验结果评定按照《水泥胶砂强度检验方法（ISO 法）》进行。

3. 抗渗压力测定

（1）涂层抗渗压力测定

① 基准砂浆试件的制备　用符合《通用硅酸盐水泥》GB 175—2007 的 42.5 级普通硅酸盐水泥和标准砂配料。称取水泥 350g、标准砂 1350g，搅匀后加水 350ml，将上述物料在水泥砂浆搅拌机中搅拌 3min 后，装入上口直径 70mm、下口直径 80mm、高 30mm 的截头圆锥带底金属试模成型，振动台上振动 20s，5min 后用刮刀刮去多余的料浆并抹平。其成型试件的数量为 12 块。在标准养护室中养护 24h 后脱模，然后置养护室水中养护至规定龄期。

②基准砂浆试件的抗渗压力测定　取已养护至 14d 的基准砂浆试件 6 块，待表面干燥后，在砂浆抗渗仪上进行抗渗试验。水压从 0.2MPa 开始，恒压 2h，增至 0.3MPa，以后每隔 1h 增加 0.1MPa。当 6 个试件中有 3 个试件端面呈现渗水时，即可停止试验，记下当时水压值。当 6 个试件中有 4 个试件端面未出现渗水时的最大压力值，即为基准砂浆试件的抗渗压力（P_0）。若加压至 0.5MPa，恒压 1h 还未透水，应停止试验，须调整水泥或水灰比使透水压力在 0.5MPa 内。

③涂层试件的制备　取另 6 块已养护 7d 的基准砂浆试件，在水中浸泡至充分湿润。然后称取样品 1000g，按生产厂家推荐的加水量加水，用净浆搅拌机搅拌 3min，用刮板分别在 3 块试件的迎水面和 3 块试件的背水面上，分两层刮压料浆，刮压每层料的时间不应超过 5min。刮料时要稍用劲并来回几次使其密实，不产生气泡，同时注意搭接，第二层须待第一层硬化后（手指轻压不留指纹）再涂刮，第二层涂刮前涂层要保持湿润，涂层总厚度约 2mm，在养护室中保湿养护 24h，转入养护室水中（20±3)℃养护至规定龄期。

④涂层加基准砂浆试件抗渗压力测定　待涂层试件养护至 7d 龄期，取出，将涂层冲洗干净，风干表面，按上述方法做抗渗试验。若水压力增加至 1.5MPa，恒压 1h，试件仍未透水，则停止试验。涂层加基准砂浆试件抗渗压力为 6 个试件中 4 个试件未出现渗水时的最大水压力（P_1）。

⑤涂层抗渗压力计算

涂层抗渗压力按式（18-11）计算，计算结果精确至 0.1MPa。

$$P = P_1 - P_0 \tag{18-11}$$

式中　P——涂层抗渗压力，MPa；

P_0——基准砂浆试件的抗渗压力，MPa；

P_1——涂层加基准砂浆试件的抗渗压力，MPa。

(2) 试件抗渗压力

试件配合比、搅拌成型及试件抗折、抗压强度试验与上述步骤相同，拌匀后一次装满抗渗试模，在振动台上振动成型，缓凝型振动 2min，速凝型振动 20s，刮去多余的砂浆，抹平。制备的 6 块试件先在养护室中保湿养护（24±2）h 脱模，再在（20±3)℃水中养护至 7d。以每组 6 个试件中 4 个未出现渗水的最大压力值为试件的抗渗压力。

4. 粘结强度

(1) 试验试件制备

试验采用符合《地面用水泥基自流平砂浆》JC/T 985—2017 中 6.3 规定的混凝土板、6.4.5 规定的拉伸粘结强度成型框。试验混凝土基板尺寸为 200mm×400mm×（40～50）mm，其制备及性能应符合《陶瓷砖胶粘剂》JC/T 547—2017 附录 A 的要求。拉伸粘结强度成型框见图 18-1 所示，由硅橡胶或硅酮密封材料制成，表面平整光滑，并保证砂浆不从成型框和与混凝土板之间流出。孔尺寸 50mm×50mm，精确至±0.2mm，厚度 5mm。

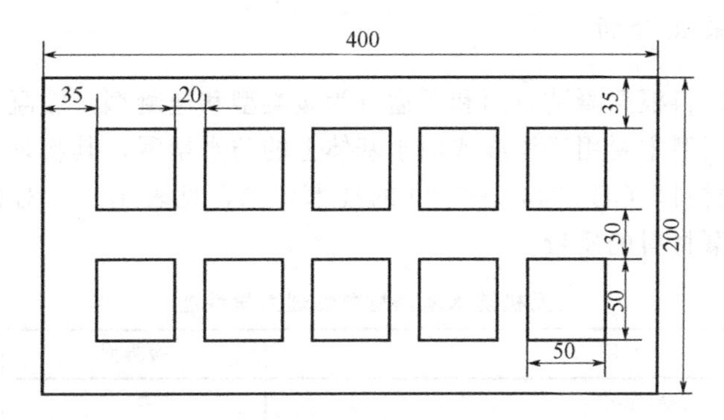

图 18-1　拉伸粘结强度成型框（单位：mm）

将成型框放在混凝土板成型面上，将按《地面用水泥基自流平砂浆》JC/T 985—2017 中 7.1 制备好的自流平砂浆试样倒入成型框中，抹平，放置 24h 脱模，10 个试件为 1 组。脱模后试件在标准试验条件下放置规定龄期后，用砂纸打磨掉表面浮浆，然后用适宜的高强粘结剂将拉拔接头粘结在试样成型面上，在标准试验条件下继续放置 24h 后在试验机上进行抗拉试验，记录试件的破坏荷载。

(2) 粘结强度计算

粘结强度按式（18-12）计算。

$$P = F/S \tag{18-12}$$

式中　P——粘结强度，MPa；

F——最大破坏荷载（粘结力），N；

S——粘结面积，mm^2（$2500mm^2$）。

试验结果计算精确至 0.1MPa。求 10 个数据的平均值；舍去超出平均值±20%范围的数据，若有 5 个或更多数据被保留，求新的平均值；若保留数据少于 5 个则重新试验；若破坏模式为高强粘结剂与拉拔头之间界面破坏应重新进行测定。

5. 耐热性

用符合《通用硅酸盐水泥》GB 175—2007 的 42.5 级普通硅酸盐水泥和标准砂，按质量比水泥：砂：水=1：2：0.4 配料，搅拌 3min 后装入 40mm×160mm×10mm 试模中成型试件 3 块，在养护室中养护 24h 后脱模，脱模后置养护室水中养护至 7d 龄期，取出。称取样品 1000g，按生产厂家推荐的用水量加水，用净浆搅拌机搅拌均匀，缓凝型搅拌 3min，速凝型搅拌 20s。用刮板分两层将料浆刮压在试件基面上，刮料时要稍用劲来回几次使其密实，同时注意搭接，第二层刮料时第一层要保持湿润，涂层总厚度约 2mm，在养护室中保湿养护 24h，转入养护室水中养护。

试件养护至 7d 龄期，取出 3 块，置于沸水箱中煮 5h，取出试件，观察 3 块试件涂层有无开裂、起皮、脱落现象。3 个试件涂层均无开裂、起皮、脱落为合格。

6. 冻融循环性能

按抗折、抗压强度试验步骤制备的试件养护至 7d 龄期，取出 3 块。按《普通混凝土长期性能和耐久性试验方法标准》GB/T 50082—2009 规定的方法进行冻融循环试验，−15℃冻 4h，20℃水融 4h，20 次，3 个试件涂层均无开裂、起皮、脱落为合格。

18.2.4 试验结果及分析

无机防水堵漏材料根据凝结时间和用途分为缓凝型和速凝型，缓凝型主要用于潮湿基层的防水抗渗，速凝型主要用于渗漏或涌水基体上的防水堵漏，其物理力学性能指标应满足《无机防水堵漏材料》GB 23440—2009 的技术要求，见表 18-2。对比上述试验结果综合评定无机防水堵漏材料的质量。

无机防水堵漏材料物理力学性能 **表 18-2**

项目			缓凝型	速凝型
凝结时间	初凝(min)		≥10	≤5
	终凝(min)	≤	360	10
抗压强度(MPa)	1h	≥	—	4.5
	3d	≥	13.0	15.0
抗折强度(MPa)	1h	≥	—	1.5
	3d	≥	3.0	4.0
涂层抗渗压力(MPa)(7d)		≥	0.4	—
试件抗渗压力(MPa)(7d)		≥	1.5	
粘结强度(MPa)(7d)		≥	0.6	
耐热性(100℃,5h)			无开裂、起皮、脱落	
冻融循环(−15～20℃,20 次)			无开裂、起皮、脱落	

18.3 改性沥青防水卷材的基本性能检测

18.3.1 试验目的

掌握改性沥青防水卷材可溶物含量、拉力、延伸率、不透水性、耐热度、低温柔度等主要性能的测定和评价方法，可对改性沥青防水卷材的性能等级作出评价。

以下以弹性体改性沥青防水卷材为例介绍。

18.3.2 样品制备

按《弹性体改性沥青防水卷材》GB 18242—2008 测定，标准试验条件（23±2)℃。

将取样卷材切除距外层卷头 2500mm 后，顺纵向截取长度为 1000mm 的卷材，按《建筑防水卷材试验方法　第 4 部分：沥青防水卷材　厚度、单位面积质量》GB/T 328.4—2007 规定取样方法均匀分布裁取试件，试件形状和数量见表 18-3。

试件尺寸与数量　　表 18-3

序号	项目		尺寸(纵向×横向)(mm)	数量(个)
1	可溶物含量		100×100	3
2	耐热性		125×100	纵向 3
3	低温柔性		150×25	纵向 10
4	不透水性		150×150	3
5	拉力及延伸率		(250～320)×50	纵横向各 5
6	浸水后质量增加		(250～320)×50	纵向 5
7	热老化	拉力及延伸率保持率	(250～320)×50	纵横向各 5
		低温柔性	150×25	纵向 10
		尺寸变化率及质量损失率	(250～320)×50	纵向 5
8	渗油性		50×50	3
9	接缝剥离强度		400×200(搭接边处)	纵向 2
10	钉杆撕裂强度		200×100	纵向 5
11	矿物粒料黏附性		265×50	纵向 3
12	卷材下表面沥青涂盖层厚度		200×50	横向 3
13	人工气候加速老化	拉力保持率	120×25	纵横向各 5
		低温柔性	120×25	纵向 10

18.3.3 可溶物含量检测

1. 试验原理及目的

可溶物含量是单位面积防水卷材中可被选定溶剂溶出的材料的质量，按《建筑防水卷材试验方法　第 26 部分：沥青防水卷材可溶物含量（浸涂材料含量）》GB/T 328.26—2007 测定，试样在选定的溶剂中萃取直至完全后，取出让溶剂挥发，然后烘干得到可溶物含量。将烘干后的剩余部分通过规定的筛子的为填充料质量，筛余为隔离材料质量，清除胎基上的粉末后得到胎基质量。可溶物含量可评定改性沥青防水卷材中主要原材料 SBS 的含量，是区分防水卷材厚度的重要指标。

2. 仪器与材料

(1) 分析天平：精度 0.001g；

(2) 萃取器：500ml 索氏萃取器；

(3) 电热鼓风烘箱：温度范围 0～300℃，精度±2℃；

(4) 滤纸：直径不小于 150mm；

(5) 溶剂：化学纯四氯化碳、三氯乙烯或其他合适溶剂；

(6) 软毛刷和棉线；

(7) 试样：100mm×100mm 的试样 3 块。试验前试样在试验温度 (23±2)℃和相对湿度 (30～70)%的条件下至少放置 20h。

3. 试验步骤

(1) 试样称量　三块试件分别用滤纸包好，并用棉线捆扎后，分别称量 (M_1)。

(2) 萃取　将滤纸包置于萃取器中，溶剂量为烧瓶容量 1/2～2/3 进行加热萃取，直至回流的溶剂呈浅色为止，取出滤纸包，在空气中放置 30min 以上使吸附的溶剂先挥发。

(3) 烘干称量　滤纸包放入预热至 (105±2)℃的鼓风烘箱中干燥 2h，然后再放入干燥器中冷却至室温，称量滤纸包 (M_2)。

4. 试验结果

可溶物含量用式 (18-13) 计算：

$$A = 100(M_1 - M_2) \tag{18-13}$$

式中　A——可溶物含量，g/m^2；

M_1——萃取前滤纸包重，g；

M_2——萃取后滤纸包重，g。

以 3 个试件可溶物含量的算术平均值作为卷材的可溶物含量。

18.3.4　拉力及延伸率检测

1. 试验原理及目的

按《建筑防水卷材试验方法　第 8 部分：沥青防水卷材 拉伸性能》GB/T 328.8—2007 测定拉力及延伸率。使卷材以恒定速度拉伸至断裂，连续记录试验中的拉力和对应的长度变化，用以评定卷材的强度和延伸性能。

2. 试验仪器与材料

(1) 拉力机：能同时测量拉力和伸长率，测量范围 0～2000N，夹具夹持宽度不小于 50mm；

(2) 量尺：精确度 0.1mm；

(3) 试样：尺寸为 250mm×50mm 的试样纵横向各 5 块，试验前试样在试验温度 (23±2)℃和相对湿度 30%～70%的条件下至少放置 20h。

3. 试验方法

(1) 校验拉力机　将定温处理的试件夹持在夹具中心，并不得歪扭，上下夹具间的距离为 (200±2) mm，为防止试件在夹具间滑移应做标记。当用引伸仪时，试验前标距间距离为 (180±2) mm。为防止试件产生任何松弛，推荐加载不超过 5N 的力。

(2) 拉伸　控制夹具移动速度为 (100±10) mm/min，开动拉力机使试件被拉断为止，连续记录拉断时的最大拉力及最大拉力时伸长值。若试件断裂处距夹具小于 10mm 或在试验机中滑移超过极限值（据试样厚度滑移极限值在 1～2mm）时，该试件试验结果无效，应重做试验。对复合增强的卷材在应力应变图上，有两个或更多的峰值，拉力和延伸率应记录两个最大值。

4. 结果计算

分别计算每个方向 5 个试件拉力的算术平均值作为卷材纵向或横向拉力，单位 N/50mm，拉力平均值修约到 5N。

最大拉力时延伸率用式（18-14）计算。

$$E = 100(L_1 - L_0)/L_0 \tag{18-14}$$

式中　E——最大拉力时延伸率，%；

L_1——试件最大拉力时标距，mm；

L_0——试件初始标距，180mm。

分别计算纵向或横向 5 个试件最大拉力时延伸率的算术平均值作为卷材纵向或横向延伸率。

18.3.5　不透水性检测

1. 试验原理及目的

不透水性按《建筑防水卷材试验方法　第 10 部分：沥青和高分子防水卷材　不透水性》GB/T 328.10—2007 B 法测试，观察被测试件在加压规定时间有无渗漏现象来评定卷材防水效果。

2. 试验仪器和材料

（1）不透水仪：采用七孔盘，压力表测定范围为 0～0.6MPa；

（2）定时钟（或带定时器的油毡不透水测试仪）；

（3）试样：150mm×150mm 的试样 3 块，试验前试样在试验温度（23±5）℃条件下至少放置 6h。

试验在（23±5）℃进行，产生争议时，在（23±2）℃和相对湿度（50±5）%进行。

3. 试验步骤

（1）充水　将洁净水注满水缸，并将水管中的空气排净；使 3 个试座充满水。

（2）安装试件　上表面迎水，将 3 块试件上表面向下分别置于 3 个透水盘试座上，压紧固定。上表面为砂面、矿物粒料时，下表面作为迎水面，下表面材料为细砂面时，在细砂面沿密封圈一圈去除表面浮砂，然后涂一圈 60～100 号热沥青，涂平待冷却 1h 后检测不透水性。

（3）加压　打开试座进水阀，慢慢加压至指定压力后时，停止加压，关闭进水阀和油泵，同时开动定时钟，保持压力（30±2）min，随时观察试件有否渗水现象，并记录开始渗水时间。在规定测试时间内，出现一块或两块试件有渗漏时，必须立即关闭控制相应试座的进水阀，以保持其余试件能继续测试。

4. 试验结果

观察试件有无渗漏现象，在规定时间内所有试件不透水即不透水性合格。

18.3.6　耐热度检测

1. 试验原理及目的

耐热度按《建筑防水卷材试验方法　第 11 部分：沥青防水卷材　耐热性》GB/T 328.11—2007 中的 A 法测试，将试件分别悬挂在规定温度的烘箱中，在规定时间后测量试件两面涂盖层相对于胎体的位移来评定卷材耐热性能。

2. 试验仪器及原材料

(1) 电热鼓风烘箱：带有热风循环装置；

(2) 热电偶及温度计：0～150℃，能测量到±1℃；

(3) 试件悬挂装置：洁净无锈的细铁丝或回形针；

(4) 硅纸、表面皿；

(5) 标记画线装置：直尺及不超过 0.5mm 的白色耐水笔；

(6) 试件：100mm×50mm 的卷材试样 3 块。去除任何非持久保护层，试验前试样至少放置在 (23±2)℃的平面上 2h，相互间不要接触或粘连，必要时可将试样放在硅纸上。

3. 试验步骤

(1) 试样标线　按规定方法画标记线 1；

(2) 烘箱预热　烘箱预热到规定温度，试验期间最大温度波动±2℃；

(3) 挂样　在每块试件距短边一端 10mm 处的中心打一小孔，用细铁丝或回形针穿过，将试样快速（30s 内）放入烘箱，分别垂直悬挂在规定温度烘箱内的相同高度，间隔至少 30mm。试件的位置与箱壁距离不应小于 50mm，试件的中心与温度计的水银球应在同一水平位置上，距每块试件下端 10mm 处，各放一表面皿用于接受淌下的沥青物质。

(4) 加热　加热时间为 (120±2) min。

(5) 标线及观察　加热周期结束后，将试件和悬挂装置一起从烘箱中取出，在 (23±2)℃自由悬挂冷却至少 2h，然后在试件两面画第二条标记线。观察有无滑动、流淌、滴落，并记录试件两面涂盖层相对于胎体的位移。用光学装置测量在每个试件的两面两个标记底部间最大距离 ΔL。

4. 试验结果分析

计算卷材每个面三个试样的滑动值的平均值，精确到 0.1mm。加热温度下，卷材上表面和下表面涂盖层相对于胎体的滑动位移平均值不超过 2.0mm 为耐热性合格。

18.3.7　低温柔度检测

1. 试验原理及目的

低温柔度按《建筑防水卷材试验方法　第 14 部分：沥青防水卷材　低温柔性》GB/T 328.14—2007 测试。将卷材上表面和下表面分别绕浸在冷冻液中的机械弯曲装置上弯曲 180°后，观察试件涂盖层存在的裂纹评价卷材的低温柔性，以保证卷材在冬季使用过程中能承受基层变形而不开裂。

2. 试验仪器与原材料

(1) 柔度机械弯曲装置：如图 18-2 所示，柔度弯曲装置由两个直径 (20±0.1) mm 不旋转的圆筒、一个直径 (30±0.1) mm 的圆筒或半圆筒弯曲轴组成，也可根据产品规定采用其他直径的弯曲轴。该筒在两个圆筒中间可以上下移动。两个圆筒间的距离可调节，即圆筒和弯曲轴间的距离能根据卷材厚度调节。

(2) 冷冻液：+20～−40℃，精度为 0.5℃；

(3) 半导体温度计：0～50℃，最小刻度 0.5℃；

(4) 试件：尺寸为 60mm×30mm 的上表面试样和下表面试样各 5 块。去除试件任何

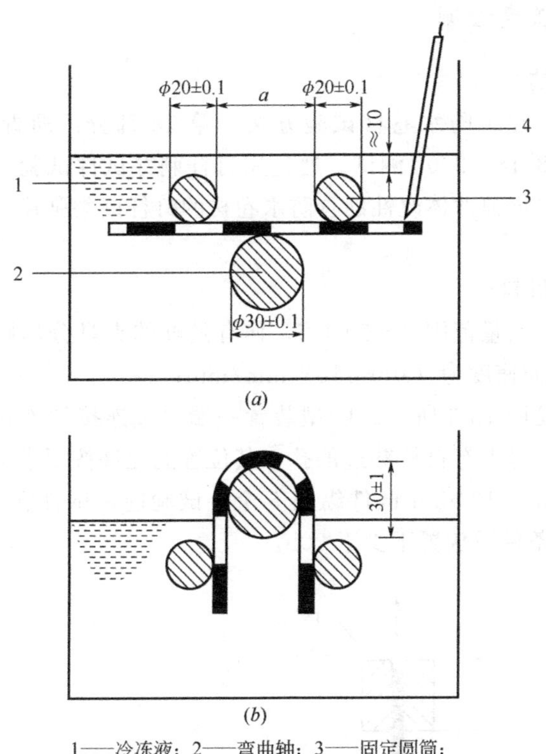

1——冷冻液；2——弯曲轴；3——固定圆筒；
4——半导体温度计（热敏探头）。

图 18-2　柔度机械弯曲装置
（*a*）开始弯曲；（*b*）弯曲结束

保护层，试验前试样至少放置在（23±2)℃的平面上 4h，相互间不要接触或粘连，必要时可将试样放在硅纸上。

3. 试验步骤

（1）装置调整：3mm 厚卷材弯曲直径 30mm，4mm、5mm 厚卷材弯曲直径 50mm。按两圆筒间距离（2 倍试样厚度＋弯曲轴直径＋2mm）调节好弯曲机械装置后，将其放入已冷却的液体中，且圆筒上端在冷冻液面下约 10mm。

（2）试样冷冻：达规定试验温度后，按试验面朝上放好试样，将装置放入冷冻液中，要保证冷冻液完全浸没试件。试件在规定试验温度放置 1h±5min；测温的半导体温度计在冷冻液中应与试样放在同一水平面。

（2）低温弯曲：电动控制弯曲装置移动速度，在 10s 内弯曲轴按（360±40）mm/min 的速度顶着试样向上移动，使试样弯曲成 180°，弯曲轴移动终点在圆筒上面（30±1）mm 处，试件表面明显露出冷冻液，同时液面也因此下降。

4. 试验结果

用肉眼或辅助光学装置观察试件表面有无裂纹。上表面和下表面试件的试验结果要分别记录。一个试验面 5 个试件在规定试验温度至少有 4 个无裂纹为低温柔度合格，两面都达到标准规定为卷材低温柔性合格。卷材柔度合格的最低温度为卷材试验面的冷弯温度。

18.3.8 钉杆撕裂强度检测

1. 试验原理及目的

钉杆撕裂强度按《建筑防水卷材试验方法　第18部分：沥青防水卷材　撕裂性能（钉杆法）》GB/T 328.18—2007测试。通过用钉杆刺穿试件试验测量需要的力，用于钉杆垂直的力撕裂。可评价弹性体改性沥青防水卷材的钉杆撕裂强度，确保卷材能承受外力穿刺而不开裂。

2. 试验仪器及原材料

（1）拉力试验机：测量范围0～2000N，伸有足够的夹具分离距离，夹具夹持宽度不小于100mm，夹具拉伸速度为（100±10）mm/min；

（2）U型装置：见图18-3所示。U型装置一端通过连接件连在拉力机夹具上，另一端用两个臂支撑试件。臂上有钉杆穿过的孔，其位置能允许按要求进行试验。

（3）试件：200mm×100mm试件纵向5个。试验前，试件在试验温度（23±2)℃、相对湿度30%～70%条件下放置不少于20h。

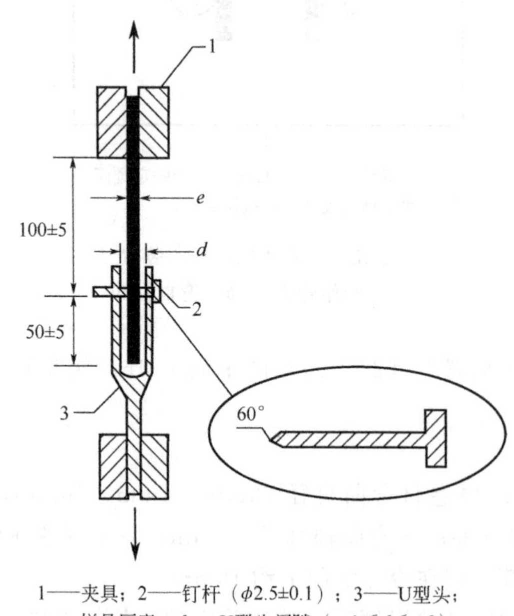

1——夹具；2——钉杆（ϕ2.5±0.1）；3——U型头；
e——样品厚度；d——U型头间隙（$e+1 \leqslant d \leqslant e+2$）。

图18-3　顶杆撕裂试验U型装置

3. 试验方法

（1）校准试验机：将试件放入打开的U型头的两臂中，用一直径为（2.5±0.1）mm的尖钉穿过U型头的孔位置，同时钉杆位置在试件的中心线上，距U型头中的试件一端（50±5）mm。钉杆距上夹具的距离为（100±5）mm。

（2）拉伸：将该装置试件一端的夹具和另一端的U型头放入拉伸试验机。开动拉力机使穿过材料的钉杆直到材料的末端为止，连续记录穿过试件顶杆的撕裂力。

4. 结果计算

分别计算纵向5个试件撕裂力的算术平均值作为卷材纵向撕裂力，精确到5N。

18.3.9　试验结果及分析

根据卷材类型，按《弹性体改性沥青防水卷材》GB 18242—2008 或《塑性体改性沥青防水卷材》GB 18243—2008 的技术要求综合评价改性沥青卷材性能。

18.4　聚氯乙烯防水卷材的基本性能检测

18.4.1　试验目的

掌握 PVC 防水卷材拉力、不透水性、耐热度、柔度等主要性能的测定和评价方法，可对 PVC 防水卷材的性能等级作出评价。

18.4.2　试样制备

标准试验条件：温度（23±2)℃，相对湿度：(60±15)%。

卷材试件在（23±2)℃放置 24h 后，按《建筑防水卷材试验方法　第 5 部分：高分子防水卷材　厚度、单位面积质量》GB 328.5—2007 规定裁取所需试件，试件尺寸和数量见表 18-4 所示，试件距卷材边缘不小于 100mm，裁切织物增强卷材时应顺着植物的走向，尽量使工作部位有最多的纤维根数。

试件尺寸与数量　　**表 18-4**

序号	项目	尺寸(纵向×横向)(mm)	数量(个)
1	拉伸性能	150×50 或符合 GB/T 528 的哑铃Ⅰ型	各 6
2	热处理尺寸变化率	100×100	3
3	低温弯折性	100×25	各 2
4	不透水性	150×150	3
5	抗冲击性能	150×150	3
6	抗静态荷载	500×500	3
7	接缝剥离强度	200×300(粘合后裁取 200×50 试件)	2(5)
8	直角撕裂强度	符合《硫化橡胶或热塑性橡胶撕裂强度的测定(裤形、直角形和新月形试样)》GB/T 529—2008 的直角形	各 6
9	梯形撕裂强度	130×50	各 5
10	吸水率	100×100	3
11	热老化	300×200	3
12	耐化学性	300×200	各 3
13	人工气候加速老化	300×200	3

18.4.3　拉伸性能

1. 试验原理及目的

L 类、P 类、GL 类卷材按《建筑防水卷材试验方法　第 9 部分：高分子防水卷材拉伸性能》GB/T 328.9—2007 中方法 A 试验，H 类、G 类卷材按方法 B 试验。使卷材以恒定速度拉伸至断裂，连续记录试验中的拉力和对应的长度变化，用以评定卷材的强度和延伸性能。

2. 试验仪器及原材料

（1）拉伸试验机：拉力测试值量程至少 2000N，夹具移动速度（100±10）mm/min 和（500±50）mm/min，夹具宽度不小于 50mm；

（2）试件：L 类、P 类、GL 类产品试件尺寸为 150mm×50mm，试件纵横向各 5 个；H 类、G 类试件为符合《硫化橡胶或热塑性橡胶拉伸应力应变性能的测定》GB/T 528—2009 的哑铃Ⅰ形试件。

试验前试件在（23±2)℃，相对湿度（50±5)%条件下至少放置 20h。标准试验温度为（23±2)℃。

3. 试验方法

（1）校验试验机：将试件夹持在夹具中心，不得歪扭。方法 A 上下夹具间的距离为 90mm，夹具移动速度（100±10）mm/min，初始标线间距离 70mm。方法 B 夹具移动速度（250±50）mm/min。

（2）拉伸：开动拉力机使受拉试件拉断为止，连续记录试件同一方向拉力、最大拉力 P、对应的距离及试件断裂时的标线间的距离 L_1，若试件断裂处距夹具小于 10mm 或在试验机中滑移超过极限值（据试样厚度滑移极限值在 1～2mm）时，该试件试验结果无效，应用备用试件重做试验。对有增强层的卷材在应力应变图上有两个或更多峰值，应记录两个最大峰值时的拉力、延伸率和断裂延伸率。P 类伸长率取最大拉力时伸长率，L 类、GL 类伸长率取断裂伸长率。

4. 结果计算

（1）断裂伸长率

断裂伸长率用式（18-15）计算：

$$E = 100(L_1 - L_0)/L_0 \tag{18-15}$$

式中 E——断裂伸长率（精确到 1%），%；

L_1——试件断裂时标线间距离，mm；

L_0——试件初始标线间距离，70mm；

（2）拉伸强度

拉伸强度用式（18-16）计算：

$$T_S = P/(B \times d) \tag{18-16}$$

式中 T_S——拉伸强度（精确到 0.1MPa），MPa；

P——最大拉力，N；

B——试件中间部位宽度，mm；

d——试件厚度，mm。

分别计算纵向或横向 5 个试件的算术平均值作为试验结果。方法 A 拉力单位为 N/50mm，结果精确至 N/50mm，方法 B 拉伸强度单位为 MPa，结果精确至 0.1MPa，延伸率精确至两位有效数字。

18.4.4　热处理尺寸变化率检测

1. 试验原理及目的

按《建筑防水卷材试验方法　第13部分：高分子防水卷材　尺寸稳定性》GB/T 328.13—2007测定试件起始纵向和横向尺寸，在规定温度加热试件到规定时间，再测量试件纵向和横向尺寸，记录并计算尺寸变化。评定卷材对基层随温度变化伸缩或开裂变形的适应性。

2. 试验仪器与材料

(1) 鼓风烘箱：控温范围为室温～200℃，精度±2℃；

(2) 热电偶及温度计：0～150℃，能测量到±1℃；

(3) 机械或光学测量装置：测量试件纵向和横向尺寸，精度0.1mm。

(4) 试件：100mm×100mm的试样3块。试验前试件在(23±2)℃，相对湿度(50±5)%条件下至少放置20h。

3. 试验步骤

(1) 画标线：试件标明纵横方向，在试件中心作永久标记。在每边测量处划线，测量试件起始的纵向和横向划线处的尺寸L_0、T_0，测量精确到0.1mm。

(2) 将试件平放在撒有少量滑石粉的釉面砖垫板上，再将垫板水平放入(80±2)℃的鼓风烘箱中，不得叠放，在此温度下恒温24h后取出，在(23±2)℃，相对湿度(50±5)%条件下至少放置24h，再测量试件纵向和横向划线处的尺寸L_1、T_1，测量精确到0.1mm。

4. 试验结果计算

纵、横向热处理尺寸变化率分别用式(18-17)和式(18-18)计算：

$$\Delta L = | L_1 - L_0 | / L_0 \times 100\% \tag{18-17}$$

$$\Delta T = | T_1 - T_0 | / L_0 \times 100\% \tag{18-18}$$

式中　ΔL、ΔT——纵向、横向热处理尺寸变化率，%；

L_0、T_0——试件纵向、横向的初始尺寸，mm；

L_1、T_1——试件纵向、横向加热处理后的尺寸，mm。

分别计算3个试件纵、横向尺寸变化率的平均值作为纵、横向试验结果，修约到0.1%。

18.4.5　不透水性检测

1. 试验原理及目的

不透水性按《建筑防水卷材试验方法　第10部分：沥青和高分子防水卷材　不透水性》GB/T 328.10—2007中的方法B测试，测定试件加压规定时间有无渗漏现象评定卷材防水效果。

2. 试验仪器与材料

(1) 不透水仪：透水盘的压盖板采用十字金属开缝槽盘；

(2) 试件：150mm×150mm的试样3块，试验前试样在试验温度(23±5)℃条件下至少放置6h。

3. 试验方法

（1）充水　将洁净水注满水缸，并将水管中的空气排净；使3个试座充满水。

（2）安装试件　上表面迎水，将3块试件上表面向下分别置于3个透水盘试座上，盖上规定的透水盘压紧固定。

（3）加压　打开试座进水阀，慢慢加压至0.3MPa后，停止加压，关闭进水阀和油泵，同时开动定时钟，保持压力2h，随时观察试件有否渗水现象，并记录开始渗水时间。在规定测试时间内，出现一块或两块试件有渗漏时，必须立即关闭控制相应试座的进水阀，以保持其余试件能继续测试。

4. 试验结果

观察试件有无渗水现象。所有试件在规定时间不透水说明不透水性合格。

18.4.6　低温弯折性检测

1. 试验原理及目的

低温弯折性按《建筑防水卷材试验方法　第15部分：高分子防水卷材　低温弯折性》GB/T 328.15—2007测试，放置已弯曲的试件在合适的弯折设备上，将弯曲试件在规定的低温温度放置1h，在1s内压下弯曲装置，保持该位置1s，取出试件。在室温下用6倍放大镜观察弯折区域，评定卷材抗低温弯曲时开裂能力。

2. 仪器与材料

（1）弯折板：半径（r）15mm、25mm金属柔度弯板；

（2）环境箱：空气循环的低温空间，温度范可调至－45℃，精度±2℃；

（3）检查工具：6倍玻璃放大镜；

（4）试件：100mm×25mm的试样纵横向各2块。试验前试样在试验温度（23±5）℃、相对湿度（50±5）%条件下至少放置20h。

3. 试验方法

（1）测厚度：根据《建筑防水卷材试验方法　第5部分：高分子防水卷材　厚度、单位面积质量》GB/T 328.5—2007测量每个试件厚度；

（2）弯曲试样：将试件沿长度方向弯曲180°，使25mm宽的边缘平齐，用胶粘带或订书机将端部固定在一起。4块试样两个卷材的上表面弯曲朝外，如此弯曲固定一个纵向、一个横向试件，另两块卷材的上表面弯曲朝内，如此弯曲固定一个纵向、一个横向试件。调整弯折仪上下平板间的距离为试件厚度的3倍，然后将试件放在弯折机的下平板上，试件重叠的一边朝向弯折机轴，距转轴中心约25mm；

（3）冷弯：将放有试件的弯折机放入低温冰箱中，在规定温度下保持1h后打开冰箱，在规定温度1s内将上平板压下到水平位置合上，保持该位置1s，整个操作过程在低温箱进行。取出试件，恢复到（23±5）℃，并用6倍放大镜观察试件弯折区域的裂纹与断裂。

4. 试验结果

用6倍放大镜观察试件弯折区，无裂纹为该温度下低温弯折性合格。弯折试验每5℃重复一次，任何试件不出现裂纹和断裂的最低温度为卷材的低温弯折温度。

18.4.7　抗冲击性能检测

1. 试验目的

抗冲击性能按《聚氯乙烯（PVC）防水卷材》GB 12952—2011 6.9 和《色漆和清漆快速变形（耐冲击性）试验　第 2 部分：落锤试验（小面积冲头）》GB/T 20624.2—2006 测试，将待测卷材放在金属薄板上，将一标准重锤降落一定距离冲击冲头，而使卷材和底材变形。通过逐渐增加重锤下落的距离，可测出卷材经常破坏的数值点。用放大镜或用 $CuSO_4$ 溶液（或染色水）观察穿孔开裂情况，可评定卷材受外力的抗刺穿能力。

2. 试验仪器与原材料

（1）落锤冲击仪：符合《色漆和清漆快速变形（耐冲击性）试验　第 2 部分：落锤试验（小面积冲头）》GB/T 20624.2—2006 规定，导管刻度长 0～1000mm，分度值 10mm，重锤质量 1000g，钢珠直径 12.7mm；

（2）玻璃管：内径不小于 30mm，长 600mm；

（3）铝板：厚度不小于 4mm；

（4）试件：150mm×150mm 的试样 3 块。

3. 试验方法

（1）将试件平放在铝板上，并一起放在密度为 25kg/m^3、厚度 50mm 的泡沫聚苯乙烯垫板上。按《色漆和清漆快速变形（耐冲击性）试验第 2 部分：落锤试验（小面积冲头）》GB/T 20624.2—2006 进行试验。穿孔仪置于试件表面，将冲头下端的钢珠置于试件的中心部位，球面与试件接触。把重锤调节到规定的落差高度 300mm 并定位。使重锤自由下落，撞击位于试件表面的冲头，然后将试件取出，检查试件是否穿孔，试验 3 块试件。

（2）无明显穿孔时，对试件进行水密性试验。将圆形玻璃管垂直放在试件穿孔试验点的中心，用密封胶密封玻璃管与试件间的缝隙。将试件置于 150mm×150mm 滤纸上，滤纸放置在玻璃板上，把染色的水加入玻璃管中，静置 24h 后检查滤纸。

4. 试验结果

24h 后滤纸若有变色、水迹现象表明试件已穿孔。

18.4.8　试验结果及分析

根据《聚氯乙烯防水卷材》GB 12952—2011 的技术要求综合评价卷材性能。

18.5　聚氨酯防水涂料的基本性能检测

18.5.1　试验目的

掌握聚氨酯防水涂料固体含量、拉伸性能、干燥时间、不透水性、低温弯折等主要性能的测定和评价方法，可对聚氨酯防水涂料的性能等级作出评价。

18.5.2　试样制备

标准试验条件为温度（23±2）℃，相对湿度（50±10）%。试件制备前，试样及所用试验器具应在标准试验条件下放置至少 24h。在标准试验条件下称取所需的样品量，应保证最终涂膜厚度（1.5±0.2）mm。

将静置后的试样混合均匀，不得加入稀释剂。若样品为多组分涂料，则按产品生产厂家要求的配合比混合后在不混入气泡的情况下充分搅拌 5min，静置 2min，再倒入模框中；也可按生产企业要求使用喷涂设备制备涂膜。模框不得翘曲且表面平滑，为便于脱模，涂覆前可用脱模剂（硅油或石蜡）处理。多组分试样一次涂覆到规定厚度，多组分试样分三次涂覆到规定厚度，样品也可按生产厂家要求次数涂覆（最多三次，每次间隔不超过 24h），涂覆后间隔 5min，轻轻刮去表面的气泡，最后一次将表面刮平，在标准试验条件下养护 96h，然后脱模，涂膜翻面后，继续在标准试验条件下养护 72h。

用规定的切片机切割涂膜，试样形状及数量见表 18-5 所示。

聚氨酯防水涂料试件尺寸与数量 **表 18-5**

序号	项目		试件形状(mm)	数量(个)
1	拉伸性能		符合 GB/T 528 规定的哑铃Ⅰ型	5
2	撕裂强度		符合 GB/T 529—2008 规定的无割口直角形	5
3	低温弯折性		100×25	3
4	不透水性		150×150	3
5	加热伸缩率		300×30	3
6	吸水率		50×50	3
7	定伸时老化	热处理	符合 GB/T 528 规定的哑铃Ⅰ型	3
		人工气候老化		3
8	热处理	拉伸性能	120×30,处理后再裁取符合 GB/T 528 规定的哑铃Ⅰ型	5
		低温弯折性	100×25	3
9	碱处理	拉伸性能	120×30,处理后再裁取符合 GB/T 528 规定的哑铃Ⅰ型	5
		低温弯折性	100×25	3
10	酸处理	拉伸性能	120×30,处理后再裁取符合 GB/T 528 规定的哑铃Ⅰ型	5
		低温弯折性	100×25	3
11	人工气候老化	拉伸性能	120×30,处理后再裁取符合 GB/T 528 规定的哑铃Ⅰ型	5
		低温弯折性	100×25	3
12	燃烧性能		250×90	5
13	硬度(邵 AM)		120×30	3
14	耐磨性		100×100 或 ϕ100	3
15	耐冲击性		150×150	1

18.5.3 固体含量检测

1. 试验目的

测定涂料中成膜物质含量，评定涂膜质量。

2. 试验仪器及材料

（1）培养皿：直径 75～80mm，边高 8～10mm；

(2) 干燥器：内放变色硅胶或无水氯化钙；

(3) 天平：感量 0.001g；

(4) 电热鼓风干燥箱：控制精度±2℃；

(5) 坩埚钳；

(6) 玻璃棒：长约 100mm。

3. 试验方法

将样品搅匀后，取（10±1）g 的样品倒入已干燥称量的直径（65±5）mm 的培养皿（m_0）中刮平，立即称量（m_1），然后在标准试验条件下放置 24 h。再放入到（120±2)℃的烘箱中，恒温 3h，取出放入干燥器中，冷却 2h，然后称量（m_2）。

4. 固体含量

固体含量式（18-19）计算：

$$X=(m_2-m_0)/(m_1-m_0)\times 100 \tag{18-19}$$

式中 X——固体含量，%；

m_0——培养皿质量，g；

m_1——干燥前试样和培养皿质量，g；

m_2——干燥后试样和培养皿质量，g。

试验结果取两次平行试验的平均值，结果计算精度到 0.1%。

18.5.4 干燥时间检测

1. 试验目的

按《建筑防水涂料试验方法》GB/T 16777—2008 第 16 章进行试验，评定涂料干燥时间。

2. 试验仪器与原材料

(1) 铝板：规格 50mm×120mm×（1～3）mm；

(2) 计时器：秒表，分度至少为 1min；

(3) 线棒涂布器或软毛刷；

(4) 单面保险刀片。

3. 试验方法

试验前铝板、工具、涂料应在标准试验条件下放置至少 24h。湿膜厚度为（0.5±0.1）mm。

(1) 表干时间

在标准试验条件下，将搅拌均匀的试样按产品要求涂刷于铝板上制备涂膜，涂膜面积为 100mm×50mm，记录涂布结束时间。对多组分涂料从混合开始记录时间。静置一段时间后，用无水乙醇擦净手指，在距试件边缘不小于 10mm 的范围内以手指轻触涂膜表面，若感到有些发黏，但无涂料黏附在手指上，即为表干，记下时间。从试验开始到结束的时间即为表干时间。

(2) 实干时间

用测表干时间法制试件，记录涂刷结束时间。静置一段时间后，用单面保险刀片在距试件边缘不小于 10mm 的范围内切割涂膜，若底层及膜内均无黏附手指现象，则为实干，记下此时时间。从试验开始到结束的时间即为实干时间。

（3）试验结果及精度要求

平行试验两次，以两次试验结果的平均值作为试验结果，有效数字应精确到试验时间的10%。对表面有组分渗出的试件，以实干时间作为表干时间的试验结果。表干时间不超过2h的，精确到0.5h，表干时间超过2h的，精确到1h。实干时间不超过2h的，精确到0.5h，实干时间超过2h的，精确到1h。

18.5.5 拉伸性能检测

1. 试验目的

测定防水涂膜适应基层变形的能力，保证防水效果。

2. 试验仪器与材料

（1）电热鼓风干燥箱：控温范围为室温～200℃，精度±2℃；

（2）拉伸试验机：测量值在量程的15%～85%之间，示值精度不低于1%，伸长范围大于500mm，拉伸速度（500±50）mm/min；

（3）冲片机及符合《硫化橡胶或热塑性橡胶　拉伸应力应变性能的测定》GB/T 528—2009要求的哑铃Ⅰ型裁刀；

（4）厚度计：接触面直径6mm，单位面积压力0.02MPa，分度值0.01mm；

（5）紫外线箱：55W直管汞灯，灯管与灯箱平行，与试件表面距离为（47～50）cm；

（6）氙弧灯老化试验箱：符合《建筑防水材料老化试验方法》GB/T 18244—2000要求的氙弧灯老化试验箱；

（7）试件及釉面砖：符合《硫化橡胶或热塑性橡胶　拉伸应力应变性能的测定》GB/T 528—2009要求的哑铃Ⅰ型试件，试件数根据所测拉伸试验项目数各需5个。

3. 试验步骤

（1）无处理拉伸性能测定

用直尺在哑铃Ⅰ型试件上划好两条间距为25mm的平行标线，并用厚度计测出试件标线中间和两端三点的厚度，取其算术平均值作为试件厚度。将试件装在拉伸试验机夹具之间，保持试件长度方向的中线与试验机夹具中心在一条线上，夹具间标距为70mm，以（500±50）mm/min的拉伸速度拉伸试件至断裂，记录试件断裂时的最大荷载（F），并量取试件标线间距离（L_1），精确至0.1mm，测试5个试件，若有试件断裂在标线外，其结果无效，应采用备用件补测。

（2）热处理拉伸性能测定

裁取6个120mm×25mm的矩形涂膜试件，将其平放在隔离材料釉面砖上，水平放入已达到规定温度的电热鼓风烘箱内，试件与箱壁间距不得少于50mm，试件的中心应与温度计水银球在同一水平位置上，在（80±2)℃下恒温（168±1）h后取出，然后在标准试验条件下放置4h，裁取符合《硫化橡胶或热塑性橡胶　拉伸应力应变性能的测定》GB/T 528—2009要求的哑铃Ⅰ型试件，按上述规定方法进行拉伸试验。

（3）碱处理拉伸性能测定

在（23±2)℃时，在0.1%化学纯氢氧化钠（NaOH）溶液中，加入$Ca(OH)_2$试剂并达到过饱和状态。在600ml该溶液中放入6个120mm×25mm的矩形涂膜试件，液面应高出试件表面10mm以上，连续浸泡（168±1）h取出，充分用水冲洗，擦干，在标准试验条件下放置4h，裁取符合《硫化橡胶或热塑性橡胶　拉伸应力应变性能的测定》GB/T 528—2009要求的哑铃Ⅰ型试件，按上述规定方法进行拉伸试验。

对水性涂料，浸泡取出擦干后，再在（60±2)℃电热鼓风烘箱中放置6h±15min，取出在标准试验条件下放置（18±2）h，裁取符合《硫化橡胶或热塑性橡胶　拉伸应力应变性能的测定》GB/T 528—2009要求的哑铃Ⅰ型试件，按上述规定方法进行拉伸试验。

（4）酸处理拉伸性能测定

在（23±2)℃时，在600ml的2%化学纯硫酸（H_2SO_4）溶液中，放入6个120mm×25mm的矩形涂膜试件，液面应高出试件表面10mm以上，连续浸泡（168±1）h取出，充分用水冲洗，擦干，在标准试验条件下放置4h，裁取符合《硫化橡胶或热塑性橡胶　拉伸应力应变性能的测定》GB/T 528要求的哑铃Ⅰ型试件，按上述规定方法进行拉伸试验。

对水性涂料，浸泡取出擦干后，再在（60±2)℃电热鼓风烘箱中放置6h±15min，取出在标准试验条件下放置（18±2）h，裁取符合《硫化橡胶或热塑性橡胶　拉伸应力应变性能的测定》GB/T 528要求的哑铃Ⅰ型试件，按上述规定方法进行拉伸试验。

（5）紫外线处理拉伸性能测定

将6个120mm×25mm的矩形涂膜试件平放在隔离材料釉面砖上，为防粘，可在釉面砖表面撒滑石粉。将试件水平放入紫外线箱内，距试件表面50mm左右的空间温度为(45±2)℃，恒温照射240h后取出，然后在标准试验条件下放置4h，裁取符合《硫化橡胶或热塑性橡胶　拉伸应力应变性能的测定》GB/T 528要求的哑铃Ⅰ型试件，按上述规定方法进行拉伸试验。

（6）人工气候老化材料拉伸性能测定

将6个120mm×25mm的矩形涂膜试件放入符合《建筑防水材料老化试验方法》GB/T 18244—2000要求的氙弧灯老化试验箱中，试样累计照射能量为$1500MJ^2/m^2$（约720h）后取出，擦干，然后在标准试验条件下放置4h，裁取符合《硫化橡胶或热塑性橡胶　拉伸应力应变性能的测定》GB/T 528要求的哑铃Ⅰ型试件，按上述规定方法进行拉伸试验。

对水性涂料，取出擦干后，再在（60±2)℃电热鼓风烘箱中放置6h±15min，取出在标准试验条件下放置（18±2）h，裁取符合《硫化橡胶或热塑性橡胶　拉伸应力应变性能的测定》GB/T 528要求的哑铃Ⅰ型试件，按上述规定方法进行拉伸试验。

4. 试验结果处理及计算

若试件在狭窄部分以外断裂则舍弃该试验数据，计算结果取5个试件的平均值，拉伸强度结果精确到0.01MPa，断裂伸长率结果精确到1%。若试验数据与平均值的偏差超过15%，则剔除该数据，以剩下的至少3个试件的算术平均值作为试验结果。若有效试验数据少于3个，则需重新试验。

（1）拉伸强度

拉伸强度用式（18-20）计算：

$$P = F/A \tag{18-20}$$

式中　P——拉伸强度，MPa；

F——试件最大荷载，N；

A——试件断面面积，mm^2。

$$A = bd$$

式中 b——试件工作部分宽度，mm；

d——试件实测厚度，mm。

(2) 断裂伸长率

断裂伸长率用式（18-21）计算：

$$E = (L_1 - L_0)/L_0 \times 100\% \quad (18\text{-}21)$$

式中 E——试件断裂时伸长率，%；

L_0——试件起始标线间距离，25mm；

L_1——试件断裂时标线间距离，mm。

18.5.6 撕裂强度检测

1. 试验原理及目的

按《硫化橡胶或热塑性橡胶撕裂强度的测定（裤形、直角形和新月形试样）》GB/T 529—2008 测试撕裂强度。用拉力试验机对有割口或无割口的试样在规定的速度下进行连续拉伸，直至试样撕断，将测定的力值按规定的计算方法求出撕裂强度，以此评定涂膜抵抗外力变形的能力。

2. 试验仪器与原材料

(1) 电热鼓风干燥箱：控温范围为室温～200℃，精度±2℃；

(2) 拉伸试验机：测量值在量程的15%～85%之间，示值精度不低于1%，伸长范围大于500mm，拉伸速度（500±50）mm/min；

(3) 冲片机及符合《硫化橡胶或热塑性橡胶撕裂强度的测定（裤形、直角形和新月形试样）》GB/T 529—2008 中5.1.2要求的直角撕裂裁刀；

(4) 厚度计：接触面直径6mm，单位面积压力0.02MPa，分度值0.01mm；

(5) 试件：符合《硫化橡胶或热塑性橡胶撕裂强度的测定（裤形、直角形和新月形试样）》GB/T 529—2008 中要求的无割口直角撕裂试件5块。

3. 试验方法

用厚度仪测量试件直角撕裂区域三点的厚度，取其算术平均值作为试件厚度。将试件装在拉伸试验机夹具之间，保持试件长度方向的中线与试验机夹具中心在一条线上，以（500±50）mm/min拉伸速度拉伸试件至断裂，记录试件断裂时的最大荷载（P），测试5个试件。

4. 试验结果处理及计算

取5个试件的平均值作为计算结果，结果精确到0.1kN/m。若试验数据与平均值的偏差超过15%，则剔除该数据，以剩下的至少3个试件的算术平均值作为试验结果。若有效试验数据少于3个，则需重新试验。

试件撕裂强度按式（18-22）计算：

$$T = P/d \quad (18\text{-}22)$$

式中 T——撕裂强度，kN/m；

P——试件最大拉力，N；

d——试件厚度的中位数，mm。

18.5.7 不透水性检测

1. 试验原理及目的

不透水性按《建筑防水涂料试验方法》GB/T 16777—2008 第 15 章中的方法测试，测定试件加压规定时间有无渗漏现象评定涂膜防水效果。

2. 试验仪器与原材料

(1) 不透水仪：符合《建筑防水卷材试验方法 第 10 部分：沥青和高分子防水卷材不透水性》GB/T 328.10—2007 中 5.2 规定；

(2) 金属网：铜丝网孔径为（0.5±0.1）mm；

(3) 试件：150mm×150mm 涂膜试件 3 块。

3. 试验方法

试验温度（23±5)℃，试验前试样在标准试验条件下放置 2h。

(1) 充水 将洁净水注满水缸，并将水管中的空气排净；使 3 个试座充满水。

(2) 安装试件 将 3 块试件分别置于 3 个透水盘试座上，再在试件上加一相同尺寸的金属网，盖上 7 孔圆盘，压紧固定。

(3) 加压 打开试座进水阀，慢慢加压至指定压力后时，停止加压，关闭进水阀和油泵，同时开动定时钟，保持压力（30±2）min，随时观察试件有否渗水现象，并记录开始渗水时间。

4. 试验结果

所有试件在规定时间内不透水即不透水性合格。

18.5.8 低温弯折性检测

1. 试验目的

低温弯折性按《建筑防水涂料试验方法》GB/T 16777—2008 第 14 章中的方法测试，放置已弯曲的试件在合适的弯折设备上，将弯曲试件在规定的低温温度放置 1h，在 1s 内压下弯曲装置，保持该位置 1s，取出试件。在室温下用 6 倍放大镜观察弯折区域，评定涂膜在冬季使用过程中承受基层弯曲变形的能力。

2. 试验仪器与原材料

(1) 弯折机：《建筑防水涂料试验方法》GB/T 16777—2008 规定设备；

(2) 低温冰箱：精度±2℃；

(3) 圆棒：直径 10mm、20mm；

(4) 放大镜：6 倍放大倍数；

(5) 试件：100mm×25mm 涂膜试件 3 块；

(6) 釉面砖。

3. 试验方法

(1) 无处理低温弯折性

将试件沿长度方向弯曲 180°，使 25mm 宽的边缘平齐，用胶粘带或订书机将端部固定在一起，如此弯曲 3 块试样。调整弯折仪上下平板间的距离为试件厚度的 3 倍，然后将试件放在弯折机的下平板上，试件重叠的一边朝向弯折机轴，距转轴中心约 20mm，将放有试件的弯折机放入低温冰箱中，在规定温度下保持1h后打开冰箱，在规定温度1s内将上平板压下到水平位置合上，保持该位置1s，整个操作过程在低温箱进行。取出试件，恢复到（23±5)℃，并用6倍放大镜观察试件弯折区域的裂纹与断裂。

(2) 热处理低温弯折性能测定

将3个100mm×25mm的矩形涂膜试件平放在隔离材料釉面砖上，水平放入已达到规定温度的电热鼓风烘箱内，试件与箱壁间距不得少于50mm，试件的中心应与温度计水银球在同一水平位置上，在（80±2)℃下恒温（168±1）h后取出，然后在标准试验条件下放置4h，按上述规定方法进行低温弯折试验。

(3) 碱处理低温弯折性能测定

在（23±2)℃时，在0.1%化学纯氢氧化钠NaOH溶液中，加入Ca（OH)$_2$试剂并达到过饱和状态。在400ml该溶液中放入3个100mm×25mm的矩形涂膜试件，液面应高出试件表面10mm以上，连续浸泡（168±1）h取出，充分用水冲洗，擦干，在标准试验条件下放置4h，按上述规定方法进行低温弯折试验。

对水性涂料，浸泡取出擦干后，再在（60±2)℃电热鼓风烘箱中放置6h±15min，取出在标准试验条件下放置（18±2）h，按上述规定方法进行低温弯折试验。

(4) 酸处理低温弯折性能测定

在（23±2)℃时，在400ml的2%化学纯硫酸H_2SO_4溶液中，放入3个100mm×25mm的矩形涂膜试件，液面应高出试件表面10mm以上，连续浸泡（168±1）h取出，充分用水冲洗，擦干，在标准试验条件下放置4h，按上述规定方法进行低温弯折试验。

对水性涂料，浸泡取出擦干后，再在（60±2)℃电热鼓风烘箱中放置6h±15min，取出在标准试验条件下放置（18±2）h，按上述规定方法进行低温弯折试验。

(5) 紫外线处理低温弯折性能测定

将3个100mm×25mm的矩形涂膜试件平放在隔离材料釉面砖上，为防粘，可在釉面砖表面撒滑石粉。将试件水平放入紫外线箱内，距试件表面50mm左右的空间温度为(45±2)℃，恒温照射240h后取出，然后在标准试验条件下放置4h，按上述规定方法进行低温弯折试验。

(6) 人工气候老化材料低温弯折性能测定

将3个100mm×25mm的矩形涂膜试件放入符合GB/T18244要求的氙弧灯老化试验箱中，试样累计照射能量为1500MJ^2/m^2（约720h）后取出，擦干，然后在标准试验条件下放置4h，按上述规定方法进行低温弯折试验。

对水性涂料，取出擦干后，再在（60±2)℃电热鼓风烘箱中放置6h±15min，取出在标准试验条件下放置（18±2）h，按上述规定方法进行低温弯折试验。

4. 试验结果

用肉眼观察所有试件表面无裂纹为低温弯折性合格。

18.5.9 试验结果及分析

根据《聚氨酯防水涂料》GB/T 19250—2013的技术要求综合评价涂料性能。

第七篇　防水材料工程应用案例

第19章 防水材料工程应用案例

19.1 黄河源水电站高抗冻混凝土配合比设计

工程概况：青海黄河源水电站海拔4300m，最冷月平均气温低于−15℃，年结冰期达6个月左右。设计要求提供C30P6F300、C25P6F250和C20P4F200的混凝土，混凝土拌合物坍落度在3～5cm。工程所用原材料：42.5、52.5普通水泥；中砂，细度模数2.78；石子D_{max}为40mm；外加剂为RH引气型减水剂。混凝土配合比及物理性能如表19-1所示。引气剂最佳掺量为水泥重量的0.025%。

抗冻防水混凝土的配合比及物理性能 表19-1

混凝土强度等级	水泥	水胶比	坍落度	每立方米原材料用量(kg)					引气剂(g)	抗压强度(MPa)			抗渗标号P>	抗冻标号F>
				水	水泥	砂	石(mm)			7d	14d	28d		
							20～40	5～20						
C30	52.5	0.43	3.5	165	388	574	732	488	97	27.6	35.8	41.0	8	300
C25	42.5	0.43	3.4	148	339	590	754	503	85	26.7	30.6	34.1	8	250
C20	42.5	0.45	4.0	163	362	619	715	476	91	22.8	29.5	32.0	6	200

19.2 哈医大附属第一医院门诊保健大楼地下室防水工程

工程概况：哈尔滨医科大学附属第一医院门诊保健大楼建筑面积78570m^2，地下3层，地上22层，地下室基坑深18m，由于用地十分紧张，基槽开挖的尺寸非常有限，在实际工程中，外墙已无法进行防水卷材的施工，因此，选择了刚性防水技术。

地下室防水混凝土为C50P8，地下室底板、墙板均采用在防水混凝土中添加密实剂，其外侧抹掺有防水剂的防水砂浆防水层，一方面起到防水密实剂的作用，另一方面起到抗裂收缩的作用，满足了大体积混凝土施工的需要。

防水效果：主楼完工后经两年多观察，防水性能稳定，未出现渗水漏水点。

19.3 补偿收缩防水混凝土的应用

工程概况：福州某建筑高28层，地下室基础长150m，宽40m，底板厚0.6m，总混凝土量3000m^3。该工程紧靠闽江，地下水位很高，底板不设柔性防水，采用补偿收缩防水混凝土，泵送施工。为减少收缩应力的集中，沿地下室长度方向设后浇带，地下室侧墙纵筋间距由20m改为15m。

该工程混凝土设计强度等级C35，抗渗等级P10，坍落度140～160mm，60min坍落度为120mm，砂率41%，水胶比0.40。采用52.5普通水泥；河砂细度模数2.53；卵石粒径5～40mm；UEA膨胀剂为安徽巢湖速凝剂总厂生产，水中7d膨胀率0.032%，28d膨胀率0.041%，空气中28d膨胀率0.012%；粉煤灰为长乐电厂Ⅱ级灰；TW-6泵送剂为福建省建筑科学研究院生产，减水率20%；混凝土配合比如表19-2所示。

补偿收缩防水混凝土配合比（kg/m³） 表19-2

材料名称	水	水泥	砂	石	UEA	粉煤灰	泵送剂
材料用量	185	362	736	1058	36.2	59	5.79

施工过程振捣做到不漏振、过振；混凝土终凝后立即养护，养护期14d。该地下工程混凝土28d抗压强度实测值为41.0～46.2MPa，高于设计强度，抗渗等级大于P10。

防水效果： 工程完工后，整体结构外观质量良好，没有出现裂纹。

19.4 水泥基渗透结晶型防水涂料对混凝土结构的补强修复

工程概况： 浙江某会展中心的地下外墙防水施工中，因混凝土结构本身问题，基面蜂窝状情况较严重，因工期紧要返工已无可能。

现采用“水泥基渗透结晶型防水材料”做地下外墙防水施工。施工时先处理基面，采用堵漏方式修复，再在混凝土基面表层做水泥基渗透结晶型防水涂层，既加强了混凝土结构的强度，也提高了结构表层的抗裂抗渗作用，最终顺利通过了土建结构的质量验收。

19.5 养护对水泥基渗透结晶型防水涂料性能的影响

工程概况： 北京某室内游泳池池壁设计是C40混凝土，实际达到强度为C45，迎水面选用厚为1.0～1.2mm的水泥基渗透结晶型防水涂层，防水涂层上用1∶3的水泥砂浆贴瓷片。该游泳现场防水层施工7d后，开始用水泥砂浆贴瓷片层，大约过了5d，砂浆层陆续起鼓，而且起鼓面积越来越大，到第7～10d，大面积的砂浆层开始脱落。结果造成瓷片及粘接层带着防水层大面积脱落，防水工程失败。

案例分析： 在强度较高的混凝土基层和水泥砂浆层间，强度低的水泥基渗透结晶型防水涂层起到了隔离层作用，砂浆层强度不高时，不会产生层间剥离，只要砂浆有一定强度和收缩时，中间低强度涂层的隔离作用就会显出来。随着砂浆层强度一天天的增长，这种隔离作用就越强烈，最终会导致砂浆层与混凝土基体剥离面积越来越大，甚至有些部位的砂浆层带着防水层从池壁掉下来。该工程防水层脱落的主要原因是防水涂层自身强度低，这与涂层施工时保湿养护不足甚至某些部位粉化有直接关系。

19.6 聚合物水泥基材料在坡屋面上的应用

工程概况： 杭州灵隐中天竺恩格法净寺屋面坡度大，超过45°，原采用SBS改性沥青防水卷材防水层，上坐浆铺砌琉璃瓦，工程尚未竣工，铺好的防水层和琉璃瓦整体下滑，只能全部拆除。

案例分析： SBS改性沥青防水卷材自重大，不宜用于坡屋面防水。

防水方案： 经专家论证采用涂刮5mm厚掺聚丙烯纤维的JS聚合物水泥砂浆及涂刮0.8mm厚JS聚合物水泥防水涂料，在复合防水层上再坐浆铺砌琉璃瓦，获得了很好的防水效果，也未发生任何下滑现象。该防水方案充分利用JS聚合物水泥砂浆的高强度和韧性及JS防水涂料的延伸性能，复合组成既坚固又防水，且对基层变形适应能力很强的防水层。这两种防水材料与水泥类材料具有很强的粘结能力，所以可坐浆铺砌装饰材料。

19.7 道桥用聚合物改性沥青防水涂料的研制

桥面用防水材料要求坚固、耐久、弹韧性强，能适应高温（80℃）、严寒（－40℃）和130℃以上的热碾压施工温度。徐州卧牛山新型防水材料有限公司以氯丁胶乳改性沥青乳液为基料，添加优质助剂和复合增强剂，制备出满足《道桥用防水涂料》JC/T 975—2005要求的WFT-306道桥用聚合物改性沥青防水涂料，其配方及涂料性能见表19-3。

WFT-306道桥用聚合物改性沥青防水涂料的配方及物理性能 表19-3

涂料配方				涂料性能		
原材料	配比(质量分数)(%)	原材料	配比(质量分数)(%)	项目	指标	
					标准	实测
改性树脂1	15～18	增塑剂	0.4～0.6	固含量(%) ≥	50	52
改性树脂2(自制)	1～2	阳离子氯丁胶乳	25～35	表干时间(h) ≤	4	3.2
				实干时间(h) ≤	8	4.5
OT	0.2～0.4	填料	3～5	低温柔性(－25℃)	无裂纹	合格
乳化剂1(自制)	0.1～0.2	硫化剂	0.01～0.015	不透水性(0.3MPa,30min)	不透水	合格
乳化剂2(自制)	0.4～0.6	水	30～40	耐热度(160℃)	无流淌、滑动、滴落	合格
稳定剂	0.05～0.075	复合增强剂	3～5	拉伸强度(MPa) ≥	1.00	1.56
消泡剂	0.1～0.2	助剂(分散剂、湿润剂、增稠剂、防腐剂)	0.5～1.0	断裂延伸率(%) ≥	800	1796
pH调节剂	0.1～0.2			与水泥混凝土粘结强度(MPa) ≥	0.60	0.86

19.8 施工环境条件对聚氨酯防水涂料性能的影响

工程概况： 某地下工程防水采用了单组分聚氨酯防水涂料，施工时正值夏季高温、高湿天气，在涂膜施工78h后，2mm厚的膜层均都成为45mm泡沫体材料，切下膜层，测试出抗拉强度和延伸率大幅度下降。

案例分析： 在夏季高温、高湿气候条件下，常规聚氨酯涂料很难满足要求。

高温、高湿气候条件下施做涂膜时，会裹进大量的水汽，高温条件加速了涂料中活性基团与这些水汽的反应，同时也加速了膜层的固化速度，膜层中所产生的二氧化碳气体，来不及逸出，因此就成了泡沫状的材料。因此，在高温、高湿环境下宜采用刮涂型聚脲类涂料或是能够在高温、高湿条件下施做的聚氨酯涂料，以避免上述问题的发生。

19.9 背水面防水对聚氨酯防水涂料防水效果的影响

工程概况： 北京某居民楼地下室为框架砖混结构，由于外防水层破坏，每到雨季，地下水位上升，室内地面积水达几十厘米，实施降水后，采用了室内刷聚氨酯涂膜防水砌砖墙保护的方案治理。砖墙砌好一周后，发现新砌的砖墙又出现了多处湿迹，在湿迹部位打开砖墙，发现聚氨酯涂膜出现很多冒水的小孔及多处起鼓，治理工程再次失败。

案例分析： 属选材不当引起。背水面防水不宜选用柔软的密闭性防水材料——高分子防水材料。高分子防水层与基层粘结强度低，做背水面防水时，柔弱的密闭防水层在压力水作用下，会被界面间越积越多的水挤破而失效，会造成密闭型防水层与基面剥离甚至起鼓。

19.10 喷涂聚脲防水涂料的应用失误

工程概况： 某小区中心活动区的露天喷水池，水池为钢筋混凝土结构，池内壁设计了喷涂聚脲涂层为防水层，800m^2 的水池在两天内施工完毕，第三天喷涂膜层就出现了起鼓现象，很快膜层大部分就脱离了基面，用手一拉防水层整体脱落。

案例分析：

①喷涂快速固化型涂料必须做基底处理衔接层，才能保证膜层与基面的牢固粘接。

喷涂聚脲涂料是喷涂成型，当物料从枪口进行 A、B 组分混合喷到基面上，涂料已开始发生快速化学反应，使物料黏度有了很大增长，对基层基本无浸润性。该工程无做基面处理，随着喷涂膜层强度的增长，同时还伴随着膜层的体积收缩，这种收缩应力会很容易破坏掉膜层与基面间的微弱粘接，造成膜层起鼓。

②选用适宜喷涂机具和各种喷涂技术参数是保证膜层质量的关键。

A、B 组分物料在体积比率严重失控的情况下，会造成膜层力学性能不均一的现象，继而不能达到所要求的性能指标。该工程因采用喷聚氨酯发泡体材料的空气加压型喷涂设备，设备在运行过程中，体系压力稳定性差，造成 A、B 组分物料体积比率严重失调，致使膜层的机械力学性能大幅下降。

19.11 聚丙烯酸酯防水涂料的应用失误

工程概况： 某设计院在设计室内游泳池迎水面防水时，选用了单组分丙烯酸酯涂膜材料，结果还未竣工，做避水实验时，池内防水层就大面积肿胀起鼓，根本没起到防水作用。

案例分析： 丙烯酸酯涂膜长期耐水性不好，在埋深较深的地下防水工程中，选用聚丙烯酸酯防水涂料失败的案例很多。该工程出现问题的原因属于设计人员对材料的性能认识不足，造成选材错误，引起工程失败。

19.12　硅橡胶防水涂料在混凝土渗漏治理中的成功应用

解放军军体游泳馆为国际级游泳馆，馆中游泳池尺寸为50m×25m，深2m，系5面悬空，侧壁有观察窗。该馆于1986年动工，由于设计选材、施工等隐患，造成游泳池池壁和池底出现30多条裂缝，其中有贯通裂缝，严重影响游泳池的使用，后采用延伸率较好的硅橡胶防水涂料，涂刷4道，南北侧墙、底板和侧墙连接处用无纺布加固，抹上水泥砂浆保护层后，涂膜与砂浆粘结牢固，瓷砖马赛克铺设顺利，无一脱落，水质检验也符合卫生标准。从1988年5月投入使用至今，仍无渗漏现象。

19.13　水性聚氨酯灌浆材料对混凝土裂缝的堵漏补强

工程概况：新疆博斯腾湖东泵站主厂房底板设计采用C25高性能混凝土，底板面积11053.35m^2，厚度80cm。2003年10月4日浇筑完毕后，受多种因素的影响，先后出现13条裂缝。对裂缝进行超声及钻芯取样检测，认定裂缝基本为深度开裂，个别为贯穿性裂缝。裂缝自下而上基本呈垂直分布，用测缝仪对裂缝宽度测试结果表明，裂缝宽度为0.2～0.8mm，以0.3～0.5mm裂缝居多。

裂缝成因分析：该泵站地处新疆，工程所在地昼夜温差变化大，新浇筑混凝土会因混凝土内外温差较大导致表面裂缝；底板混凝土为大体积薄层结构，又紧临建基面，受基础约束强。在混凝土温度应力和基础约束的共同作用下，混凝土在降温收缩过程中，产生的拉应力超过了混凝土允许抗拉强度，导致了基础约束裂缝。底板为薄层结构，自身抗拉强度有限，加上新疆高寒地区，温差变化大，混凝土凝固初期表面裂缝多，进一步降低了底板结构的整体受力性能，促进了深层裂缝或贯穿性裂缝的产生。

裂缝修补方案：底板裂缝修补必须采取整体处理方案，以达到永久堵漏兼补强双重效果。因本工程的混凝土裂缝尚未完全稳定，因此要求所灌注材料既能堵漏又同时具有较强粘结能力和抗拉强度，以起到补强效果，同时还应具有一定的延伸率以适应裂缝的变形。经研究采用水溶性聚氨酯浆材对厂房底板裂缝进行化学灌浆处理，完工后经取样检测，效果良好，满足设计结构要求。

19.14　天津地铁主体结构防渗堵漏工程

工程概况：1992年天津地铁管理处对7.4km洞体进行了渗漏调查，发现64处渗漏部位，其中严重漏水22处。由于地铁隧道渗漏水，致使环境条件逐年恶化，走行轨潮湿，信号电压不稳，轨道与地面绝缘能力降低使信号传送失灵，钢轨锈蚀严重，腹板锈蚀剥落等已严重危及行车安全。

裂缝修补方案：天津大学等单位有关专家对此进行了专门论证，最后采用油溶性聚氨酯灌浆材料为主要材料对裂缝进行了灌浆处理，取得了较好的防渗效果。

19.15 聚硫密封胶在南水北调工程中的广泛应用

工程现状：南水北调输水干渠某渠道混凝土衬砌属于大面积薄壁混凝土结构，因野外大范围露天施工、地质条件复杂、多变，衬砌混凝土产生了裂缝。

渠道裂缝处理材料：混凝土裂缝修补材料若选择刚性材料，其温差应变能力差，易开裂渗水，故应选柔性材料有效应对混凝土的伸缩变形。常用柔性裂缝修补材料有：水泥基柔性材料、聚氨酯密封胶及聚硫密封胶。水泥基柔性材料应对变形能力较差，仅能密封1.2 mm左右的裂缝；聚氨酯密封胶较聚硫密封胶单价高，两者防水效果和应对伸缩变形能力相差不大。因此，工程选用双组分聚硫密封胶，调制了与混凝土颜色相同的聚硫密封胶进行裂缝修补，既达到了防渗目的，又保证了渠道美观。

19.16 聚氨酯灌浆材料在矿山堵漏中的应用

工程概况：山东某海岛矿山在深部（−600m）巷道掘进过程中，遭遇高热（41℃）、高压（2.0MPa）、大涌水（出水量>60m³/h）的恶劣地质条件。

裂缝修补方案：首先采用大量水泥-水玻璃灌浆处理，但因前期水泥灌浆料未能很好地充填裂隙，涌水点表层渗漏现象未有明显变化。鉴于探孔射水点在3m深孔底裂隙处，故采用孔口钢管法兰球阀阻塞引水，再采用油溶性聚氨酯HK-9101双液灌浆后，堵漏成功。

19.17 环氧树脂灌浆材料对混凝土裂缝的堵漏补强

工程概况：云南小湾水电站拱坝坝高294.5m，为目前已建或在建最高拱坝之一。该水电站2005年12月开始浇筑，2007年11月在坝体中部横缝灌区压水检查时，发现部分坝段之间有互窜水现象。通过钻孔、物探、压水等检查，发现坝体混凝土由于多种原因产生了多条贯通或不贯通、分布无规律的裂缝。

裂缝修补方案：经研究选用环氧树脂灌浆材料对坝体混凝土裂缝进行化学灌浆处理，达到了结构加固补强和防水目的。

19.18 某屋面防水工程防水失效鉴定和分析

工程概况：杭州某小区总建筑面积近30万m²，2005年8月开始防水施工，2006年竣工，2007年初开始出现渗漏，2008年春节下雪后渗漏更严重。多次维修但未解决问题，施工方不再配合，建设方委托浙江省建科院鉴定。

屋面构造：该工程屋面防水做法从下至上依次为：①现浇钢筋混凝土屋面板；②膨胀珍珠岩水泥找坡2%（最薄处20mm厚）；③20mm厚1∶3水泥砂浆找平层；④1.5 mm厚高分子防水卷材；⑤25mm厚挤塑保温板；⑥干铺无纺聚酯纤维布隔离层；⑦40mm厚C20细石混凝土（内配ϕ4b@150双向筋）；⑧20mm厚107胶水泥砂浆结合层（1∶3水泥砂浆，掺水泥量15%的107胶）；⑨素水泥面（洒适量清水）；⑩10mm厚防滑地砖面层，干水泥擦缝。

渗漏原因分析：

1. 设计问题

膨胀珍珠岩找坡层存在较大的窜水渗漏风险；屋面泛水、出屋面管道、烟道等细节部位的设计无详图，屋面工程防水设计不完善。不符合《屋面工程技术规范》GB 50345—2012 第 3.0.2 条中“重要部位应有节点详图”的规定。

2. 防水材料问题

该小区共 29 幢房屋，根据与施工方的协议，选用国内某品牌三元乙丙防水卷材，但与该品牌厂商核实后发现，该小区工程仅有 2 幢使用本产品，其余大部分屋面均使用假冒产品。使用约 1 年后，该假冒三元乙丙防水卷材出现了大量龟裂现象，使用性能较差的防水卷材是屋面渗漏的主要原因。

3. 施工质量问题

屋面施工特别是一些细部节点的防水构造做法，不符合国家相关标准规范的要求。施工不规范，留下了屋面渗漏的隐患。

(1) 卷材：屋面某些泛水部位卷材收头和伸出屋面管道的收头，既未用金属压条钉压，也未用密封材料固定，致使某些卷材收头部位出现脱开及翘边现象；泛水部位墙体基层的平整度未达设计要求，卷材粘贴前也未进行必要处理，致使泛水处卷材未能与基层完全满粘，出现了大面积空鼓，甚至剥离现象。

(2) 细石混凝土层：屋面细石混凝土层密实性较差；抽检发现钢筋平均间距达 278mm，钢筋配置间距大大超过了设计要求，这是细石混凝土层存在较多裂缝的主要原因。

(3) 膨胀珍珠岩找坡层：膨胀珍珠岩自身易吸水，因该屋面膨胀珍珠岩找坡层中水泥用量很少，致使整个找坡层呈松散状，吸水量大。这些水长期存在于找坡层中，当温度上升时会形成水蒸气，产生相应膨胀压力，可能会造成上部找平层开裂，导致卷材破坏或出现起泡现象。此外，由于毛细作用，水蒸气也可能沿墙体根部的泛水部位排出，导致泛水处的卷材出现空鼓现象，从而使外来水（如雨水）进入屋面结构内部的通道，如此反复，最终导致整个防水系统失效。

4. 气候：罕见寒冬和大雪加重了屋面破坏和渗漏程度

2008 年初，杭州遭遇罕见寒冬和大雪天气，局部地区降雪达 33cm，且出现了冰冻。如果屋面冰雪较厚且未及时清除，积雪融化的雪水会沿一些脱开处的卷材收头部位慢慢渗入，导致找坡层充水，屋面出现渗漏；另外，如果找坡层中有水，在冰冻情况下，水体积膨胀也可能导致找坡层破坏。

参考文献

[1] 吴明、秦景燕等. 防水工程材料 [M]. 北京：中国建筑工业出版社，2010.

[2] 叶林标等编著. 建筑工程防水施工手册 [M]. 北京：中国建筑工业出版社，1990.

[3] 付温. 新型建筑涂料与施工 [M]. 北京：中国建材工业出版社，1994.

[4] 杨林江、李井轩编著. SBS改性沥青的生产与应用 [M]. 北京：人民交通出版社，2001.

[5] 买淑芳. 混凝土聚合物复合材料及其应用 [M]. 北京：科学技术文献出版社，1996.

[6] 孙庆祥. 百年防水回眸与展望 [J]. 中国建筑防水，2001 (1)：3-5.

[7] 牛光全. 当前我国防水材料行业发展中存在的一些问题 [J]. 中国建筑防水，2004 (9)：4-7.

[8] 阮正卿. 对我国防水材料发展若干问题的思考与建议 [J]. 中国建筑防水，2000 (4)：7-9.

[9] 朱冬青. 中国防水技术与市场现状和展望 [J]. 中国建材，2003 (2)：69-75.

[10] 玉夫. 防水材料发展的轨迹 [J]. 中国建筑防水，1999 (3)：38-39.

[11] 牛光全. 建筑防水材料的发展趋势 [J]. 中国建筑防水，2003 (5)：30-31.

[12] 钟华. 防水材料应用前景透视 [J]. 建材工业信息，2004 (5)：3-4.

[13] 吴中伟等. 高性能混凝土 [M]. 北京：中国铁道出版社，1999.

[14] 沈春林等. 刚性防水及堵漏材料 [M]. 北京：化学工业出版社，2004.

[15] 袁润章. 胶凝材料学 [M]. 武汉：武汉理工大学出版社，2005.

[16] 史美东等. 补偿收缩混凝土的应用技术 [M]. 北京：中国建材工业出版社，2006.

[17] 申爱琴等. 聚合物改性超细水泥修补混凝结构物微裂缝的性能及机理 [J]. 中国公路学报，2006 (4)：46-51.

[18] 贺行洋、秦景燕等. 防水涂料 [M]. 北京：化学工业出版社，2012.

[19] 李东光主编. 防水涂料配方·制备·应用 [M]. 北京：化学工业出版社，2013.

[20] 孙亮，夏可风编著. 灌浆材料及应用 [M]. 北京：中国电力出版社，2013.

[21] 丁会利编. 高分子材料及应用 [M]. 北京：化学工业出版社，2012.

[22] 沈春林. 聚氨酯硬泡防水保温材料 [M]. 北京：中国质检出版社，2014.

[23] 杨胜等. 建筑防水材料 [M]. 北京：中国建筑工业出版社，2007.

[24] 中华人民共和国住房和城乡建设部. GB 50119—2013 混凝土外加剂应用技术规范 [S]. 北京：中国建筑工业出版社，2013.

[25] 中华人民共和国住房和城乡建设部. GB/T 50448—2015 水泥基灌浆材料应用技术规范 [S]. 北京：中国建筑工业出版社，2015.

[26] 中华人民共和国住房和城乡建设部. GB 50345—2012 屋面工程技术规范 [S]. 北京：中国建筑工业出版社，2012.